《21世纪理论物理及其交叉学科前沿丛书》编委会

21 世纪理论物理及其交叉学科前沿丛书

宇宙学基本原理

(第二版)

龚云贵 编著

科 学 出 版 社

北 京

内 容 简 介

宇宙早期暴涨引起的原初密度扰动是我们现在观测到的大尺度结构的种子. 对宇宙微波背景辐射进行更加深入的分析研究有助于我们深刻理解宇宙的演化历史,同时宇宙暴涨机制的理论模型也对粒子物理基本理论提出了挑战. 另外天文学家在 1998 年利用超新星的观测发现宇宙现在处于加速膨胀阶段,从而表明宇宙中存在一种看不见的反引力的被称为暗能量的物质;而星系的旋转曲线及宇宙中的引力透镜等观测结果表明宇宙中还存在大量的不发光的暗物质.本书同时从物理学和天文学的角度理解宇宙学的基本原理,包括天文学及物理学中的宇宙学内容,如宇宙学场方程的热力学对应、距离测量及数据拟合方法、宇宙原初核合成、密度扰动的自求解方法及增长因子、暴涨宇宙学模型及原初扰动谱的计算、宇宙微波背景辐射各向异性的计算、宇宙加速膨胀的超新星观测证据、暗能量参数化、吸引子解的动力学分析等.

本书可以帮助有兴趣的研究者很快进入该领域并开展高水平的研究工作.

图书在版编目(CIP)数据

宇宙学基本原理/龚云贵编著. —2 版. —北京:科学出版社,2016. 9
(21 世纪理论物理及其交叉学科前沿丛书)
ISBN 978-7-03-049789-5

I. ①宇… II. ①龚… III. ①宇宙学 IV. ①P159

中国版本图书馆 CIP 数据核字(2016) 第 208456 号

责任编辑:钱 俊/责任校对:彭 涛
责任印制:吴兆东/封面设计:无极书装

科学出版社 出版
北京东黄城根北街 16 号
邮政编码:100717
http://www.sciencep.com
北京天宇星印刷厂印刷
科学出版社发行 各地新华书店经销
*
2016 年 9 月第 一 版 开本:720 × 1000 B5
2025 年 1 月第九次印刷 印张:15
字数:277 000

定价:88.00 元

《21 世纪理论物理及其交叉学科前沿丛书》出版前言

物理学的研究范畴很广，涉及从夸克到宇宙多层次的物质结构及其运动规律. 物质结构从层次上讲，夸克、轻子–强子–原子核–原子–分子–团簇–凝聚态–生命物质–恒星–星系–宇宙，每个层次上都有自己的基本规律需要研究，而这些规律又是互相联系的. 其分支学科涉及原子物理、分子物理、核物理、声、光、电、磁及其与物理学相关的跨学科的诸多方面内容. 物理学又是许多学科 (如化学、生物学、地球科学和工程学) 的基础. 因此，物理学是研究物质、能量、时间和空间以及其相互作用和运动规律的科学，也是最具基础性、前沿性、交叉性和综合性的学科. 20 世纪科学发展历史证明，理论物理学的一些重大突破 (如量子力学和相对论) 不仅常会带来新方向，产生新领域，推动新的学科交叉及技术革命，甚至能导致人类时空观、自然观的革命性变革. 物理学的研究结果深入到社会发展和人们日常生活中，社会财富的增长、经济的全球化、生命的质量和生活的标准在很大程度上依赖于技术，技术进步又在很大程度上依赖于物理学的创新研究. 因此，各国政府非常重视物理学的发展，在新世纪纷纷制订物理学的发展计划，并采取一系列创新举措.

理论物理学是对自然界各个层次的物质结构和运动基本规律进行理论探索和研究的学科. 由此建立的基本理论不仅成为描述和解释自然界已知的各种物理现象和运动规律的理论基础，而且还是预言和发现自然界未知的物理现象和基本规律的理论依据. 理论物理学乃至整个物理学的发展是一个在概念、思想方式上不断变革的历史. 历史上，当牛顿力学在 19 世纪取得了辉煌的成果之际，那种认为物理学甚至整个自然界的运动都可以而且应当归结为力学运动的机械自然观应运而生. 1900 年，普朗克在对黑体辐射能谱分布规律的研究中提出了 “作用量子” 的概念，这是从经典物理学迈进量子物理学的第一步. 1905 年，爱因斯坦又在对光电效应等问题的研究中，把普朗克的量子化关系推广到光，认为光在与物质相互作用时，每次交换一个能量为频率乘以普朗克常数的 “光量子”. 1913 年，玻尔提出了原子的量子论，又称原子的玻尔模型. 这项工作开创了微观物质系统量子理论的先河，并且为后来量子力学这门新的学科的兴起起到了不可缺少的桥梁作用. 以后由于海森伯、玻恩、薛定谔、泡利、狄拉克等物理学家的奠基性工作，量子力学趋于成熟，得到了完善. 戴森在评论量子力学发展历史时说：“在任何一门科学分支里，新概念难以掌握的原因常常是相同的；当时的科学家总要用先前已经存在的观念去描绘新的概念. 发现者本人更是由于这一困难而受尽折磨；他同旧的观念搏斗以得出新的概念，而在以后的一段长时间内，他思维的语言内仍然保留着旧的观念.” 只是在放弃了旧观念之后，新的概念才变成 “某种基本的和不可约简的东西. 一种以它自己的权利存在着的物理客体，它不再需要用什么别的东西来解释了”.

按照费曼的意见，发现新的科学规律的过程是从猜想开始的，其中使用的是尝试和纠错的方法. 他说：“猜想从何而来是完全不要紧的，重要的是要同实验相符合. ” 费曼还强调，理论是不可能由经验直接推出来的，因为 “物理学定律常常同经验没有直接的关系，现实经验的细节常常同基本定律相距甚远”.

恩格斯说过：“随着自然科学领域中每一个划时代的发现，唯物主义必定要改变自己的形式. ” 在 20 世纪物理学革命中，相对论和量子力学的新理论运用了一些比以前更加不合乎常规经验的抽象思考方式，这充分证明了科学实验是检验科学理论正确与否的唯一标准，又充分发挥了人类精神的主观能动性，宣告同以往的经验主义彻底决裂.

新世纪开始，物理学面临了一次又一次新的挑战. 巨大的 “哈勃” 太空望远镜观测到了迄今所发现的银河系中最古老的白矮星. 这为确定宇宙年龄提供了一种全新的途径. WMAP 对微波背景辐射观测的结果告诉我们，宇宙中普通物质只占 4%，23%的物质为非重子暗物质，73%是暗能量, 占宇宙成分的 95% 以上的暗物质和暗能量究竟是什么目前还不清楚. 中微子是一种暗物质粒子，但它的质量非常小，在暗物质中只能占微小的比例，绝大部分应是所谓的冷或温的暗物质. 对基本粒子标准模型的研究取得了很大的成功，然而它却无法解释暗物质和暗能量的本质，不能解答宇宙中正、反物质不对称的疑难.

天文学上的发现总是让物理学家激动不已. 天文学家宣称可能已经发现两颗宇宙中最奇怪的星体——由夸克的亚原子粒子 “浓汤” 组成的星体，称为奇异星，又称夸克星. 此类星体将给物理学家提供一个弄清中子的组成成分 —— 夸克和奇异夸克的机会.

新年伊始又传来了振奋人心的消息，2016 年 2 月 11 日美国科学家宣布人类首次直接探测到引力波. 引力波是爱因斯坦广义相对论所预言的一种以光速传播的时空波动. 这次探测到的引力波是由 13 亿光年之外的两颗黑洞在合并的最后阶段产生的. 两颗黑洞的初始质量分别为 29 倍太阳和 36 倍太阳，合并成了一颗 62 倍太阳质量高速旋转的黑洞，亏损的质量以强大引力波的形式释放到宇宙空间，被 “激光干涉引力波天文台 (LIGO)” 的两台孪生引力波探测器探测到. 引力波的探测，不仅验证了广义相对论的预言，其意义远远超出了检验广义相对论本身. LIGO 打开了一扇探索宇宙的新窗口，人们将在未来探测到更多的未知的引力波源和原初引力波. 引力波的发现是科学史上的里程碑，它将开创一个崭新的引力波天文学研究领域，揭示宇宙奥秘.

此外，在近二三十年间物理学的其他领域也发展迅速，特别是与其他学科 (如数学、化学、生物、信息、材料等) 交叉的领域发展方兴未艾，具有巨大的发展前景. 在凝聚态物理方面，有高温超导、量子和分数量子霍尔效应、自旋量子霍尔效应、电子隧道扫描显微镜、石墨烯和半导体微结构、巨磁阻效应和自旋电子学等. 在原子、分子物理学方面有激光冷却和陷阱、原子玻色 - 爱因斯坦凝聚、超短光脉冲源以及量子光学、量子信息和量子计算机等. 这些研究不仅具有重要的理论意义，而且具有重要的应用前景. 量子信息技术是光学、原子物理、固体物理与计算机科学密切结合的交叉学科研究的极好例子.

当前国内正处于基础研究发展的最好时机，在国家自然科学基金委员会数理学部 "理论物理专款" 项目的支持下，我们编辑出版这套《21 世纪理论物理及其交叉学科前沿丛书》, 目的是介绍现代理论物理及其交叉学科前沿领域的基本内容、最新进展和发展前景，以及中国科学家在这些领域中所取得的重大进展. 希望本丛书能帮助大学生、研究生、博士后、青年教师和研究人员全面了解理论物理学研究进展，培养对物理学研究的兴趣，迅速进入有关的研究领域，同时吸引更多的年轻人投入和献身到理论物理学的研究中来，为发展我国的物理学研究并使之在国际上占有一席之地作出自己的贡献.

再版前言

《淮南子 · 原道训》注:“四方上下曰宇，古往今来曰宙，以喻天地.” 宇是有实在而无一定处所，宙是有久延而无始终. 在不断地探索中，人们的视野已达到一百多亿光年的宇宙深处. 正所谓：浩瀚宇宙，膨胀不息，斗转星移百亿年；短暂暴涨，孕育种子，引力塌缩成星系；火球灰烬，盘古化石，尽显微波背景辐射中；上天入地，求索两暗，终教引力本质露端倪.

本书初版于 2014 年 1 月，笔者先后在华中科技大学、兰州大学、四川大学及北京师范大学等高校讲授宇宙学课程中发现了一些错误及表述不清楚的地方，同时宇宙学的研究仍然处于一个飞速发展的阶段，因此我们在本版中增添修订了如下内容：2.6 节中增加了用球状星团及白矮星年龄限制宇宙年龄的两个方法. 增加了附录 A，讨论 3.1 节中涉及的粒子数密度、能量密度及压强与温度之间关系的详细计算. 第一版中的 4.3 节调整到了本版的 4.2 节中. 关于微扰非线性演化的 4.5 节中增加了微扰非线性增长的详细讨论. 4.6.3 节中调整了对巴丁方程及标量扰动的讨论，详细讨论了密度扰动在辐射及物质为主时期的演化规律. 第 5 章的内容做了很大的调整，几个常用的具体模型的详细计算被调整到新增加的 5.5 节中，5.5 节中还增加了对自然暴涨模型的讨论及利用参数化方式重构暴涨势函数的讨论，5.2 节中增加了两个小节来讨论暴涨吸引子解及 Lyth 约束，增加了附录 B 来详细讨论 ADM 公式计算微扰的方法，在附录 B 中同时增加了非高斯性的详细计算，增加了附录 C 来详细讨论如何计算原初引力波的频谱. 6.4 节中增加了对功率谱奇数峰与偶数峰不对称等物理特性的详细讨论，增加了 6.5 节讨论光子扩散及阻尼振荡来理解功率谱在小尺度上的衰减. 关于微波背景辐射极化的 6.7 节中增加了对 E 模及 B 模的更加详细的讨论，并增加了附录 D 来详细讨论球谐函数的性质及 E 模与 B 模的分解. 第 6 章最后一节增加了一些具体计算过程. 7.1 节中修改了对大爆炸不能发生及宇宙一直膨胀的讨论. 7.4 节中增加了对一般动力学系统的介绍及 ΛCDM 模型的动力学分析.

“勿助勿忘，为学当如流水.” 为学求知恰似流动不息的水，永无止境. 作为一名教师和研究者，笔者在宇宙学领域还处在一个不断学习和探索的过程中，内容上难免存在谬误之处，因此，恳请读者对本书中的不足之处予以批评指正，以便更好地适应相关人员的学习研究需要.

在本书编写的过程中，感谢北京师范大学朱宗宏教授提出的富有建设性的意见. 感谢西南大学部青博士, 华中科技大学易竹、梁迪聪及戴宁同学所做的细致的验算和校正工作. 感谢国家自然科学基金对本书出版的资助. 同时, 也感谢科学出版社钱俊编辑, 他的热情协助使本书的再版得以顺利完成.

龚云贵
2016 年 5 月于华中科技大学

前言

爱因斯坦在 1915 年提出广义相对论后，宇宙学才真正有了一个理论基础. 哈勃定律的发现表明宇宙在向外膨胀，而宇宙微波背景辐射的发现证实了宇宙在大尺度上是均匀各向同性的这一宇宙学原理，对宇宙微波背景辐射的进一步精确测量发现了宇宙中的微小的各向异性，从而支持了 20 世纪 80 年代提出的暴涨宇宙学模型. 天文学家利用超新星的观测在 1998 年发现宇宙现在处于加速膨胀阶段，从而表明宇宙中存在一种看不见的反引力的被称为暗能量的物质；而星系的旋转曲线及宇宙中的引力透镜等观测结果表明宇宙中还存在大量的不发光的暗物质. 这些都对物理学提出了挑战. 对宇宙微波背景辐射进行更加深入的分析有助于我们深刻理解宇宙的演化历史，而暗物质及暗能量的研究也许会带来物理学的革命，所以详细而全面地介绍这些宇宙学的内容将帮助年轻一代更快地进入这一领域并开展这方面的研究工作.

目前国内宇宙学方面的书籍很少[1−4]，而且大部分为科普性的读物; 少数几本宇宙学方面的书籍对于暴涨宇宙学及微波背景辐射等宇宙学的重要内容的介绍并不是很全面，更没有详细介绍宇宙的加速膨胀及暗能量等方面的内容. 现代宇宙学发展的两个里程碑是宇宙暴涨模型的建立及现阶段宇宙加速膨胀的发现. 正是由于有宇宙早期的暴涨导致的原初密度扰动，才有我们现在的大尺度结构，即宇宙早期暴涨引起的原初密度扰动是我们现在观测到的大尺度结构的种子. 一方面, 现代天文观测精确测量到的宇宙中很小的各向异性可以用来验证暴涨模型；另一方面，最近的观测结果表明宇宙现在处于加速膨胀阶段，这对现代物理学基本理论提出了挑战. 这些最新的进展在国内的宇宙学书中没有作详细的讨论；本书的目的就是要弥补这方面的缺陷，为从事宇宙学研究的研究生及科研工作者提供一本相对全面的基础理论著作. 本书的主要内容包括大爆炸标准模型、天文观测结果、宇宙的热演化历史、宇宙学微扰理论、暴涨宇宙学模型、宇宙微波背景辐射、暗能量模型等. 重点阐述宇宙的演化过程、原初轻元素的合成、宇宙中的距离测量及数据拟合方法、宇宙中的物质密度扰动、暴涨宇宙学模型及原初扰动谱的计算、宇宙微波背景辐射的各向异性的计算、宇宙加速膨胀的超新星观测证据、暗能量参数化、吸引子解的动力学分析等.

笔者从 2007 年在重庆邮电大学开始本书的编著工作，并最终在华中科技大学完稿. 在本书的编写过程中，作者参考了宇宙学方面的相关书籍[5−16]，在此对这些书籍的作者表示感谢. 本书在 2007 年完成初稿后提供给重庆邮电大学理论物理专业的研究生阅读，同时根据他们的反馈意见进行了修改. 在本书的编著过程中，国内多位宇宙学专家对本书提出了很多宝贵意见. 在此特别感谢中国科学院理论物理研究所的张元仲研究员和蔡荣根研究员、北京师范大学朱宗宏教授、上海交通大学王斌教授、重庆邮电大学陈希明教授、张益副教授以及我的研究生林建忙、费寝、赵宓、徐春、郜青. 最后感谢我的家人对我工作的长期支持及帮助.

由于笔者的知识和水平有限，不妥之处在所难免，望读者批评指正.

龚云贵
2013 年 6 月于华中科技大学

目　　录

第1章 标准宇宙学模型

圣经中记载上帝创造了天、地、人和万物. 上帝在第一天创造了白天和黑夜，然后创造了水和万物，并且在最后一天，即第六天按照自己的模样创造了人. 然而我们不禁要问：上帝又是怎么来的？这在圣经中是一个不可回答的问题，而我们也不试图回答宇宙的起点问题，但是我们在本书中要学习宇宙产生后的演化历史及规律.

中国是世界上天文学发展最早的国家之一，几千年来积累了大量宝贵的天文资料. 中国古代天文学萌芽于原始社会，到战国秦汉时期形成了以历法和天象观测为中心的完整体系. 什么是宇宙？战国时期的尹佼认为“四方上下曰宇，古往今来曰宙”，即宇宙包括了所有的空间和时间. 而古代关于宇宙的学说有盖天说、宣夜说、浑天说三种学说，这些在《晋书 · 天文志》中有记载:“古言天者有三家，一曰盖天，二曰宣夜，三曰浑天.”盖天说可以追溯到殷周时代，据《晋书 · 天文志》记载:“其言天似盖笠，地法覆槃，天地各中高外下. 北极之下为天地之中, 其地最高, 而滂沲四隤, 三光隐映, 以为昼夜. 天中高于外衡冬至日之所在六万里. 北极下地高于外衡下地亦六万里，外衡高于北极下地二万里. 天地隆高相从, 日去地恒八万里.”这种盖天说后来被简化为天圆地方说，这在《周髀算经》中被表述为“天圆如张盖，地方如棋局”.

浑天说则认为天如球形，地球位于其中心. 其代表性人物有发明了可以演示日、月、星辰运动的浑天仪的落下闳，及发明了地动仪的张衡. 张衡在《浑天仪图注》写道:“浑天如鸡子. 天体圆如弹丸，地如鸡子中黄，孤居于天内，天大而地小. 天表里有水，天之包地，犹壳之裹黄. 天地各乘气而立，载水而浮. 周天三百六十五度又四分度之一，又中分之，则半一百八十二度八分度之五覆地上，半绕地下，故二十八宿半见半隐. 其两端谓之南北极. 北极乃天之中也，在正北，出地上三十六度. 然则北极上规径七十二度，常见不隐. 南极天地之中也，在正南，入地三十六度. 南规七十二度常伏不见. 两极相去一百八十二度强半. 天转如车毂之运也，周旋无端，其形浑浑，故曰浑天.”

宣夜说认为，所谓“天”，并没有一个固体的“天穹”，而只不过是无边无涯的气体，日月星辰就在气体中飘浮游动. 据《晋书 · 天文志》记载:“汉秘书郎郗萌记先师相传云:‘天了无质，仰而瞻之，高远无极，眼瞀精绝，故苍苍然也. 譬之旁望远道之黄山而皆青，俯察千仞之深谷而窈黑，夫青非真色，而黑非有体也. 日月众星，自然浮生虚空之中，其行其止皆须气焉. 是以七曜或逝或住，或顺或逆，伏见无常，进退不同，由乎无所根系，故各异也. 故辰极常居其所，而北斗不与众星西没也. 摄提、填星皆东行，日行一度，月行十三度，迟疾任情，其无所系著可知矣. 若缀附天体，不得尔也.' ”宣夜说指出宇宙在空间上是无边无际的，而且还进一步提出宇宙在时间上也是无始无终且无限的思想. 而且宇宙中的天体由气体构成. 因此，宣夜说是中国古代一种朴素的无限宇宙观念，这在古代众多的宇宙学说中是非常难得的.

现代宇宙学是在爱因斯坦 (Einstein) 的广义相对论的基础上建立起来的，通常也称为大爆炸宇宙学. 按照这个理论，宇宙是在过去有限的时间之前，由一个密度极大且温度极高的原初状态演变而来的，并经过不断的膨胀到达今天的状态. 比利时神父、物理学家勒梅特 (Lemaîtr) 首先提出了关于宇宙起源的大爆炸理论，但他本人将其称为“原生原子的假说”[17]. 苏联物理学家弗里德曼 (Friedmann) 假设了宇宙在大尺度上均匀和各向同性并利用广义相对论及理想流体的描述给出了这一模型的场方程[18]. 这个方程的解往回推的时候，会有一个起点. 在这个起点处，宇宙的尺寸为零且物质的密度及温度为无穷大，通常称为大爆炸的奇点. 大爆炸一词首先是由英国天文学家霍伊尔 (Hoyle) 所采用的，他在 1949 年 3 月英国广播公司 (BBC) 的一次广播节目中将勒梅特等的理论称为“这个大爆炸的观点”. 19 世纪 40 年代伽莫夫 (Gamow) 等在大爆炸理论框架下提出了原初元素合成的理论[19, 20]，并进一步发展和完善了热大爆炸理论. 阿尔菲 (Alpher) 和赫尔曼 (Herman) 在伽莫夫的工作基础上[21] 预言了宇宙微波背景辐射的存在，只是他们当时预言的温度是 5K[22].

1.1 宇宙学原理

自从哥白尼冲破地心说的束缚而提出日心说后，人们便逐渐认识到宇宙并没有一个特殊的中心，即宇宙中没有哪一个位置是特别优越的. 或者说，宇宙中所有的位置本质上都是等价的. 现代宇宙学正是建立在这样的假设基础上.

要研究宇宙学，首先需要知道宇宙学所基于的基本物理学原理. 显然宇宙学是把整个宇宙作为研究对象的，而在宇宙这么大的尺度上，电中性物质的相互作用主要为引力相互作用，所以宇宙学的基本物理学理论是广义相对论. 由于爱因斯坦场方程非常复杂，而且宇宙中的物质分布也是一个未知数，因此为了求解场方程，宇宙学家提出了宇宙学原理的假设. 宇宙学原理指出在大尺度上 (大于 3 亿光年) 及所有时间里，宇宙是均匀各向同性的. 均匀性意味着空间中每一点都相同，各向同性是指从任意方向上都可以看到相同的宇宙. 当然这是指在典型星系邻域中以该星系平均速度运动的观测者在可以通过空间坐标转动相联系的任意点上同时观察到相同的结果. 由于空间中的任意两点都可以通过一系列的转动变换联系起来，如果宇宙中没有一个特殊的位置，则各向同性意味着均匀性. 目前各向同性在 10^{-5} 精度上被宇宙微波背景辐射实验所证实.

要理解大尺度下的均匀性，可以拿一个由很多相同图案构成的地毯作类比. 如果在小于单个图案的尺度上看地毯，则地毯的图案分布是不均匀的. 但是如果选取整个图案作为一个单元，则地毯的图案分布是均匀的. 也就是说，宇宙的均匀性并不适用于宇宙的细节，如太阳系、银河系、甚至星系团等，它是对于直径为 3 亿光年的区域平均后得到的"抹匀的"宇宙而言. 宇宙学原理最初是由爱因斯坦在马赫原理的基础上引进的一个假设，当时并没有任何实验证据来支持这一假设. 马赫原理假设惯性参考系由宇宙中的物质运动及分布来决定，所以在远离宇宙物质的地方，时空几何是闵可夫斯基 (Minkowski) 时空. 假设宇宙中物质分布是均匀各向同性的，则一个粒子不能运动到离宇宙中其他物质无穷远的地方去，宇宙的运动规律由宇宙中的物质分布来决定.

1.2 牛顿宇宙学

由于宇宙在大尺度上是均匀各向同性的，所以球对称性告诉我们宇宙中物质的运动只受球体内物质引力的作用，而与球体外物质的引力无关. 考虑一个点粒子在一个球心位于 O 点，半径为 l，质量为 m 的球体表面运动，由牛顿力学可得

$$\frac{\mathrm{d}^2 l}{\mathrm{d}t^2} = -\frac{Gm}{l^2}. \tag{1.1}$$

用 $\dot{l}$ 代表对时间的导数 $\mathrm{d}l/\mathrm{d}t$，在式 (1.1) 两边同乘以 $\dot{l}$, 便得到

$$\frac{\mathrm{d}}{\mathrm{d}t}\left(\frac{\dot{l}^2}{2}\right) = -\frac{Gm}{l^2}\dot{l} = \frac{\mathrm{d}}{\mathrm{d}t}\left(\frac{Gm}{l}\right), \tag{1.2}$$

积分后得到

$$\dot{l}^2 = \frac{2Gm}{l} + C = \frac{8\pi G}{3}\rho l^2 + C. \tag{1.3}$$

哈勃发现宇宙是膨胀的，在共动坐标系下，物质和宇宙是一起膨胀的，所以上面的物理距离和共动坐标距离并不相同. 在膨胀的宇宙中，物理距离 l 和共动距离 d_c 之间的关系是

$$l(t) = a(t)d_c, \tag{1.4}$$

式中, 函数 $a(t)$ 为标度因子. 把式 (1.4) 代入方程 (1.3)，而且令 $K = -C/d_c^2$，则可以得到弗里德曼方程

$$\dot{a}^2 + K = \frac{8\pi G}{3}\rho a^2.$$

上式的推导是利用万有引力定律及牛顿第二定律得到的，而并没有用到广义相对论. 当然包含弗里德曼方程在内的宇宙学的演化方程的更严格的推导应该从爱因斯坦场方程得到. 这里只是说明弗里德曼方程在某种意义上利用牛顿力学就可以得到.

1.3　罗伯逊-沃克度规

根据宇宙学原理，在大尺度上，宇宙是均匀各向同性的，而描述均匀各向同性宇宙的最一般的时-空度规是罗伯逊-沃克 (Robertson-Walker，RW) 度规

$$\mathrm{d}s^2 = g_{\mu\nu}\mathrm{d}x^\mu \mathrm{d}x^\nu = -\mathrm{d}t^2 + a^2(t)\left(\frac{\mathrm{d}r^2}{1-Kr^2} + r^2(\mathrm{d}\theta^2 + \sin^2\theta \mathrm{d}\phi^2)\right), \tag{1.5}$$

式中, $a(t)$ 是一个无量纲的时间函数，也称为宇宙标度因子或膨胀参数；t 是宇宙标准时，r、θ、ϕ 是共动球坐标系中的坐标，K 是一个量纲为长度负二次方的常数. 本书中除特别说明外，光速 c 取为 1. 如果把标量因子选择为具有长度量纲的量，则 r 与 K 是无量纲的. 通过适当选择 r 的度量，可使得 K 取值为 $+1$，0，或 -1，分别对应于闭宇宙、平坦宇宙及开宇宙. 如果 $K=1$, 则 r 的取值范围为 0~1. 注意, 宇宙学中通常取标度因子为无量纲的量.

如果把 RW 度规写成 $\mathrm{d}s^2 = -\mathrm{d}t^2 + a^2(t)\bar{g}_{ij}\mathrm{d}x^i\mathrm{d}x^j$, 则非零的仿射联络为

$$\Gamma^t_{ij} = a\dot{a}\bar{g}_{ij} = a\dot{a}\left(\delta_{ij} + K\frac{x^i x^j}{1-Kx^2}\right), \tag{1.6}$$

$$\Gamma^i_{tj} = \frac{\dot{a}}{a}\delta^i_j, \tag{1.7}$$

$$\Gamma^i_{jk} = \bar{\Gamma}^i_{jk} \equiv \frac{1}{2}\bar{g}^{il}\left(\frac{\partial \bar{g}_{lj}}{\partial x^k} + \frac{\partial \bar{g}_{lk}}{\partial x^j} - \frac{\partial \bar{g}_{jk}}{\partial x^l}\right). \tag{1.8}$$

由粒子运动的测地线方程

$$\frac{\mathrm{d}^2 x^\alpha}{\mathrm{d}s^2} + \Gamma^\alpha_{\beta\gamma}\frac{\mathrm{d}x^\beta}{\mathrm{d}s}\frac{\mathrm{d}x^\gamma}{\mathrm{d}s} = 0, \tag{1.9}$$

可知, 在此坐标系中静止的粒子 $\mathrm{d}x^i/\mathrm{d}s = 0$, 将保持静止状态, 因为

$$\frac{\mathrm{d}^2 x^i}{\mathrm{d}s^2} = -\Gamma^i_{00}\left(\frac{\mathrm{d}x^0}{\mathrm{d}s}\right)^2 = 0.$$

也就是说, RW 度规给出的是共动坐标系.

为了理解三维空间度规的意义, 先讨论一个三维球. 在四维平直空间中, 三维球定义为

$$a^2 = x_1^2 + x_2^2 + x_3^2 + x_4^2, \tag{1.10}$$

其空间度规为 $\mathrm{d}l^2=\mathrm{d}x_1^2+\mathrm{d}x_2^2+\mathrm{d}x_3^2+\mathrm{d}x_4^2$，这里的标度因子具有距离量纲. 利用球面的定义 (1.10) 可消掉坐标 x_4, 并得到

$$\mathrm{d}l^2=\mathrm{d}x_1^2+\mathrm{d}x_2^2+\mathrm{d}x_3^2+\frac{(x_1\mathrm{d}x_1+x_2\mathrm{d}x_2+x_3\mathrm{d}x_3)^2}{a^2-x_1^2-x_2^2-x_3^2}. \tag{1.11}$$

引入球坐标 $x_1=ar\sin\theta\cos\phi$, $x_2=ar\sin\theta\sin\phi$, $x_3=ar\cos\theta$，其中, r 是无量纲的数，则度规 (1.11) 可以写成

$$\mathrm{d}l^2=a^2\left[\frac{\mathrm{d}r^2}{1-r^2}+r^2(\mathrm{d}\theta^2+\sin^2\theta\mathrm{d}\phi^2)\right].$$

这正是 RW 度规空间部分 $K=1$ 时的形式. 如果让 $r=\sin\chi$, 则上述度规还可以写成

$$\mathrm{d}l^2=a^2[\mathrm{d}\chi^2+\sin^2\chi(\mathrm{d}\theta^2+\sin^2\theta\mathrm{d}\phi^2)]$$

三维球的体积 $V=\int\mathrm{d}^3x\sqrt{\bar{g}}a^3=2\pi^2a^3$.

对于三维的超曲面, 只要把式 (1.10) 中的坐标 x_4 换成 $\mathrm{i}x_4$，球的半径 a 换成 $\mathrm{i}a$，则在式 (1.11) 中把 a 换成 $\mathrm{i}a$ 后可得到

$$\mathrm{d}l^2=\mathrm{d}x_1^2+\mathrm{d}x_2^2+\mathrm{d}x_3^2-\frac{(x_1\mathrm{d}x_1+x_2\mathrm{d}x_2+x_3\mathrm{d}x_3)^2}{a^2+x_1^2+x_2^2+x_3^2}. \tag{1.12}$$

利用球坐标，则可得到

$$\mathrm{d}l^2=a^2\left[\frac{\mathrm{d}r^2}{1+r^2}+r^2(\mathrm{d}\theta^2+\sin^2\theta\mathrm{d}\phi^2)\right].$$

这样得到的便是罗伯逊-沃克度规空间部分取 $K=-1$ 的形式. 取 $r=\sinh\chi$，上述度规也可以写成

$$\mathrm{d}l^2=a^2[\mathrm{d}\chi^2+\sinh^2\chi(\mathrm{d}\theta^2+\sin^2\theta\mathrm{d}\phi^2)].$$

1.4 弗里德曼方程

由 RW 度规 (1.5) 及仿射联络 (1.6) 和里奇 (Ricci) 张量的定义

$$R_{\mu\nu\rho}{}^{\sigma}=\partial_\nu\Gamma^\sigma_{\mu\rho}-\partial_\mu\Gamma^\sigma_{\nu\rho}+\Gamma^\alpha_{\mu\rho}\Gamma^\sigma_{\alpha\nu}-\Gamma^\alpha_{\nu\rho}\Gamma^\sigma_{\alpha\mu},\quad R_{\mu\nu}=R_{\mu\alpha\nu}{}^{\alpha}. \tag{1.13}$$

可以得到里奇张量的非零分量

$$R_{tt}=-\frac{3\ddot{a}}{a},\quad {}^{(3)}R_{ijkl}=Ka^2(\bar{g}_{ik}\bar{g}_{jl}-\bar{g}_{il}\bar{g}_{jk}), \tag{1.14}$$

$$R_{ij}=(a\ddot{a}+2\dot{a}^2+2K)\bar{g}_{ij}. \tag{1.15}$$

则里奇标量 $R=g^{\mu\nu}R_{\mu\nu}$,

$$^{(3)}R=\frac{6K}{a^2},\quad R=6\left(\frac{\ddot{a}}{a}+\frac{\dot{a}^2}{a^2}+\frac{K}{a^2}\right). \tag{1.16}$$

所以爱因斯坦张量 $G_{\mu\nu}=R_{\mu\nu}-\frac{1}{2}g_{\mu\nu}R$ 的非零分量是

$$G_{00}=3\left[\left(\frac{\dot{a}}{a}\right)^2+\frac{K}{a^2}\right],\quad G_{ij}=-(\dot{a}^2+K+2a\ddot{a})\bar{g}_{ij}. \tag{1.17}$$

另一方面, 能动量张量具有理想流体形式

$$T_{\mu\nu}=pg_{\mu\nu}+(\rho+p)U_\mu U_\nu, \tag{1.18}$$

式中, 能量密度 ρ 和压强 p 仅为 t 的函数, 四维共动速度矢量为

$$U^t=1,\quad U^i=0. \tag{1.19}$$

把 RW 度规 (1.5) 代入理想流体方程 (1.18), 则得到非零能-动量张量分量

$$T^t_t=-\rho,\quad T^i_j=p\delta^i_j,\quad T=-\rho+3p, \tag{1.20}$$

联立方程 (1.17) 和 (1.20), 由爱因斯坦场方程 $G_{\mu\nu}=8\pi GT_{\mu\nu}$ 的时间-时间分量得到弗里德曼方程[18]

$$\left(\frac{\dot{a}}{a}\right)^2+\frac{K}{a^2}=\frac{8\pi G}{3}\rho, \tag{1.21}$$

由场方程的空间-空间分量得到

$$\left(\frac{\dot{a}}{a}\right)^2+\frac{K}{a^2}+2\frac{\ddot{a}}{a}=-8\pi Gp. \tag{1.22}$$

联立方程 (1.21) 和 (1.22), 可以得到加速度运动方程

$$\frac{\ddot{a}}{a}=-\frac{4\pi G}{3}(\rho+3p). \tag{1.23}$$

由弗里德曼方程 (1.21) 和加速度方程 (1.23) 可以得到物质能量守恒方程

$$\dot{\rho}+3\frac{\dot{a}}{a}(\rho+p)=0. \tag{1.24}$$

上述能量守恒方程也可以从 $\nabla_\mu T^{\mu\nu}=0$ 直接得到. 上面三个微分方程 (1.21), (1.23), (1.24) 只有两个是互相独立的. 而方程中有 $a(t)$, $\rho(t)$ 及 $p(t)$ 三个未知数, 所以还需要加上一个方程及初始条件才能求解宇宙的演化方程, 通常加上物态方程 $p=f(\rho)$

及取宇宙学参数现在的取值作为初始条件. 为了求解方程方便，选取一阶微分方程，弗里德曼方程 (1.21) 和物质能量守恒方程 (1.24)，再加上物态方程 $w=p/\rho$ 及取宇宙学参数现在的取值作为初始条件来求解宇宙的演化. 如果物态方程参数 $w=p/\rho$ 是一个常数，则由能量守恒方程可以解得 $\rho\propto a^{-3(1+w)}$.

对于尘埃物质，

$$w=0,\quad \rho\propto a^{-3}. \tag{1.25}$$

对于辐射物质，

$$w=1/3,\quad \rho\propto a^{-4}. \tag{1.26}$$

定义哈勃参数和减速参数如下：

$$H(t)\equiv\dot{a}/a=\frac{\mathrm{d}a/\mathrm{d}t}{a}, \tag{1.27}$$

$$q(t)\equiv-\frac{\ddot{a}}{aH^2}=-\frac{1}{aH^2}\frac{\mathrm{d}^2a}{\mathrm{d}t^2}. \tag{1.28}$$

则宇宙的运动方程可以写为

$$H^2+\frac{K}{a^2}=\frac{8\pi G}{3}\rho. \tag{1.29}$$

宇宙现在的年龄可以通过以下积分得到

$$t_0=\int_0^{a_0}\frac{\mathrm{d}a}{aH(a)}. \tag{1.30}$$

在本书中，除特别说明外，下标 0 表示物理量取现在的值. 定义宇宙临界密度为

$$\rho_c\equiv\frac{3H^2}{8\pi G}, \tag{1.31}$$

及无量纲密度比重参数 Ω 为

$$\Omega\equiv\frac{\rho}{\rho_c}=\frac{8\pi G\rho}{3H^2}. \tag{1.32}$$

则现在的宇宙临界密度是

$$\rho_{c0}=\frac{3H_0^2}{8\pi G}=1.1\times10^{-29}\left(\frac{H_0}{75\ \mathrm{km/s/Mpc}}\right)^2\ \mathrm{g/cm^3} \tag{1.33}$$

现在的密度比重参数 Ω_0 为

$$\Omega_0\equiv\frac{\rho_0}{\rho_{c0}}=\frac{8\pi G\rho_0}{3H_0^2}. \tag{1.34}$$

定义曲率密度比重参数 Ω_k，

$$\Omega_k\equiv\frac{-K}{a^2H^2}. \tag{1.35}$$

利用代表宇宙中所有物质总和的密度参数 $\Omega_{\rm tot}$，弗里德曼方程可以写成

$$\Omega_k + \Omega_{\rm tot} = 1. \tag{1.36}$$

在天文观测上，通过测量 $\Omega_{\rm tot}$ 的值并与 1 进行比较，便可知道宇宙空间的几何.

另外，宇宙的加速方程可以写成

$$q = -\frac{\ddot{a}}{aH^2} = \frac{4\pi G(\rho + 3p)}{3H^2} = \frac{1}{2}(1 + 3w_{\rm tot})\Omega_{\rm tot}. \tag{1.37}$$

式中，$w_{\rm tot} = p_{\rm tot}/\rho_{\rm tot}$. 如果宇宙中的物质包含普通尘埃物质、辐射及宇宙学常数，则 $q = \Omega_r - \Omega_\Lambda + \Omega_m/2$.

1.5　物质为主的宇宙

如果宇宙中的能量密度贡献主要来自物质，则称宇宙处于物质为主时期，这种宇宙学模型也称为物质为主的模型. 对于物质而言，$p = 0$，其物态方程参数 $w = p/\rho = 0$. 能量守恒方程 (1.24) 的解为

$$\rho_m = \rho_{m0}\left(\frac{a_0}{a}\right)^3, \tag{1.38}$$

式中，ρ_{m0} 是物质现在的能量密度，a_0 是标度因子现在的值. 在物质为主时期，宇宙的运动方程为

$$H^2 + \frac{K}{a^2} = \frac{8\pi G}{3}\rho_m, \tag{1.39}$$

$$\frac{\ddot{a}}{a} = -\frac{4\pi G}{3}\rho_m. \tag{1.40}$$

由加速度方程 (1.37) 及 (1.40) 可以得到

$$q_0 = \frac{4\pi G\rho_{m0}}{3H_0^2} = \frac{\Omega_{m0}}{2}. \tag{1.41}$$

而由弗里德曼方程 (1.39) 可以得到

$$H_0^2 + \frac{K}{a_0^2} = \frac{8\pi G\rho_{m0}}{3}. \tag{1.42}$$

联立方程 (1.41) 和 (1.42) 则可得到

$$\Omega_{k0} = -\frac{K}{a_0^2 H_0^2} = 1 - 2q_0. \tag{1.43}$$

对于平坦宇宙，$q_0 = 1/2$, $\Omega_{m0} = 1$；对于开宇宙，则 $\Omega_{k0} > 0$，$\Omega_{m0} < 1$, $q_0 < 1/2$；对于闭宇宙，则 $\Omega_{k0} < 0$，$\Omega_{m0} > 1$, $q_0 > 1/2$.

把方程 (1.38), (1.41) 和 (1.43) 代入方程 (1.39) 则可得到

$$\left(\frac{\dot{a}}{a_0}\right)^2 = H_0^2\left[1-2q_0+2q_0\left(\frac{a_0}{a}\right)\right]. \tag{1.44}$$

更一般地, 对于物态方程参数 w 为常数的以物质为主的宇宙, 利用方程 (1.37)，方程 (1.41) 可推广为

$$q_0 = \frac{4\pi G(1+3w)\rho_{w0}}{3H_0^2} = \frac{1+3w}{2}\Omega_{w0}, \tag{1.45}$$

方程 (1.43) 可推广为

$$\Omega_{k0} = 1-\frac{2q_0}{1+3w}, \tag{1.46}$$

弗里德曼方程可推广为

$$\begin{aligned}\left(\frac{\dot{a}}{a_0}\right)^2 &= H_0^2\left[1-\frac{2q_0}{1+3w}+\frac{2q_0}{1+3w}\left(\frac{a_0}{a}\right)^{1+3w}\right] \\ &= H_0^2\left[1-\Omega_{w0}+\Omega_{w0}\left(\frac{a_0}{a}\right)^{1+3w}\right].\end{aligned} \tag{1.47}$$

无量纲的物质密度比重参数为

$$\Omega_w = \frac{\Omega_{w0}}{(1-\Omega_{w0})(a/a_0)^{1+3w}+\Omega_{w0}}. \tag{1.48}$$

对于空间平坦的宇宙而言，当减速参数是一个常数，$q=q_0=(1+3w)/2$ 且 $\Omega_w = \Omega_{w0}=1$ 时, 方程 (1.47) 的解为

$$a(t) = a_0\left(\frac{t}{t_0}\right)^{2/3(1+w)}. \tag{1.49}$$

1.5.1 爱因斯坦-德西特宇宙

爱因斯坦-德西特 (Einstein-de Sitter) 宇宙是平坦的物质为主的宇宙. 由于宇宙几何是平坦的, 所以 $K=0$, 即 $\Omega_k=0$. 由方程 (1.43) 可知 $q_0=1/2$ 即 $\Omega_{m0}=1$，且方程 (1.44) 可简化为

$$\left(\frac{\dot{a}}{a_0}\right)^2 = H_0^2\left(\frac{a_0}{a}\right). \tag{1.50}$$

该方程的解是

$$a(t) = a_0\left(\frac{t}{t_0}\right)^{2/3}. \tag{1.51}$$

式 (1.51) 告诉我们宇宙要一直膨胀下去而且宇宙存在一个起点：$t=0$ 且 $a=0$，以及哈勃参数

$$H(t) = \frac{\dot{a}}{a} = \frac{2}{3t}.$$

所以宇宙现在的年龄是 $t_0 = 2/(3H_0)$. 把解 (1.51) 代入解 (1.38), 则可得到物质的能量密度随时间的变化关系

$$\rho_m = \rho_{m0}\left(\frac{t}{t_0}\right)^{-2} = \frac{1}{6\pi G t^2}. \tag{1.52}$$

在宇宙的起点，$t = 0$，ρ_m 与 H 都为无穷大，所以也称这个起点为奇点. 注意: 这个与时间的关系式是在物质为主及空间平坦的假设下而得到的，只在物质为主时期成立. 但是尘埃物质密度随标度因子 $a(t)$ 的变化关系 (1.38) 在宇宙整个演化过程中都成立.

1.5.2 开宇宙

对于开宇宙，即 $K = -1$，$q_0 < 1/2$ 或 $\Omega_{m0} < 1$. 方程 (1.44) 有以下形式的参数解

$$a(\psi) = \frac{q_0}{1-2q_0} a_0(\cosh\psi - 1) = \frac{\Omega_{m0}}{2(1-\Omega_{m0})} a_0(\cosh\psi - 1), \tag{1.53}$$

$$t(\psi) = \frac{q_0}{H_0(1-2q_0)^{3/2}}(\sinh\psi - \psi) = \frac{\Omega_{m0}}{2H_0(1-\Omega_{m0})^{3/2}}(\sinh\psi - \psi). \tag{1.54}$$

式中, 参数 ψ 取值为 $0 \sim \infty$. 当 $\psi = 0$ 时，$t = 0$，$a = 0$，$\rho_m = \infty$，宇宙从奇点开始膨胀. 而当 $\psi \to \infty$ 时，因为 $\sinh\psi > \psi$，所以 $t \to \infty$，即宇宙要一直膨胀到 $t \to \infty$. 在现在时刻，参数 ψ 的值为 $\cosh\psi = (1-q_0)/q_0$，宇宙现在的年龄为

$$t_0 = \frac{q_0}{H_0}(1-2q_0)^{-3/2}\left[\frac{1}{q_0}(1-2q_0)^{1/2} - \cosh^{-1}\left(\frac{1}{q_0} - 1\right)\right] > \frac{2}{3H_0}. \tag{1.55}$$

图 1.1 显示了物质为主的宇宙标度因子 $a(t)$ 随时间的演化规律. 同样在宇宙的奇点，$t = 0$，物质的能量密度为无穷大.

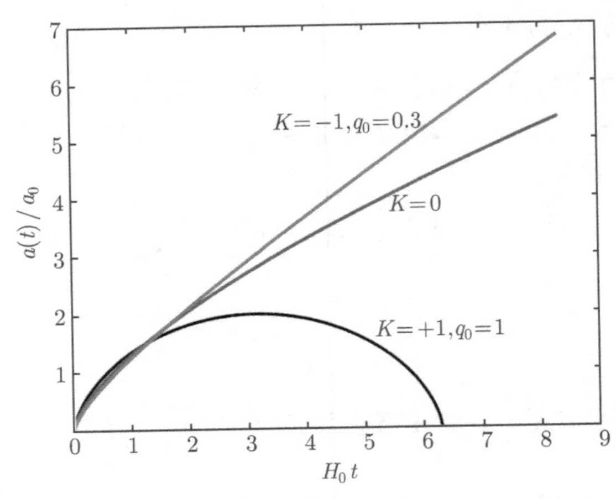

图 1.1　物质为主的宇宙标度因子 $a(t)$ 随时间 t 的演化

1.5.3 闭宇宙

对于闭宇宙，即 $K=1$，$q_0>1/2$ 或 $\Omega_{m0}>1$. 方程 (1.44) 有以下参数解

$$a(\theta)=\frac{q_0}{2q_0-1}a_0(1-\cos\theta)=\frac{\Omega_{m0}}{2(\Omega_{m0}-1)}a_0(1-\cos\theta), \tag{1.56}$$

$$t(\theta)=\frac{q_0}{H_0(2q_0-1)^{3/2}}(\theta-\sin\theta)=\frac{\Omega_{m0}}{2H_0(\Omega_{m0}-1)^{3/2}}(\theta-\sin\theta). \tag{1.57}$$

式中, 参数取值范围为 $0\leqslant\theta\leqslant 2\pi$. $\theta=0$，$t=0$，$a=0$，$\rho_m=\infty$，即宇宙从奇点开始膨胀. 当 $0\leqslant\theta\leqslant\pi$, 宇宙从 $a=0$ 膨胀到最大值

$$a_m=\frac{2q_0}{2q_0-1}a_0=\frac{\Omega_{m0}}{\Omega_{m0}-1}a_0, \tag{1.58}$$

膨胀到最大值的时间是

$$t_m=\frac{\pi q_0}{H_0}(2q_0-1)^{-3/2}. \tag{1.59}$$

当时间继续增大，则宇宙不再膨胀，而是开始收缩回到奇点. 宇宙的膨胀和收缩关于 t_m 是时间对称的. 在现在时刻，参数 θ 取值为 $\cos\theta=(1-q_0)/q_0$，所以宇宙现在的年龄为

$$t_0=\frac{q_0}{H_0}(2q_0-1)^{-3/2}\left[\cos^{-1}\left(\frac{1}{q_0}-1\right)-\frac{1}{q_0}(2q_0-1)^{1/2}\right]<\frac{2}{3H_0}. \tag{1.60}$$

1.6 辐射为主的宇宙

如果宇宙中的能量密度贡献主要来自辐射，则宇宙处于辐射为主时期，这种宇宙学模型也称为辐射为主的模型. 对于辐射, 其物态方程参数 $w=p/\rho=1/3$. 能量守恒方程 (1.24) 的解为

$$\rho_r=\rho_{r0}\left(\frac{a_0}{a}\right)^4. \tag{1.61}$$

由加速度方程 (1.23) 可以得到

$$q_0=\frac{8\pi G\rho_{r0}}{3H_0^2}=\Omega_{r0}. \tag{1.62}$$

而由弗里德曼方程 (1.21) 可以得到

$$H_0^2+\frac{K}{a_0^2}=\frac{8\pi G\rho_{r0}}{3}. \tag{1.63}$$

联立方程 (1.62) 和 (1.63) 则可得到

$$\Omega_{k0}=1-q_0. \tag{1.64}$$

对于平坦宇宙，$q_0 = \Omega_{r0} = 1$；对于开宇宙，则 $\Omega_{k0} > 0$，$q_0 = \Omega_{r0} < 1$；对于闭宇宙，则 $\Omega_{k0} < 0$，$q_0 = \Omega_{r0} > 1$.

把方程 (1.61), (1.62) 和 (1.64) 代入方程 (1.21) 则可得到

$$\left(\frac{\dot{a}}{a_0}\right)^2 = H_0^2\left[1 - q_0 + q_0\left(\frac{a_0}{a}\right)^2\right]. \tag{1.65}$$

其解是

$$a(t) = a_0(2H_0 q_0^{1/2} t)^{1/2}\left(1 + \frac{1-q_0}{2q_0^{1/2}} H_0 t\right)^{1/2}. \tag{1.66}$$

宇宙也是从奇点 $t = 0$，$a = 0$ 及 $\rho_r = \infty$ 开始的. 图 1.2 显示了辐射为主的宇宙标度因子 $a(t)$ 随时间的演化规律.

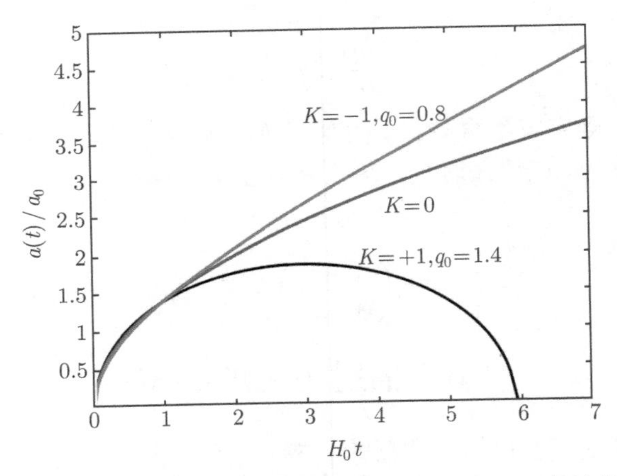

图 1.2　辐射为主的宇宙标度因子 $a(t)$ 随时间 t 的演化

1.6.1　平坦宇宙

当空间曲率为零时，$K = 0$, $q_0 = \Omega_{r0} = 1$, 解 (1.66) 成为

$$a(t) = a_0(2H_0 t)^{1/2} = a_0\left(\frac{t}{t_0}\right)^{1/2}. \tag{1.67}$$

式 (1.67) 告诉我们宇宙要一直膨胀下去，宇宙现在的年龄是 $t_0 = 1/(2H_0)$ 以及

$$H(t) = \frac{\dot{a}}{a} = \frac{1}{2t}.$$

把解 (1.67) 代入解 (1.61), 则得到

$$\rho = \rho_{r0}\left(\frac{t}{t_0}\right)^{-2} = \frac{3}{32\pi G t^2}. \tag{1.68}$$

注意: 这个与时间的关系式是在辐射为主及空间平坦的假设下而得到的，只在辐射为主时期成立. 但是, 辐射物质密度随标度因子 $a(t)$ 的变化关系 (1.61) 在宇宙整个演化过程中都成立.

1.6.2 开宇宙

对于开宇宙，$K=-1$, $q_0=\Omega_{r0}<1$. 解 (1.66) 告诉我们宇宙要一直膨胀下去, 宇宙现在的年龄是

$$t_0=\frac{1}{H_0}\frac{1}{1+q_0^{1/2}}>\frac{1}{2H_0}. \tag{1.69}$$

当 $t\gg t^*$ 或者 $a\gg a^*$ 时, 其中

$$t^*=\frac{2}{H_0}\frac{q_0^{1/2}}{1-q_0}, \tag{1.70}$$

$$a^*=a_0\left(\frac{q_0}{1-q_0}\right)^{1/2}, \tag{1.71}$$

解 (1.66) 有以下近似行为:

$$a(t)\approx a_0(1-q_0)^{1/2}H_0t. \tag{1.72}$$

1.6.3 闭宇宙

对于闭宇宙，$K=1$, $q_0=\Omega_{r0}>1$. 解 (1.66) 告诉我们 $a(t)$ 在

$$t_m=\frac{1}{H_0}\frac{q_0^{1/2}}{q_0-1} \tag{1.73}$$

时有一个最大值

$$a_m=a_0\left(\frac{q_0}{q_0-1}\right)^{1/2}. \tag{1.74}$$

所以宇宙从奇点 $a=0$ 开始膨胀到最大值 a_m, 然后收缩回到奇点, 而且膨胀和收缩在时间上关于 t_m 是对称的. 宇宙现在的年龄为

$$t_0=\frac{1}{H_0}\frac{1}{1+q_0^{1/2}}<\frac{1}{2H_0}. \tag{1.75}$$

1.7 含有宇宙学常数的模型

爱因斯坦在 1916 年提出广义相对论时，大家普遍认为宇宙是静态的. 由加速度方程 (1.23) 可知，要得到 $\ddot{a}=0$，则要求 $\rho_t+3p_t=0$，即能量密度或压强要求为负. 为了得到负压强，爱因斯坦于 1917 年把他的场方程修改为[23]

$$G_{\mu\nu}+\Lambda g_{\mu\nu}=8\pi GT_{\mu\nu}, \tag{1.76}$$

式中, Λ 是一个常数，即著名的宇宙学常数. 由于度规 $g_{\mu\nu}$ 是一个张量，所以引入 $\Lambda g_{\mu\nu}$ 不会破坏广义坐标协变性. 如果这个常数出现在场方程的左边，则被认为是描述时空几何的量，而如果它出现在方程的右边，则可理解为物质，这里主要讨论将宇宙学常数当成物质时的情况. 把能动量张量 $\Lambda g_{\mu\nu}$ 写成理想流体形式，则等效的能量密度与压强为 $\rho_\Lambda = -p_\Lambda = \Lambda/8\pi G$，所以宇宙学常数可以提供负压强. 加上宇宙学常数后，弗里德曼方程 (1.21) 可以写成

$$H^2 + \frac{K}{a^2} = \frac{8\pi G}{3}\rho + \frac{\Lambda}{3}. \tag{1.77}$$

如果宇宙中的物质包含尘埃物质，辐射及宇宙学常数，则 $\rho = \rho_m + \rho_r = \rho_{m0}(a_0/a)^3 + \rho_{r0}(a_0/a)^4$, 上述方程可以写成

$$\frac{H^2}{H_0^2} = \Omega_{m0}\left(\frac{a_0}{a}\right)^3 + \Omega_{r0}\left(\frac{a_0}{a}\right)^4 + \Omega_{k0}\left(\frac{a_0}{a}\right)^2 + \Omega_{\Lambda 0}, \tag{1.78}$$

式中, $\Omega_{\Lambda 0} = \Lambda/(3H_0^2)$, 且 $\Omega_{m0} + \Omega_{r0} + \Omega_{k0} + \Omega_{\Lambda 0} = 1$. 由于物质能量密度按 a^3 衰减，辐射能量密度按 a^4 衰减，宇宙学常数一直是一个常量，所以辐射能量密度衰减得最快，其次是物质能量密度，再次是空间曲率，最后是宇宙学常数. 这样，随着宇宙的演化，尘埃物质的能量密度会在某个时期超过辐射的能量密度，而宇宙学常数会在更晚的时候超过物质的能量密度. 换句话说，在宇宙的演化历史中，宇宙要先后经历辐射为主时期，物质为主时期及宇宙学常数为主时期. 不同的无量纲能量密度比重参数随标度因子的变化关系显示在图 1.3 中. 从图 1.3 中很容易看出, 宇宙演化经过了辐射为主，物质为主及宇宙学常数为主等不同时期. 利用能量密度与标度因子之间的关系，得到物质能量密度和辐射能量密度相等的时间 $a_{\rm eq}$, $a_{\rm eq}/a_0 = \Omega_{r0}/\Omega_{m0}$. 如果宇宙是平坦的，$\Omega_{k0} = 0$，宇宙中只包含物质及辐射，则方程 (1.78) 成为

$$\frac{H^2}{H_0^2} = \Omega_{m0}\left(\frac{a_0}{a}\right)^3 + \Omega_{r0}\left(\frac{a_0}{a}\right)^4. \tag{1.79}$$

利用共形时间 $d\tau = dt/a(t)$，上述方程可以改写成

$$\frac{da}{d\tau} = H_0\sqrt{\Omega_{m0}a_0^3}\,\sqrt{a + a_{\rm eq}}. \tag{1.80}$$

其解为

$$\begin{aligned} \tau &= \frac{2}{H_0\sqrt{\Omega_{m0}a_0^3}}\left(\sqrt{a + a_{\rm eq}} - \sqrt{a}\right), \\ a(\tau) &= \left[\left(\sqrt{a_0 + a_{\rm eq}} - \sqrt{a_{\rm eq}}\right)\frac{\tau}{\tau_0} + \sqrt{a_{\rm eq}}\right]^2 - a_{\rm eq}. \end{aligned} \tag{1.81}$$

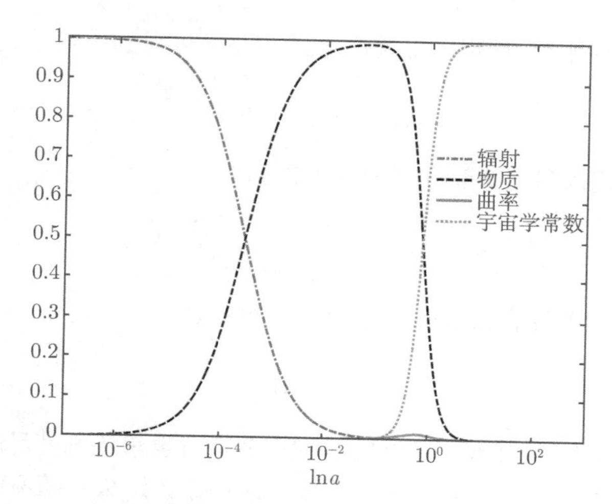

图 1.3 无量纲能量密度比重参数随标度因子的变化关系

根据方程 (1.37) 可知，在宇宙演化过程中，减速因子 $q(a) = \Omega_r(a) - \Omega_\Lambda(a) + \Omega_m(a)/2$. 在辐射为主时期，$q = 1$；物质为主时期，$q = 1/2$；宇宙学常数为主时期，$q = -1$. 减速因子 $q(a)$ 随标度因子的变化关系显示在图 1.4 中.

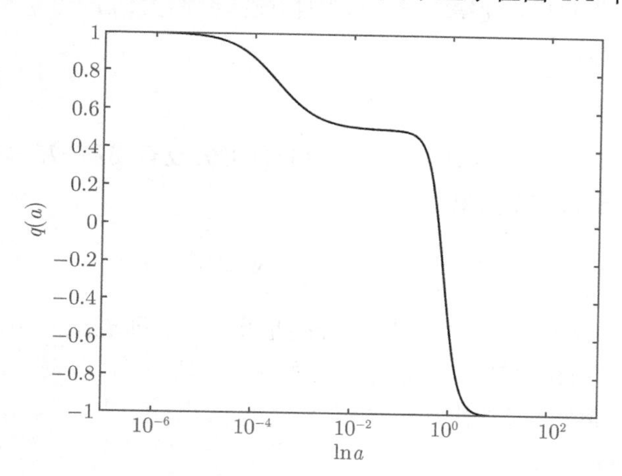

图 1.4 减速因子 $q(a)$ 随标度因子的变化关系

1.7.1 静态 (Static) 宇宙

在这个模型中，空间是非平坦的，宇宙中的物质只包含压强为零的尘埃物质及宇宙学常数，即

$$\rho_t = \rho_m + \frac{\Lambda}{8\pi G}, \quad p_t = -\frac{\Lambda}{8\pi G}. \tag{1.82}$$

静态条件要求零加速度，所以由加速度方程 (1.23) 可得到

$$\rho_m = \frac{\Lambda}{4\pi G} = 2\rho_\Lambda. \tag{1.83}$$

把上述能量密度代入弗里德曼方程 (1.21) 得到

$$H^2 + \frac{K}{a^2} = \frac{8\pi G}{3}\left(\frac{\Lambda}{4\pi G} + \frac{\Lambda}{8\pi G}\right) = \Lambda. \tag{1.84}$$

结合上述方程 (1.84) 及静态宇宙条件 $H = 0$ 可得到

$$\frac{K}{a^2} = \Lambda. \tag{1.85}$$

条件 (1.83) 及 (1.85) 是静态宇宙学中的物质及宇宙学常数所满足的条件，所以只有当 $K = 1$ 时才成立，而且宇宙是有限的，$a_E = 1/\sqrt{\Lambda}$. 当然随着哈勃发现宇宙处于膨胀状态，静态宇宙模型作为实际宇宙学模型的可能性便被排除了，爱因斯坦也因此摈弃了宇宙学常数. 后来勒梅特指出静态宇宙学解是不稳定的. 这点可以从方程 (1.83) 及 (1.85) 中得到，因为尘埃物质密度满足 $\rho_m = 1/(4\pi G a^2)$，如果一个小扰动使得 $a > a_E$，则物质密度减小，$\rho_t + 3p_t < 0$，从而 $\ddot{a} > 0$，即标度因子继续增大. 同理，如果一个小扰动使得 $a < a_E$，则物质密度增大，$\rho_t + 3p_t > 0$，从而 $\ddot{a} < 0$，即标度因子继续减小.

1.7.2 德西特宇宙

对于德西特宇宙[24−26]，即空间是平坦的且里面没有物质，$K = 0$ 以及 $\rho_t = \rho_\Lambda$. 求解弗里德曼方程 (1.21) 得到

$$H^2 = \frac{\Lambda}{3}, \quad a(t) = a_0 \exp[H(t - t_0)]. \tag{1.86}$$

这个模型给出的度规有一个 10 参数的等度量变换群，即五维旋转群，通常也称为德西特群. 由于物质密度随着宇宙的膨胀而减小，当 $a \to \infty$ 时，含有物质和正宇宙学常数的模型都要过渡到德西特宇宙.

1.7.3 勒梅特模型

在这个模型[17,27] 中，$K = 1$, $\rho_t = \rho_\Lambda + C/a^3$, 式中, $C = \alpha/(4\pi G \Lambda^{1/2})$ 且 $\alpha > 1$. 弗里德曼方程 (1.21) 成为

$$\left(\frac{\dot{a}}{a}\right)^2 + \frac{1}{a^2} = \frac{8\pi G}{3}\frac{C}{a^3} + \frac{\Lambda}{3}. \tag{1.87}$$

加速度运动方程为

$$\frac{\ddot{a}}{a} = \frac{\Lambda}{3} - \frac{\alpha}{3\Lambda^{1/2}}\frac{1}{a^3}. \tag{1.88}$$

在宇宙演化的极早期, $t \to 0$, $a \to 0$, 式 (1.87) 可近似为

$$\left(\frac{\dot{a}}{a}\right)^2 \approx \frac{8\pi G}{3}\frac{C}{a^3}. \tag{1.89}$$

所以标度因子按 $a \sim t^{2/3}$ 的规律膨胀，但随后宇宙膨胀会变慢. 当 $a = \alpha^{1/3}/\sqrt{\Lambda}$ 时，$\ddot{a} = 0$，宇宙膨胀变得最慢，此后膨胀再度加快，最后趋于德西特宇宙. 这个模型的特点是存在一个 “滑行 (coasting)” 时期, 在这个时期内，$a(t)$ 保持接近于 $\dot{a}$ 取极小值时的数值 $a = \alpha^{1/3}/\sqrt{\Lambda}$. 这时期的弗里德曼方程 (1.87) 可近似为

$$\dot{a}^2 \approx \alpha^{2/3} - 1 + (\Lambda^{1/2}a - \alpha^{1/3})^2. \tag{1.90}$$

其解是

$$a = \frac{\alpha^{1/3}}{\sqrt{\Lambda}}\left[1 + (1 - \alpha^{-2/3})^{1/2}\sinh(\sqrt{\Lambda}(t - t_m))\right], \tag{1.91}$$

式中, t_m 是 $\dot{a}$ 达到其极小值的时刻. 若 α 很接近于 1，则在一个量级为 $\Delta t = \Lambda^{-1/2}|\ln(1 - \alpha^{-2/3})|$ 的长时间内 $a(t)$ 会保持接近于静态爱因斯坦宇宙值 a_E 的状态.

1.7.4 爱丁顿-勒梅特模型

在爱丁顿 (Eddington)-勒梅特模型[28] 中，$K = 1$, $\rho_t = \rho_\Lambda + 1/(4\pi G\Lambda^{1/2}a^3) = \rho_\Lambda[1 + 2(a_E/a)^3]$. 弗里德曼方程 (1.21) 成为

$$\left(\frac{\dot{a}}{a}\right)^2 = \frac{\Lambda}{3}\left(1 - \frac{a_E}{a}\right)^2\left(1 + 2\frac{a_E}{a}\right). \tag{1.92}$$

加速度运动方程为

$$\frac{\ddot{a}}{a} = \frac{\Lambda}{3}\left[1 - \left(\frac{a_E}{a}\right)^3\right]. \tag{1.93}$$

一方面，如果宇宙在 $t = 0$ 时，$a = 0$, 则宇宙将一直膨胀下去并且渐近趋向于爱因斯坦静态宇宙，即当 $t \to \infty$ 时, $a \to a_E = 1/\sqrt{\Lambda}$. 另一方面，如果宇宙在 $t = 0$ 时，$a = a_E$, 则宇宙会一直膨胀下去而且将渐近趋于德西特宇宙.

1.8 视界及宇宙热力学

由于光速传播的速度是有限的，所以我们要问宇宙的哪些部分处于因果联系区域内. 因为宇宙在大尺度上是均匀各向同性的, 这个问题可以表述为在时刻 $t = 0$ 时, 位置 r 发射的光信号在时刻 t 可以传播到的位置 r' 在哪里？假设在初始时刻

$t=0$ 时, 位置 r_H 发射的光信号在时刻 t 到达坐标原点 $r=0$，由于光线走的是测地线 $\mathrm{d}s^2=0$，所以

$$\int_0^t \frac{\mathrm{d}t'}{a(t')}=\int_0^{r_H}\frac{\mathrm{d}r}{\sqrt{1-Kr^2}}. \tag{1.94}$$

在时刻 t 测量到的固有距离

$$d_{\mathrm{PH}}(t)=\int_0^{r_H}\sqrt{g_{\mathrm{rr}}}\mathrm{d}r=a(t)\int_0^t\frac{\mathrm{d}t'}{a(t')}, \tag{1.95}$$

式中, $d_{\mathrm{PH}}(t)$ 便定义了粒子视界. 如果 $d_{\mathrm{PH}}(t)$ 为一个有限值，则过去光锥由粒子视界所限制，即粒子视界是可观测部分宇宙和光信号还没有到达的那部分宇宙的分界线. 对于物质和辐射为主的宇宙，$d_{\mathrm{PH}}(t)\sim t$. 更一般地，当 $t\to 0$ 时，如果 $a(t)$ 趋于零的速度比 t 还慢，即 $\ddot{a}<0$ 或 $\rho+3p>0$, 则 $d_{\mathrm{PH}}(t)$ 的值有限. 对于含有常数物态方程 $w=p/\rho$ 的物质的宇宙，由方程 (1.47) 可得粒子视界为

$$d_{\mathrm{PH}}(t)=\frac{a}{H_0a_0}\int_0^{a/a_0}\frac{\mathrm{d}x}{[x^2(1-\Omega_{w0})+\Omega_{w0}x^{1-3w}]^{1/2}}. \tag{1.96}$$

对于物质为主的宇宙，$w=0$，

$$d_{\mathrm{PH}}(t)=\begin{cases} a\mathrm{arccos}\left[1-\dfrac{2(\Omega_{m0}-1)a}{\Omega_{m0}a_0}\right], & \Omega_{m0}>1,\\ 2H_0^{-1}(a/a_0)^{3/2}, & \Omega_{m0}=1,\\ a\mathrm{arccosh}\left[1+\dfrac{2(1-\Omega_{m0})a}{\Omega_{m0}a_0}\right], & \Omega_{m0}<1. \end{cases} \tag{1.97}$$

对于辐射为主的宇宙，$w=1/3$，

$$d_{\mathrm{PH}}(t)=\begin{cases} a\mathrm{arcsin}\left[\dfrac{a\sqrt{\Omega_{r0}-1}}{a_0\sqrt{\Omega_{r0}}}\right], & \Omega_{r0}>1,\\ H_0^{-1}(a/a_0)^2, & \Omega_{r0}=1,\\ a\ln\left[\dfrac{(a/a_0)\sqrt{1-\Omega_{r0}}+\sqrt{\Omega_{r0}+(1-\Omega_{r0})(a/a_0)^2}}{\sqrt{\Omega_{r0}}}\right], & \Omega_{r0}<1. \end{cases} \tag{1.98}$$

另一方面，在时刻 t 时, 位置 $r=0$ 发出的光信号在遥远的将来可能到达的位置 r 处定义了事件视界，

$$d_{\mathrm{EH}}(t)=a(t)\int_t^{\infty}\frac{\mathrm{d}t'}{a(t')}. \tag{1.99}$$

如果 $a(t)$ 趋于无穷大的速度比 t 还快，即 $\ddot{a}>0$ 或 $\rho+3p<0$, 则事件视界 $d_{\mathrm{EH}}(t)$ 的值有限. 有限事件视界是 t 时刻的信息可能影响到的区域和不可影响到的区域的分界线. 换句话说，如果存在事件视界，则部分宇宙原则上是不可能观测到的. 对

于德西特宇宙，$d_{\mathrm{EH}} = 1/H$. 与黑洞类似，德西特宇宙存在温度为 $T_H = H/2\pi$ 的黑体热辐射.

另外，表观视界定义为

$$d_{\mathrm{AH}} = \left(H^2 + \frac{K}{a^2}\right)^{-1/2}. \tag{1.100}$$

对于平直空间，$K = 0$, 表观视界和哈勃尺寸相同，$d_{\mathrm{AH}} = 1/H(t)$. 在德西特宇宙中，$d_{\mathrm{AH}} = d_{\mathrm{EH}} = 1/H$.

在一个膨胀的宇宙中，把热力学第一定律应用到一个共动坐标系中对应的物理体积为 $V = a^3$ 的单位体积元上，则得到

$$T\mathrm{d}S(T,V) = T\mathrm{d}(sV) = \mathrm{d}(\rho(T)V) + p(T)\mathrm{d}V, \tag{1.101}$$

式中, s 是固有熵密度，平衡态能量密度 ρ 及压强 p 假设只和温度有关. 可积条件 $\partial^2 S/\partial V\partial T = \partial^2 S/\partial T\partial V$ 给出如下关系

$$\frac{\mathrm{d}p}{\mathrm{d}T} = \frac{\rho + p}{T}. \tag{1.102}$$

把方程 (1.102) 代入方程 (1.101) 得到 $\mathrm{d}S = \mathrm{d}[V(\rho + p)/T]$，即

$$s = \frac{\rho + p}{T}, \ \rho \neq -p. \tag{1.103}$$

对于宇宙学常数 $p = -\rho$, 热力学第一定律则暗示 $\mathrm{d}S = \mathrm{d}[V(\rho + p)/T] = 0$. 联立方程组 (1.101), (1.102) 及 (1.103), 得到

$$\mathrm{d}s = \frac{\mathrm{d}\rho}{T} = s\frac{\mathrm{d}\rho}{\rho + p}, \ \rho \neq -p. \tag{1.104}$$

把能量守恒方程 (1.24) 代入方程 (1.104), 得到

$$\sigma = sa^3 = 常数, \tag{1.105}$$

即在热平衡状态，共动坐标系中的熵密度是一个常数.

为了更好地把热力学定律应用到宇宙学中，要选取适当的宇宙尺寸或边界. 随着全息原理的发展及其在宇宙学中的应用，人们认识到视界的重要性及其在宇宙学中的作用. 对于德西特宇宙，对应于视界 H^{-1}, 存在着温度为 $T_H = H/2\pi$ 的热辐射. 而对于更一般的宇宙，事件视界及粒子视界不一定总是存在，但是表观视界总是存在的，而且表观视界和事件视界及粒子视界一般不相同. 所以我们期望着表观视界充当宇宙边界的角色而应用到热力学定律中，同时对应于表观视界存在着温度为 $T = 1/(2\pi d_{\mathrm{AH}})$ 的热辐射，而且表观视界上的熵为 $S = \pi d_{\mathrm{AH}}^2/G$.

取度规的 t-r 分量 g_{ab}(这里指标 $a,b=t,r$)，并利用 Misner-Sharp 质量 $\mathcal{M}=\tilde{r}(1-g^{ab}\tilde{r}_{,a}\tilde{r}_{,b})/2G$[29]，则爱因斯坦方程的 ab 分量可以写成

$$\mathcal{M}_{,a}=4\pi\tilde{r}^2(T_a^b-\delta_a^bT)\nabla_b\tilde{r}, \tag{1.106}$$

式中, 物理坐标 $\tilde{r}=a(t)r$. 因为 (近似的)Killing 矢量或 (近似的) 表观视界的生成元是类光矢量 $k^\mu=(1,\ -Hr,\ 0,\ 0)$, 所以通过表观视界的能流为

$$-\mathrm{d}E=-\mathcal{M}_{,a}k^a\mathrm{d}t=-4\pi\tilde{r}^2T^{ab}\tilde{r}_{,a}k_b\mathrm{d}t|_{\tilde{r}=d_{\mathrm{AH}}}=4\pi d_{\mathrm{AH}}^3(\rho+p)H\mathrm{d}t. \tag{1.107}$$

在式 (1.107) 的推导过程中，我们用到了表观视界上的关系式 $k^a\tilde{r}_{,a}=0$. 另一方面，

$$T\mathrm{d}S=\frac{1}{2\pi d_{\mathrm{AH}}}\frac{\mathrm{d}}{\mathrm{d}t}\left(\frac{\pi d_{\mathrm{AH}}^2}{G}\right)\mathrm{d}t=\frac{\dot{d}_{\mathrm{AH}}}{G}\mathrm{d}t. \tag{1.108}$$

利用表观视界的定义及弗里德曼方程 (1.21) 的微分可得到

$$\dot{d}_{\mathrm{AH}}=-d_{\mathrm{AH}}^3H(\dot{H}-K/a^2)=4\pi Gd_{\mathrm{AH}}^3H(\rho+p). \tag{1.109}$$

综合方程 (1.107), (1.108), 及 (1.109) 便得到热力学第一定律 $T\mathrm{d}S=-\mathrm{d}E$. 即从弗里德曼方程 (1.21) 及能量守恒方程 (1.24) 出发可以推导出热力学第一定律. 同样从热力学第一定律出发，利用定义及方程 (1.107) 和 (1.108)，可以推导出方程 (1.109). 联立方程 (1.109) 及能量守恒方程 (1.24)，便可以得到弗里德曼方程 (1.21). 所以我们可以说表观视界上的热力学第一定律和宇宙学方程等价. 对于更为普遍及复杂的引力理论，这种等价关系也同样存在. 这种等价关系的存在似乎揭示了引力理论和热力学之间的某种内在联系及表观视界的特殊地位.

第 2 章　观测宇宙学

第 1 章假设宇宙在大尺度上是均匀各向同性的基础上介绍了标准宇宙学的演化过程，本章主要介绍观测宇宙学. 哈勃在 1929 年发现了宇宙的膨胀证据，从而支持了热大爆炸的宇宙学标准模型. 伽莫夫在热大爆炸宇宙学模型的基础上提出了原初元素合成的理论，并于 1948 年预言了宇宙微波背景辐射的存在. 彭齐阿斯和威尔逊在 1965 年观测到了宇宙微波背景辐射，更加精确的观测表明宇宙微波背景辐射在大尺度上基本上是均匀各向同性的，而且宇宙微波背景辐射的各向异性非常小，其涨落幅度只有 10^{-5}. 这些观测证据支持了宇宙学原理.

2.1　宇宙学红移

由于宇宙的膨胀，光源和观测者之间的距离随时间而变长. 在光源发射光信号的时刻 t_e，光源与观测者之间的距离为 d_e；在光信号被观测到的时刻 t_o，光源与观测者之间的距离为 d_o，而且 $d_o > d_e$. 也就是说，宇宙的膨胀导致光源与观测者都在运动，从而使得观测到的光信号发生了红移. 因为光走的是测地线，所以有 $\mathrm{d}s^2=0$，利用罗伯逊-沃克度规 (1.5)，得到

$$\int_{t_e}^{t_o}\frac{\mathrm{d}t}{a(t)}=\int_0^r\frac{\mathrm{d}r}{\sqrt{1-Kr^2}}\equiv f(r)=\begin{cases}\sin^{-1}r, & K=1,\\ r, & K=0,\\ \sinh^{-1}r, & K=-1.\end{cases} \tag{2.1}$$

光源在 $t'_e=t_e+\delta t_e$ 时刻发射的光要在 $t'_o=t_o+\delta t_o$ 时刻到达观测者. 由于 $f(r)$ 和时间无关而且共动坐标距离 r 不变，所以 $f(r)$ 是一个不变量，这样便得到

$$\int_{t_e}^{t_o}\frac{\mathrm{d}t}{a(t)}=\int_{t'_e}^{t'_o}\frac{\mathrm{d}t}{a(t)}=f(r). \tag{2.2}$$

由方程 (2.2) 的第一个等式可得到

$$\frac{\delta t_o}{a_o}=\frac{\delta t_e}{a_e}, \tag{2.3}$$

式中，$a_o=a(t_o)$，$a_e=a(t_e)$. 如果发射光的频率是 ν_e，观测到的频率是 ν_o，由于 $\delta t_e=1/\nu_e$ 及 $\delta t_o=1/\nu_o$，则利用方程 (2.3) 可得到

$$\nu_e a_e=\nu_o a_o. \tag{2.4}$$

所以由于宇宙膨胀而引起的红移为

$$1+z=\frac{\lambda_o}{\lambda_e}=\frac{\nu_e}{\nu_o}=\frac{a_o}{a_e}. \tag{2.5}$$

通常取观测时刻为现在时刻 t_0，则 $a_o=a_0=a(t_0)$. 宇宙膨胀导致光源与观测者之间具有相对运动速度 V，所以由多普勒效应可得到宇宙红移 $z=V$. 当然这种理解只是一种近似.

利用红移的定义 (2.5)，可以把方程 (2.2) 改写成

$$f(r)=\int_{z_o}^{z_e}\frac{\mathrm{d}z}{a_0H(z)}=\int_{z_o}^{z_e}\frac{\mathrm{d}z}{a_0H_0E(z)}, \tag{2.6}$$

式中, 无量纲哈勃参数可以利用弗里德曼方程 (1.78) 表达成下面形式

$$E^2(z)=\left(\frac{H(z)}{H_0}\right)^2=\Omega_{\Lambda 0}+\Omega_{k0}(1+z)^2+\Omega_{m0}(1+z)^3+\Omega_{r0}(1+z)^4, \tag{2.7}$$

式中, $\Omega_{\Lambda 0}+\Omega_{k0}+\Omega_{m0}+\Omega_{r0}=1$. 从上式可以看出，当物质的能量密度和辐射的能量密度相等时，$\Omega_{m0}(1+z_{\mathrm{EQ}})^3=\Omega_{r0}(1+z_{\mathrm{EQ}})^4$，对应的红移为 $z_{\mathrm{EQ}}=\Omega_{m0}/\Omega_{r0}-1$.

2.2　距离-红移关系

考虑位于距离 r_1 的光源在时刻 t_1 发射的光子在时刻 t_0 到达位于坐标原点的观察者，由于宇宙膨胀而引起红移，以能量 $h\nu_1$ 发出的每个光子被观察到的能量为 $h\nu_1 a(t_1)/a(t_0)$. 在时间间隔 δt_1 内发射的光子将在时间间隔 $\delta t_1 a(t_0)/a(t_1)$ 内收到. 于是观测仪器接收到的总功率 P，就是源发射的总功率，即它的绝对光度 L 乘以因子 $a^2(t_1)/a^2(t_0)$. 所以单位面积上分到的功率，即视光度为

$$l=\frac{La^2(t_1)}{4\pi a^4(t_0)r_1^2}, \tag{2.8}$$

利用上述方程 (2.8)，定义光度距离为

$$\begin{aligned} d_L&=\left(\frac{L}{4\pi l}\right)^{1/2}=\frac{a^2(t_0)}{a(t_1)}r_1=a(t_0)r_1(1+z)\\ &=\frac{1+z}{H_0\sqrt{|\Omega_{k0}|}}\mathrm{sinn}\left[\sqrt{|\Omega_{k0}|}\int_0^z\frac{\mathrm{d}x}{E(x)}\right], \end{aligned} \tag{2.9}$$

式中, $E(z)=H(z)/H_0$，对应于 $K=1,\ 0,\ -1$，$\mathrm{sinn}(x)=\sin(x),\ x,\ \sinh(x)$. 式 (2.9) 最后一个等式利用了方程 (2.1). 另外，观测上通常也用到角直径距离 $d_A(z)=d_L(z)/(1+z)^2$. 对于不含任何物质及能量的虚空 (empty) 宇宙学模型，$\Omega_m=\Omega_r=$

$\Omega_\Lambda = 0$, $\Omega_k = 1$, 光度距离为 $H_0 d_L(z) = z + z^2/2$. 对于德西特宇宙学模型，$\Omega_k = \Omega_m = \Omega_r = 0$, $\Omega_\Lambda = 1$，光度距离为 $H_0 d_L(z) = z + z^2$. 而对于物质为主的宇宙学模型，辐射及真空能可以忽略，$\Omega_r = \Omega_\Lambda = 0$, 光度距离由马丁 (Matting) 公式[30] 描述，

$$d_L(z) = \frac{2[2 - \Omega_{m0} + \Omega_{m0} z - (2 - \Omega_{m0})(1 + \Omega_{m0} z)^{1/2}]}{H_0 \Omega_{m0}^2}. \tag{2.10}$$

马丁公式是天文观测中最有用的公式之一.

在 t_0 附近，标度因子可以展开为

$$\begin{aligned} a(t) =& a_0 \left[1 + H_0(t - t_0) - \frac{1}{2} H_0^2 q_0 (t - t_0)^2 + \frac{1}{6} H_0^3 j_0 (t - t_0)^3 \right. \\ & \left. + \frac{1}{24} H_0^4 s_0 (t - t_0)^4 + O((t - t_0)^5)\right], \end{aligned} \tag{2.11}$$

式中, $a_0 = a(t_0)$，$H_0 = H(t_0)$，$q_0 = q(t_0)$，$j_0 = j(t_0)$，$s_0 = s(t_0)$，j 参数及 s 参数的定义为

$$j(t) = \frac{1}{aH^3} \frac{\mathrm{d}^3 a}{\mathrm{d}t^3}, \tag{2.12}$$

$$s(t) = \frac{1}{aH^4} \frac{\mathrm{d}^4 a}{\mathrm{d}t^4}. \tag{2.13}$$

利用红移的定义 $z = a_0/a - 1$，以及方程 (2.11)，便可得到

$$\begin{aligned} t_0 - t =& H_0^{-1} \left[z - \left(1 + \frac{q_0}{2}\right) z^2 + \left(1 + q_0 + \frac{1}{2} q_0^2 - \frac{1}{6} j_0\right) z^3 \right. \\ & \left. - \left(1 + \frac{3}{2} q_0 + \frac{3}{2} q_0^2 + \frac{5}{8} q_0^3 - \frac{1}{2} j_0 - \frac{5}{12} q_0 j_0 - \frac{1}{24} s_0\right) z^4 + O(z^5)\right]. \end{aligned} \tag{2.14}$$

把上述方程 (2.11) 及 (2.14) 代入方程 (2.1)，(1.27) 及 (1.28) 中可以得到

$$\begin{aligned} \int_{t_1}^{t_0} \frac{\mathrm{d}t}{a(t)} =& a_0^{-1} \left[t_0 - t_1 + \frac{H_0}{2}(t_0 - t_1)^2 + \frac{1}{3}\left(1 + \frac{1}{2} q_0\right) H_0^2 (t_0 - t_1)^3 + \frac{1}{4}(1 + q_0 \right. \\ & \left. + \frac{1}{6} j_0) H_0^3 (t_0 - t_1)^4 + \frac{1}{5}\left(1 + \frac{3}{2} q_0 + \frac{1}{4} q_0^2 + \frac{1}{3} j_0 - \frac{1}{24} s_0\right) H_0^4 (t_0 - t_1)^5 + \cdots\right] \\ =& a_0^{-1} H_0^{-1} \left[z - \frac{1}{2}(1 + q_0) z^2 + \left(\frac{1}{3} + \frac{2}{3} q_0 + \frac{1}{2} q_0^2 - \frac{1}{6} j_0\right) z^3 \right. \\ & \left. + \left(-\frac{1}{4} - \frac{3}{4} q_0 - \frac{9}{8} q_0^2 - \frac{5}{8} q_0^3 + \frac{9}{24} j_0 + \frac{5}{12} q_0 j_0 + \frac{1}{24} s_0\right) z^4 + \cdots\right] \\ =& f(r_1) = \begin{cases} r_1 + \dfrac{1}{6} r_1^3 + O(r_1^5), & K = 1, \\ r_1, & K = 0, \\ r_1 - \dfrac{1}{6} r_1^3 + O(r_1^5), & K = -1, \end{cases} \end{aligned} \tag{2.15}$$

$$H(z)=H_0\left[1+(1+q_0)z+\frac{1}{2}(j_0-q_0^2)z^2+\left(\frac{1}{2}q_0^2+\frac{1}{2}q_0^3-\frac{1}{2}j_0-\frac{2}{3}q_0j_0-\frac{1}{6}s_0\right)z^3+O(z^4)\right], \tag{2.16}$$

$$q(z)=q_0-(q_0+2q_0^2-j_0)z+\left(4q_0^3+4q_0^2+q_0-2j_0-\frac{s_0}{2}-\frac{7j_0q_0}{2}\right)z^2+O(z^3). \tag{2.17}$$

把方程 (2.15) 代入方程 (2.9)，便得到如下亮度距离-红移在低红移下的近似关系[31]

$$\begin{aligned}H_0d_{\mathrm{L}}=&z+\frac{1}{2}(1-q_0)z^2+\frac{1}{6}(q_0+3q_0^2-1-j_0-\Omega_k)z^3+\frac{1}{24}(2-2q_0\\&-15q_0^2-15q_0^3+5j_0+10q_0j_0+s_0+2\Omega_k+6\Omega_kq_0)z^4+O(z^5).\end{aligned} \tag{2.18}$$

从上述近似关系式可以发现在一阶近似下，红移和亮度距离满足线性关系的哈勃定律 $H_0d_L=z$，且线性系数为哈勃常数，所以可以利用这个特性来测量哈勃常数. 1929 年，哈勃利用 24 个星系的观测资料，作出了如图 2.1 所示的距离-视向速度关系图[32]. 这里的视向速度通过多普勒公式和红移联系起来，$V=z=H_0d_L$，此即哈勃发现的哈勃定律. 哈勃定律的发现及哈勃的观测结果证实了宇宙在膨胀. 哈勃最初测定的哈勃常数是 $H_0=500\mathrm{km/(s\cdot Mpc)}$. 哈勃空间望远镜重点计划在 2001 年给出的哈勃常数值为 $H_0=(72\pm8)\mathrm{km/(s\cdot Mpc)}$[33].

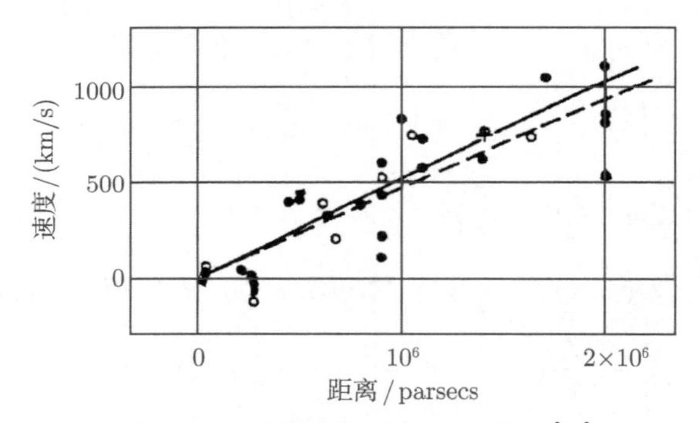

图 2.1　哈勃测量的速度-距离关系[32]

图中实点代表星系，实线是对星系的拟合线. 圆圈代表这些星系按方向和距离的分组，虚线是对这些组的拟合

如果式 (2.18) 近似到二阶，则亮度距离与减速参数 q_0 有关，即亮度距离依赖于具体模型，利用这个特性可以通过低红移的亮度距离-红移观测测量减速参数 q_0.

2.3　宇宙微波背景辐射

伽莫夫在 1948 年就预言了宇宙微波背景辐射 (CMB) 的存在[21]. 阿尔菲和赫尔曼在伽莫夫的工作基础上经过详细的分析得到宇宙微波背景辐射温度 $T_{\gamma0}$ 大约

为 5K 左右[22]. 1965 年皮布斯 (Peebles) 和迪克 (Dicke) 开始重新研究 $T_{\gamma 0}$ 的理论值，同时罗尔 (Roll) 和威尔金森 (Wilkinson) 也在准备测量 $T_{\gamma 0}$ 的实验. 同年，美国贝尔实验室的工程师彭齐阿斯 (Penzias) 和威尔逊 (Wilson) 使用一架口径为 20ft ①的低噪声大喇叭天线与“回声”号人造卫星进行通信联系时在波长 $\lambda=7.35\text{cm}$ 处观测到来自宇宙所有方向的 3.5K 辐射. 这个消息传到附近的普林斯顿大学便立即引起了皮布斯和迪克的关注，而且他们立即意识到宇宙微波背景辐射已经被发现了. 彭齐阿斯和威尔逊的观测结果以题为“在 4080Mc/s 处剩余天线温度的测量”的论文发表于 1965 年[34]，迪克，皮布斯，罗尔和威尔金森也在同一期刊上同期发表了一篇题为“宇宙黑体辐射”的论文来说明这个测量结果的科学意义[35]. 彭齐阿斯和威尔逊因为宇宙微波背景辐射的发现而获得了 1978 年的诺贝尔物理学奖.

虽然彭齐阿斯和威尔逊观测到了宇宙微波背景辐射，但是他们只测量了单一波长处的辐射能流，我们还需要通过其他波长的测量来证实其为黑体辐射. 而在波长 $\lambda=0.3\text{cm}$ 以下，地面上的观测变得不可能，所以必须把测量仪器放到卫星上. 1989 年 11 月 8 日美国国家航空航天局 (NASA) 发射了宇宙背景辐射探测器 (COBE) 卫星②，该卫星轨道呈圆形，轨道高度为 900km，跨越两极方向，倾角为 99°. COBE 卫星上带有三台主要观测仪器：远红外绝对分光测量仪 (FIRAS)，差分微波辐射计 (DMR)，以及弥散式红外背景探测器 (DIRBE). FIRAS 主要是将所测量的 CMB 谱与一个精确的黑体谱进行比较，从而精确测量 CMB 黑体辐射温度. DMR 用来测量大角度 CMB 的差异，以确定 CMB 的均匀性. DIRBE 用于探测宇宙红外背景，其波长范围为 $\lambda=1\sim300\mu\text{m}$. 图 2.2 显示了 COBE 及其他观测对黑体辐射谱的测量[36]，这些结果表明宇宙微波背景辐射在各个频段都符合温度为 2.725K 的黑体辐射谱. COBE 发现在 95% 的置信度下宇宙微波背景辐射温度为 $T_{\gamma 0}=(2.728\pm0.004)\text{K}$ [37]，结合其他测量结果得到现在的宇宙微波背景辐射温度为 $T_{\gamma 0}=(2.72548\pm0.00057)\text{K}$[38]，对应的光子数密度为 410 个/$\text{cm}^3$. DMR 观测结果表明宇宙微波背景辐射的均匀性非常好，详细结果见图 2.3. 图 2.3 的结果为热爆炸宇宙学及宇宙在大尺度上的均匀各向同性提供了很强的观测证据. 在绝对定标精度达到约 5% 的条件下，DMR 给出的偶极不均匀度和四极不均匀度分别为: $\Delta T/T_{\gamma 0}<8\times10^{-5}$ 及 $\Delta T/T_{\gamma 0}<3\times10^{-5}$. 正是因为这些小的不均匀性的出现，才有我们现在观测到的星系结构. 马瑟 (Mather) 与斯莫特 (Smoot) 因为发现 CMB 中存在很小的各向异性而获得了 2006 年的诺贝尔物理学奖.

为了更精确地测量宇宙微波背景辐射中的微小各向异性及认识宇宙演化的客观规律，NASA 于 2001 年 6 月发射了威尔金森微波背景各向异性探测器 (WMAP).

① 1ft = 30.48cm

② http://lambda.gsfc.nasa.gov/product/cobe/

WMAP 组于 2003 年公布了第一年的观测数据[39]，并且分别于 2006 年、2008 年、2010 年及 2012 年公布了 3 年、5 年、7 年及最终的 9 年的观测数据[40-43]. 和 COBE 观测数据相比较，COBE 只是看到了宇宙婴儿时代的一个大致轮廓，而 WMAP 则看到了宇宙婴儿时代的清晰图像，如婴儿手腕上的名字编号等. 这可以用图 2.4 形象地描述. WMAP 数据已经被广泛应用于区分各种暴涨模型. 另外，欧洲于 2009 年 5 月发射了普朗克 (PLANCK) 卫星用来进一步精确测量宇宙微波背景辐射中的各向异性及发现宇宙演化所遵循的客观规律①，PLANCK 小组于 2013 年公布了首批温度谱数据[44]，并于 2015 年公布了极化数据[45].

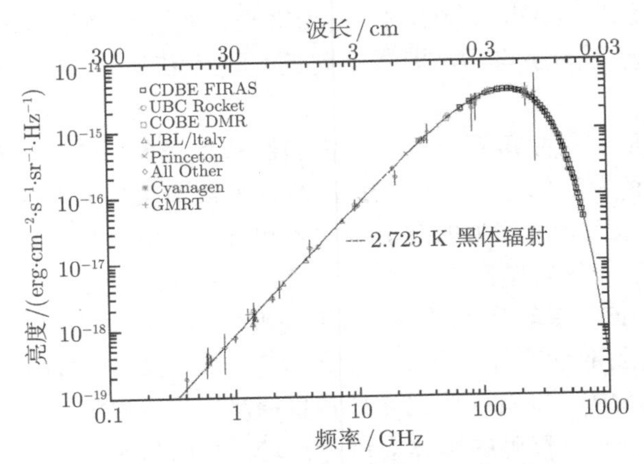

图 2.2　各种频段宇宙微波背景辐射谱的观测数据

取自网站 http://www.astro.ubc.ca/people/scott/ispectrum.gif

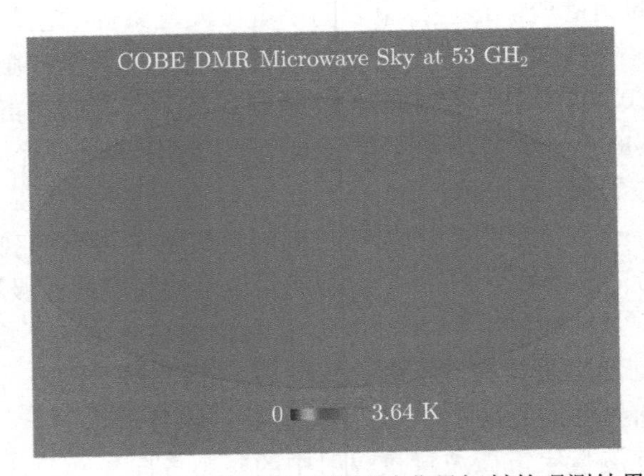

图 2.3　来自不同方向的宇宙微波背景辐射的观测结果

取自网站 http://aether.lbl.gov/www/science/monopole.gif

① http://sci.esa.int/science-e/www/area/index.cfm?fareaid=17

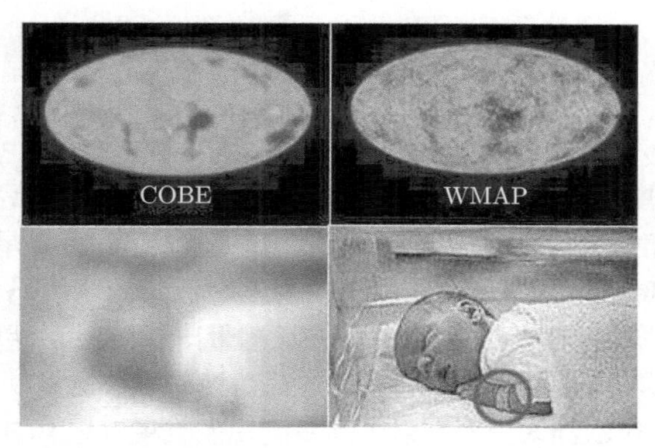

图 2.4 COBE 与 WMAP 结果对比的形象图示

在红移 2.33771 处通过测量中性碳原子中第一与第二精细能级吸收谱得到红移 $z = 2.33771$ 时的微波背景辐射温度为 $6\text{K} < T_{\gamma z} < 14\text{K}$[46]，与理论预期的 9.1K 相吻合. 分析类星体 PKS 1830-211 各种分子吸收线得到红移 $z = 0.89$ 处宇宙微波背景辐射温度 $T_{\gamma z} = (5.08 \pm 0.10)\text{K}$，这也与理论预期的 5.14K 相符[47]. 这些结果表明随着宇宙的膨胀，温度 $T(t)$ 按 $1/a(t)$ 的形式下降.

2.4 距离测量

宇宙学中把用来测量距离的星体分为主级及次级距离标尺. 我们局域银河系里的主级距离标尺的绝对光度要么通过不依赖于绝对光度的先决知识的运动学方法直接测量出来，要么通过其他用运动学方法测量出来的主级距离标尺而间接测量出来. 这些相对较近的主级距离标尺样本很多，可以用来得到关于绝对光度与可观测量之间函数关系的经验规则. 不幸的是，这些主级距离标尺的亮度不足以用来研究红移 $z \geqslant 0.01$ 的距离，而在这个红移下，宇宙膨胀速度 cz 大于典型星系以几百公里每秒偏离宇宙膨胀的随机速度. 从而这些主级距离标尺不能直接用于测量 $a(t)$.

2.4.1 三角视差

地球绕太阳的运动使得恒星的视线位置在一年中形成椭圆，恒星对日地平均距离的最大张角称为恒星的三角视差，常用弧度角 θ 表示. 定义日地平均距离 d_E 为 1 个天文单位 $1\text{AU} = 1.496 \times 10^8\text{km}$，若恒星的距离为 d，如图 2.5 所示，则恒星的视角为

$$\theta = \frac{d_E}{d}, \tag{2.19}$$

式中, θ 以弧度为单位而且 $\theta \ll 1$. 由于 1rad= $206264''$，定义 $\theta = 1''$ 时的距离为

1s 差距 (pc)，则

$$1\text{pc} = 206264.8\ \text{AU} = 3.0856 \times 10^{13}\ \text{km} = 3.2616\ \text{l.y.}. \tag{2.20}$$

一年中选择不同时间从地球上观测同一颗星，测得其最大视角，从而可得到恒星的距离. 利用三角视差方法最早测量的两颗星是半人马座 α 星及天鹅座 61 星. 1832 年亨德森 (Henderson) 首次利用三角视差法测量出半人马座 α 星的距离为 1.35pc，1838 年贝塞尔 (Bessel) 利用这种方法测量出天鹅座 61 星的距离为 3.48pc. 由于地球环境的影响，利用地面望远镜通过三角视差方法测量 $\theta < 0.03''$ 的距离非常困难. 直到 1989 年欧洲太空署发射了高精度视差收集卫星[①] (Hipparcos)，三角视差方法才被广泛应用于测量银河系中大量星体的位置及亮度. 对于足够亮的星体，三角视差的精度可达到 $(7\sim9)\times10^{-4}$ rad·s. Hipparcos 表里 118000 颗星体中的 2 万颗星体的距离的测量精度达到 10% 以内，其中一些星体的距离超过 100pc.

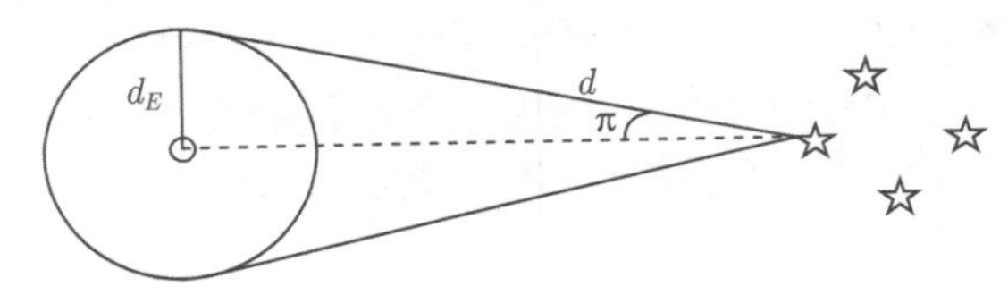

图 2.5　三角视差示意图

2.4.2　星团视差

距离为 d 的光源以速度 $v_\perp$ 沿视线的垂直方向运动在天空中显示为张角以速率 μ 运动，

$$\mu = \frac{v_\perp}{d}. \tag{2.21}$$

这种运动也称为自行. 当然天文学家没有办法测量横向运动速度 $v_\perp$，但是沿视线方向的径向运动速度 v_r 可以通过光源谱线的多普勒效应来测量. 对于一些特殊情况，通过测量 v_r 可以得到 $v_\perp$，从而计算出 d. 移动星团属于疏散星团，其成员星团以相同运动速度做平行移动. 移动星团可以测量到 40~50pc 范围的距离，其精度很高. 目前发现的移动星团有：毕星团，昴星团，大熊星团，鬼宿星团，英仙星团，后发星团，天蝎-半人马星团和猎户星团. 另外，通过测量绕一个中心质量做轨道运动的星体的自行及随时间变化的多普勒效应可以测量出该星体的距离. 如果视线在轨道平面内，而且轨道是圆周运动，当物体沿视线方向运动时多普勒红移最大，从而测量出运动速度 $v_\perp$，而当物体以同样速度垂直视线方向运动时自行 μ 最大，所以该物体的距离 $d = v_\perp/\mu$. 利用这种方法测量 S2 星体可得到太阳系与银河

① http://www.rssd.esa.int/index.php?project=HIPPARCOS

系中心的距离为 (8.0 ± 0.4)kpc[48]. 这种方法测量出旋涡星系 NGC4528 的距离为 (7.2 ± 0.5)Mpc[49]，绰号纸风车的旋涡星系 M33 的距离为 (0.730 ± 0.168)Mpc[50].

2.4.3 视光度

在天文观测中，人们通常用视星等 m 来度量视光度. 早期天文学家把视光度分为六个等级，亮星为第一等级，几乎看不见的星为第六等级，而且要求等级六与一的视光度相差 100 的倍数，因此视星等和视光度之间的关系为

$$l = 10^{-2m/5} \times 2.52 \times 10^{-5}\ \mathrm{erg/(cm^2 \cdot s)}. \tag{2.22}$$

绝对星等定义为光源处于 10pc 的距离或光度距离是 10pc 时所具有的视星等，因为 $4\pi \times (10\mathrm{pc})^2 \times 2.52 \times 10^{-5} = 3.02 \times 10^{35}\mathrm{cm}^2$，所以绝对星等和绝对光度的关系为

$$L = 10^{-2M/5} \times 3.02 \times 10^{35}\ \mathrm{erg/s}. \tag{2.23}$$

另外, 天文学家还引入距离模数 $m - M$ 来表达光度距离，距离模数和光度距离的关系为

$$\mu = m - M = -5 + 5\log_{10}(d_L/\mathrm{pc}) = 5\log_{10}(d_L/\mathrm{Mpc}) + 25. \tag{2.24}$$

由氢的燃烧提供核动力的恒星遵守一个关于绝对星等与颜色的特征关系式: 蓝白色恒星亮度大，而红黄色恒星亮度小. 如果恒星的绝对星等已知，则通过测量视星等便可由式 (2.24) 计算出距离 d_L. 这种测量距离的方法称为光度视差法，也称为分光视差法. 利用光度视差法测得昴星团的距离为 (132 ± 4)pc[51].

1912 年勒维特 (Leavitt) 发现在小麦哲伦云 (SMC) 里的造父变星的光变周期 P 与其视光度之间满足一定的函数关系，这种造父周期-亮度关系也称为勒维特定律[52]. 如今造父周期-亮度关系出自于含有许多造父变星的大麦哲伦云 (LMC)，而且还考虑了绝对亮度与颜色的依赖关系，见图 2.6. 造父变星绝对亮度的标定取决于 LMC 的距离. 利用主星系光度视差法及星团视差法得到较一致的 LMC 距离 5×10^4pc，对应于距离模数 18.5. 利用这个距离模数，则造父变星的照相与红外绝对星等和周期 P 的关系为[33]

$$M_v = -2.760[\pm 0.03](\log_{10} P - 1) - 4.218[\pm 0.002], \tag{2.25}$$

$$M_I = -2.962[\pm 0.02](\log_{10} P - 1) - 4.904[\pm 0.001], \tag{2.26}$$

式中, P 的单位为天. 由于 LMC 距离测量的不确定性，上述关系式中的系数及常数也存在一定的不确定性.

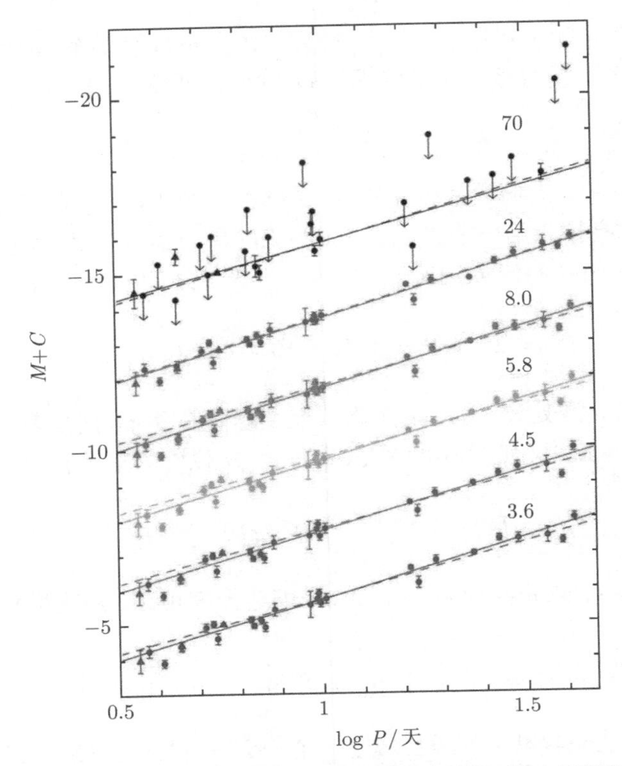

图 2.6　所有 IRAC 及 MIPS 波段勒维特光变周期-绝对亮度关系[53]

2.4.4　土利-费什尔方法

1977 年土利 (Tully) 和费什尔 (Fisher) 发现一种估计旋涡星系的绝对亮度的方法，这种方法被广泛应用于距离测量，称为 T-F 方法[54]. 旋涡星系的 21cm 吸收谱线的线宽由于星系转动的多普勒效应而变宽，线宽与星系转动的最大速度相关，而其最大速度取决于其质量，从而与其绝对亮度有关. 基于这些分析，土利和费什尔给出了一个经验关系[54]

$$M_{\rm pg} = -6.25\log_{10}(W_0/\sin i) - 3.5 \pm 0.3, \tag{2.27}$$

式中，$M_{\rm pg}$ 是照相绝对星等，W_0 是 21cm 氢线以 km/s 为单位的线宽，i 是星系盘面法线和视线的夹角. 最近 T-F 关系式也被应用于红外波段，利用 T-F 方法可以测量到 100Mpc 的距离. 目前 T-F 方法已经被用于测量成千上万个星系的距离.

2.5 哈勃常数

利用勒维特定律关于造父周期-亮度关系，哈勃测量了 6 个河内星系的距离，加上其他 18 个星系距离数据，哈勃发现了著名的哈勃定律. 哈勃定律把物体的红移与其距离联系起来：$cz = H_0 d$，其中，哈勃常数 H_0 表征了宇宙现在的膨胀速度. 由于哈勃常数的值决定了宇宙的年龄，所以精确测量哈勃常数是很有必要的. 但是哈勃常数 H_0 是通过测量距离而得到的，而且距离测量，特别是高红移星系的距离测量非常困难，因此如何精确测量哈勃常数对天文学家提出了挑战.

2.5.1 Ia 型超新星

利用 Ia 型超新星 (SN Ia) 的光变曲线测量其距离是目前最精确测量宇宙距离的方法之一. 超新星爆炸的具体物理机制目前还不清楚，但被广泛接受的观点是：双星系统的白矮星吸积了其伴星的质量，而使得其质量达到钱德拉塞卡 (Chandrasekhar) 质量[55] 时，电子简并压不足以抗衡引力，白矮星会发生塌缩，其内核的温度升高而点燃了碳和氧，从而导致超新星爆炸. 另一种观点认为两个白矮星的合并导致了超新星的爆炸. 因为观测上很少看到白矮星对，所以超新星爆炸的物理机制还存在争议.Ia 型超新星的最显著特征是光谱中没有氢与氦线，其中的原因目前还不是很清楚. 由于超新星爆炸时其质量都接近钱德拉塞卡质量，所以其绝对光度几乎相同，可以看成标准烛光. Ia 型超新星爆炸的极大光度与光的颜色和光变曲线下降率之间相关性的发现使得 Ia 型超新星成为了标准烛光，图 2.7① 给出了 Ia 型超新星的典型光变曲线. 目前超新星哈勃图的弥散度只有 ±7% ∼ 10%.

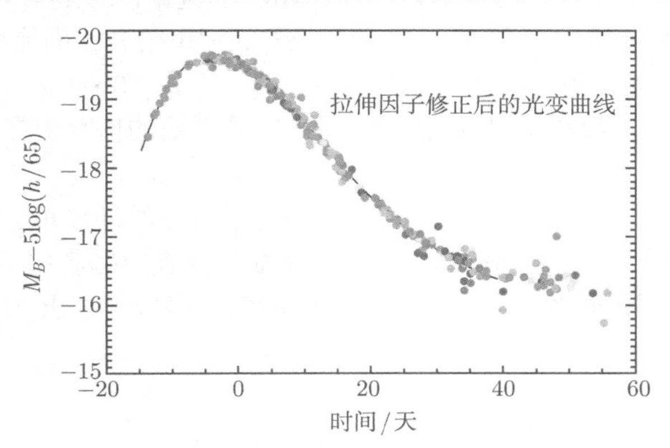

图 2.7 超新星的光变曲线

该图取自超新星宇宙学计划的网站

① http://supernova.lbl.gov/

因为只有很少数目的 Ia 型超新星所在星系的距离可以通过它们所包含的造父变星 (Cepheid variables) 的距离被测量出，并用于校正其他 Ia 型超新星的距离，所以利用 Ia 型超新星确定哈勃常数的困难在于距离的校正. 目前只有 6 个超新星的距离可以通过造父 (cepheid) 方法测量，它们是: NGC 4536 中的 SN1981B，NGC 4639 中的 SN1990N，NGC 3982 中的 SN1998aq，NGC 3370 中的 SN1994ae，NGC 3021 中的 SN1995al 及 NGC 1309 中的 SN2002fk[56]. 利用这些超新星来校正极大光度与光变曲线下降率的相关性，从而测量出哈勃常数为 $H_0 = 74.2 \pm 3.6$ km/(s·Mpc)[56]. 而由桑德奇 (Sandage) 领导的小组通过校准超新星的距离而测量出的哈勃常数一直偏低，其原因是他们校准的零点偏大. 2006 年桑德奇小组公布了他们利用哈勃空间望远镜观测了 15 年的最终结果, 得到的哈勃常数为 $H_0 = 62.3 \pm 1.3$(随机)± 5.0(系统)km/(s·Mpc)[57]. 这个结果和 PLANCK 小组在 2013 年公布的 $H_0 = 67.9 \pm 1.5$ km/(s·Mpc)[44] 一致.

2.5.2　哈勃空间望远镜重点计划

哈勃空间望远镜 (HST) 重点计划的主要目标是发现含有造父变星的邻近星系并测量其距离，从而用以校准其他无法运用造父变星方法测量的距离，同时尽量减少系统误差，最终使得 H_0 的测量精度达到 ±10%. HST 可以测量到 10 倍于地面上能测到的造父距离. 利用 HST 上的 WF/PC 及 (其实主要是)WFPC2 测量到了距离范围为 3~25Mpc 的 18 个星系的造父距离. 另外加上 13 个已知造父光度学的星系，总共有 31 个星系. 这些造父距离然后被用于校准旋涡星系图利-费什尔关系，Ia 型超新星的极大光度，椭圆星系的 $D_n - \sigma$ 关系，表面亮度涨落，II 型超新星等. 这些方法可用于从 70Mpc 到对应 Ia 型超新星的 400Mpc 范围内的距离校准. 利用新的造父零点的校准以及新的超新星数据，2010 年哈勃常数的测量值为 $H_0 = 73 \pm 2$(随机)± 4(系统)km/(s·Mpc)[58]. 利用哈勃空间望远镜及宽视场相机 3，包括系统误差在内的哈勃常数的测量值为 $H_0 = (73.8 \pm 2.4)$ km/(s·Mpc)[59]. 这些结果和前面利用超新星得到的结果一致. 哈勃常数的值有望在将来达到 2% 的精度.

另外，还有其他一些测量 H_0 的方法，如利用引力透镜时间延迟、西尼亚也夫 (Sunyaev)-泽尔多维奇 (Zel'dovich) 效应以及微波背景辐射各向异性等测量方法. 例如, WMAP 小组通过拟合其 7 年数据与 ΛCDM 模型而导出 $H_0 = (70.2 \pm 1.4)$ km/(s·Mpc)[42].

2.6　宇 宙 年 龄

宇宙的年龄可以通过很多不同的方法来测量：利用宇宙的膨胀速度来计算宇宙的年龄；测定球状星团中最老的星的年龄；测量放射性元素的年龄；通过考虑白

矮星的冷却；通过计算星系团中热气体的冷却时间等. 所有这些技术都得到一个自洽的年龄范围：100 亿 ~200 亿年. 但是，测量的不确定性，特别是不可知的系统误差，使得上述方法没有一个是最可靠的.

最老的白矮星理所当然是最冷和最暗的. 由于星系的年龄有限，观测到亮度为 $3\times10^{-5}L_{\odot}$①的白矮星的数量变得很少. 基于这个观测结果和白矮星的冷却模型，Winget 等利用白矮星的冷却估计宇宙的年龄为 (10.3 ± 2.2)Ga[60].

2.6.1 宇宙的年龄

如果已知宇宙的标度因子 $a(t)$, 则宇宙的年龄为

$$t_0=\int \mathrm{dt}=\int_0^{a_0}\frac{\mathrm{d}a}{\dot a}=\int_0^{\infty}\frac{\mathrm{d}z}{(1+z)H(z)}. \tag{2.28}$$

对于物质为主的宇宙，方程 (1.55) 及 (1.60) 给出了宇宙的年龄. 如果 $\Omega_k=0$, 则

$$t_0=\frac{2}{3H_0}=9.3\times\left(\frac{70\ \mathrm{km/(s\cdot Mpc)}}{H_0}\right)\times10^9\ 年; \tag{2.29}$$

显然这个年龄比前面估计的星系的年龄还小，除非哈勃常数非常小. 所以这也从另一个角度说明我们需要引入暗能量. 如果 $K=-1$, 则

$$H_0t_0=q_0(1-2q_0)^{-3/2}\left[\frac{1}{q_0}(1-2q_0)^{1/2}-\cosh^{-1}\left(\frac{1}{q_0}-1\right)\right]; \tag{2.30}$$

如果 $K=1$, 则

$$H_0t_0=q_0(2q_0-1)^{-3/2}\left[\cos^{-1}\left(\frac{1}{q_0}-1\right)-\frac{1}{q_0}(2q_0-1)^{1/2}\right]. \tag{2.31}$$

所以宇宙的年龄和宇宙学参数与哈勃常数 H_0、物质密度 Ω_{m0} 等有关. 如果知道宇宙的年龄，则可以用它来限制宇宙学模型. 但是哈勃常数的确定和星体的绝对距离有关，所以测量上有很大的不确定性. 对于更一般的模型，宇宙的年龄为

$$\begin{aligned}t_0&=\frac{1}{H_0}\int_0^{\infty}\frac{\mathrm{d}z}{(1+z)E(z)}\\&=\frac{1}{H_0}\int_0^{\infty}\frac{(1+z)^{-1}\mathrm{d}z}{\sqrt{\Omega_{\Lambda0}+\Omega_{k0}(1+z)^2+\Omega_{m0}(1+z)^3+\Omega_{r0}(1+z)^4}}.\end{aligned} \tag{2.32}$$

如果取 $\Omega_{k0}=0$，$\Omega_{m0}=0.3156$，$H_0=67.27\mathrm{km/(s\cdot Mpc)}$[61] 及宇宙微波背景辐射温度 $T_{\gamma0}=2.725$，则宇宙的年龄为 138 亿年. 如果忽略辐射项 Ω_r, 则式 (2.32) 可以近似为[62]

$$t_0\simeq\frac{2}{3H_0}(0.7\Omega_{m0}+0.3-0.3\Omega_{\Lambda0})^{-0.3}. \tag{2.33}$$

① $L\odot$ 与 $\mathrm{cd/m^2}$ 的换算公式 $L\odot=3.18310\times10^3\mathrm{cd/m^2}$

对于只包含普通尘埃物质及宇宙学常数的空间平坦宇宙，其现在年龄为[63]

$$t_0 = \frac{1}{3H_0\Omega_{\Lambda 0}^{1/2}} \ln\left(\frac{1+\Omega_{\Lambda 0}^{1/2}}{1-\Omega_{\Lambda 0}^{1/2}}\right). \tag{2.34}$$

2.6.2 放射性元素的年龄

本节中我们讨论与宇宙学模型无关的估计宇宙年龄的方法. 放射性元素及其衰变产物在地球上的相对丰度定出的地球年龄是宇宙年龄的下限. 1929 年卢瑟福算出的地球年龄为 3.4×10^9 年, 而通过进一步研究算出的地球年龄是 4.5×10^9 年. 测量星系中放射性元素的丰度也可提供宇宙年龄的估计. 用来测定天体年龄的放射性元素通常有半衰期为 202.7 亿年的 Th^{235}(钍), 半衰期为 692 亿年的 Rb^{87}, 半衰期为 628 亿年的 Re^{187} 及 U^{235} 和 U^{238}. 自然界中有两种铀: U^{235} 和 U^{238}. U^{235} 经过一系列衰变产生 Pb^{207}, 其半衰期为 10 亿年. U^{238} 则衰变为 Pb^{206}, 其半衰期为 65 亿年. 如果地球上的铅全部由铀衰变而成，则测量化石中的铅和铀的含量便可以确定其年龄，这种测量得到的年龄大都在 45 亿年左右，这个年龄只是太阳系中各种岩石的年龄. 因为太阳系本身不存在铀的产生过程，铀的年龄应该更长. 因为初始丰度可以通过比较不同测量中得到的丰度而抵消，所以可以通过测量某种长寿命的放射性同位素的现在丰度与其初始丰度的比值而测量年龄. 地球上测量到的铅的丰度是初始丰度与由铀衰变而得到的丰度之和，

$$\mathrm{Pb}_0^{207} = \mathrm{Pb}_i^{207} + \mathrm{U}_0^{235}\left(\mathrm{e}^{\lambda(\mathrm{U}^{235})t} - 1\right), \tag{2.35}$$

$$\mathrm{Pb}_0^{206} = \mathrm{Pb}_i^{206} + \mathrm{U}_0^{238}\left(\mathrm{e}^{\lambda(\mathrm{U}^{238})t} - 1\right), \tag{2.36}$$

式中, U^{235} 的衰变常数 $\lambda(\mathrm{U}^{235}) = 0.971\times10^{-9}$ 年$^{-1}$，U^{238} 的衰变常数 $\lambda(\mathrm{U}^{238}) = 0.154\times10^{-9}$ 年$^{-1}$. 假设与地球的年龄 t_e 相比较，地球上的矿石或陨石形成的时间可以忽略不计，它们现在的丰度可以假定为 t_e 年前的值. 不同样品的化学成分分析可提供其丰度，但不能区分同一元素的不同同位素，我们期望不同样品中包含丰度比值相同的不同同位素. 不稳定的 Pb^{204} 没有长寿命的母体，从而可以用来测量原初铅的丰度，即 Pb^{206} 和 Pb^{207} 与 Pb^{204} 的丰度比可以用来标定不同样品中的同位素丰度. 假设我们有两个独立的样品 a 与 b，它们中的铅丰度比为

$$R_{206} = \left[\frac{\mathrm{Pb}^{206}}{\mathrm{Pb}^{204}}\right]_0, \quad R_{207} = \left[\frac{\mathrm{Pb}^{207}}{\mathrm{Pb}^{204}}\right]_0, \tag{2.37}$$

则由方程组 (2.35) 及 (2.36) 可得

$$R_{206} = R_{206,i} + \left[\frac{\mathrm{U}^{238}}{\mathrm{Pb}^{204}}\right]_0 \left[\exp(\lambda(\mathrm{U}^{238})t_e) - 1\right], \tag{2.38}$$

$$R_{207} = R_{207,i} + \left[\frac{\mathrm{U}^{235}}{\mathrm{Pb}^{204}}\right]_0 \left[\exp(\lambda(\mathrm{U}^{235})t_e) - 1\right]. \tag{2.39}$$

两个样品中的铅同位素初始的比值相同，可以相互抵消掉，利用方程组 (2.38) 及 (2.39) 得

$$\frac{R_{207}^a - R_{207}^b}{R_{206}^a - R_{206}^b} = \left[\frac{\mathrm{U}^{235}}{\mathrm{U}^{238}}\right]_0 \frac{\exp[\lambda(\mathrm{U}^{235}]t_e) - 1}{\exp[\lambda(\mathrm{U}^{238}]t_e) - 1}. \tag{2.40}$$

只要测量出两个样品中铅同位素的丰度比，并利用铀同位素的现在丰度比

$$\left[\frac{\mathrm{U}^{235}}{\mathrm{U}^{238}}\right]_0 = 0.00723, \tag{2.41}$$

则可以测量出地球的年龄为[64]

$$t_e = (4.7 \pm 0.1) \times 10^9 \text{ 年}. \tag{2.42}$$

根据重元素是在恒星内部合成的理论模型[65]，人们认为铀的同位素是通过较早时代的恒星中快速中子的增值过程 (r- 过程) 形成的，从而计算出[66, 67]

$$\left[\frac{\mathrm{U}^{235}}{\mathrm{U}^{238}}\right]_i = 1.4 \pm 0.2. \tag{2.43}$$

如果所有铀都是在银河系诞生后立刻产生的，则银河系的年龄为

$$t = \frac{\ln[\mathrm{U}^{235}/\mathrm{U}^{238}]_i - \ln[\mathrm{U}^{235}/\mathrm{U}^{238}]_0}{\lambda(\mathrm{U}^{235}) - \lambda(\mathrm{U}^{238})} \simeq 6.6 \times 10^9 \text{ 年}. \tag{2.44}$$

更为严格的年龄限制来自于太阳系外的 CS22892-052 星中的钍元素 (Th^{235}) 的衰变，其年龄被估计为 $(14.1 \pm 3) \times 10^9$ 年[68]. 另外，最近利用铀和钍的丰度比给出星系的年龄为 13.2×10^9 年[69].

2.6.3 恒星气体

通过限制球状星系团年龄也可以用来限制宇宙的年龄. 这种方法主要是基于恒星演化，并利用恒星保持在 Hertzsprung-Russell 或颜色-星等图中主星系的时间与其质量及颜色的关系. 恒星结构方程告诉我们恒星质量、密度、压强与半径 r、温度 T 及亮度 L 之间的关系由流体静力学的平衡条件及质量守恒方程

$$\frac{\mathrm{d}p}{\mathrm{d}r} = -\frac{GM\rho}{r^2}, \tag{2.45}$$

$$\frac{\mathrm{d}M}{\mathrm{d}r} = 4\pi r^2 \rho, \tag{2.46}$$

辐射能量输运及能量产生方程

$$\frac{\mathrm{d}T}{\mathrm{d}r} = -\frac{3L\kappa\rho}{64\pi r^2 \sigma_{\mathrm{SB}} T^3}, \tag{2.47}$$

$$\frac{\mathrm{d}L}{\mathrm{d}r} = 4\pi r^2 \rho\epsilon, \tag{2.48}$$

决定，式中，κ 为恒星物质透明度，ϵ 是单位质量能量产生率，$\sigma_{\rm SB}$ 是斯蒂芬 - 玻尔兹曼常数. 假设 κ 与温度无关，则由能量输运、质量守恒、流体平衡及理想气体状态方程① 等得到以下标度关系

$$L \sim \frac{RT^4}{\rho}, \quad M \sim \rho R^3, \quad p \sim \frac{\rho M}{R} \sim \rho T. \tag{2.49}$$

所以

$$T \sim \frac{M}{R}, \quad L \sim M^3. \tag{2.50}$$

因为辐射的总能量 $L\tau$ 是体系总静止质量的一部分，则主星系中恒星寿命一定满足 $L\tau \sim M$，即

$$\tau \sim \frac{M}{L} \sim M^{-2} \sim L^{-2/3}. \tag{2.51}$$

根据斯蒂芬-玻尔兹曼定理，恒星亮度为

$$L \sim 4\pi\sigma_{\rm SB}R^2T^4 \sim M^3. \tag{2.52}$$

结合方程组 (2.50) 与 (2.51) 得到

$$R^2 \sim \frac{M^3}{T^4} \sim \frac{R^4}{M}, \quad R \sim M^{1/2} \tag{2.53}$$

$$T \sim \frac{M}{R} \sim M^{1/2} \sim R. \tag{2.54}$$

主星系中恒星寿命为

$$\tau \sim M^{-2} \sim T^{-4}. \tag{2.55}$$

之后，恒星离开主星系而移向巨星支. 作为同时代恒星族气体，在 Hertzsprung-Russel 图中主星系按照 $(L,\ T) \sim (\tau^{-3/2},\ \tau^{-1/4})$ 规律向更低亮度及更低温度的方向移动. 因此主星系关断点可以用来推测星系及宇宙年龄的下限. 因为观测不能告诉我们主星系关断点的亮度，只能测量其视星等，从星系团确定宇宙年龄要求测量主星系关断点视星等及其到球状星团的距离，所以距离测量的不确定性直接影响年龄估算的不确定性. 如果过大地估计了距离，则亮度也被过大地估计了，从而导致宇宙年龄被低估了，反之亦然. 现在球状星团年龄测量结果给出宇宙的年龄为[70]

$$t_0 \gtrsim (12.5 \pm 1.3) \times 10^9\ \text{年}. \tag{2.56}$$

2.6.4　白矮星冷却

另外一种测量宇宙年龄的方法是基于白矮星冷却. 白矮星是低质量恒星演化到末期的产物，是当恒星内核中的原子能被耗尽时形成的. 白矮星通常是由碳和氧

① 状态方程与物态方程是同一表述

组成的，且其温度不足以引起进一步的核聚变. 由于引力的作用, 碳和氧核进一步收缩直到内部电子简并压与引力平衡而使其稳定，此时电子有效平均自由程为无穷大，核内成为等温体. 简并电子气压强与温度无关，只依赖于密度. 在非相对论极限下，

$$p \propto \rho^{5/3} \propto \frac{M^{5/3}}{R^5}. \tag{2.57}$$

由流体静力学平衡条件 (2.49) 可知,

$$\frac{p}{R} \sim \frac{GM\rho}{R^2} \sim \frac{GM^2}{R^5}, \tag{2.58}$$

联立方程组 (2.57) 及 (2.58) 得到

$$R \propto M^{-1/3}, \tag{2.59}$$

则白矮星越重，其半径越小，且其表面引力为

$$g = \frac{GM}{R^2} \propto M^{5/3}, \tag{2.60}$$

可以通过测量光谱而得到，从而直接测量到白矮星的质量. 测量结果表明大部分白矮星诞生时具有相似的质量 $M_{\rm wd} \approx (0.55 \pm 0.05) M_\odot$[71]. 除了结晶化放出的潜热，白矮星通过辐射存储在其质量中的热能而被动地冷却. 由于白矮星诞生时基本上具有相同的质量，它们的热能总量也基本相同，其温度及亮度由辐射过程及与金属丰度相关的周围环境的透明度决定. 所以利用白矮星测定宇宙年龄要求知道金属丰度及通过周围环境传输能量的模型. 白矮星冷却过程的模型允许构建随时间变化的亮度分布理论曲线，并通过与观测到的亮度分布进行比较，则可以确定白矮星族的年龄. 利用这种方法得到星际中的白矮星年龄为[70] $t_{\rm wd} \approx (9.5 \pm 1) \times 10^9$ 年. 如果我们假设大质量旋转星盘在低于红移 $z \lesssim 3$ 时形成，则宇宙年龄为[72]

$$t_0 \approx (11 \pm 1.4) \times 10^9 \text{ 年}. \tag{2.61}$$

另外，测量球状星团 M4 中的白矮星族年龄得到其值约为 121 亿年[73].

2.7 宇宙中物质的密度及暗物质

测量物质密度比重 Ω_{m0} 的最常用方法是通过维里定理来估计不同星系团的质量，从而计算质光比，然后基于星系团的质光比和宇宙中整个物质的质光比一致的假设，利用宇宙空间中的总光度观测来估计宇宙中的总物质密度. 考虑一个由相对

于质心坐标系坐标为 $\boldsymbol{X}_n$，质量为 m_n 的质点组成的一个引力相互作用系统，该系统的内部动能为

$$T = \frac{1}{2}\sum_n m_n \dot{X}_n^2 = \frac{1}{2}M\langle v^2\rangle, \tag{2.62}$$

势能为

$$V = -\frac{1}{2}\sum_{n\neq l}\frac{Gm_n m_l}{|\boldsymbol{X}_n - \boldsymbol{X}_l|} = -\frac{1}{2}GM^2\langle\frac{1}{r}\rangle, \tag{2.63}$$

其中, $\langle v^2\rangle$ 是相对于质心运动的速度的均方值，$\langle 1/r\rangle$ 是平均逆距离，$M = \sum_n m_n$ 是总质量. 维里定理告诉我们

$$2T + V = 0. \tag{2.64}$$

利用方程 (2.62), (2.63)，以及 (2.64)，便得到了关于质量的维里公式

$$M = \frac{2\langle v^2\rangle}{G\langle 1/r\rangle}.$$

维里定理可以应用到接近于球形分布的后发座星系团. 速度均方值 $\langle v^2\rangle$ 可以通过发光星系的多普勒红移或者星际离子气体的 X- 射线谱来测量. 这些方法测量出来的 $\langle v^2\rangle$ 和距离的尺度无关. 另一方面，$\langle 1/r\rangle$ 可以通过角距离来测量. 对于红移很小的星系，$z \ll 1$, 角直径距离 $d_A \approx d_L(z) \approx z/H_0$. 由于横向分离角 $\theta = d/d_A$，所以横向物理距离 $d \approx \theta z/H_0$. 对于 $z \ll 1$ 的视光度为 l 的星系团，$\langle 1/r\rangle$ 正比于哈勃常数 H_0，其绝对光度 $L = 4\pi z^2 l/H_0^2$，即绝对光度正比于 H_0^{-2}. 从而质光比 M/L 正比于 $H_0^{-1}/H_0^{-2} = H_0$.

对于富星系团, M/L 一般被估计为 $(200\sim300)hM_\odot/L_\odot$，这里无量纲哈勃参数 $h = H_0/100$ 是哈勃常数 H_0 以 100 km/(s·Mpc) 为单位的值，$M_\odot$ 及 $L_\odot$ 分别是太阳的质量及绝对光度. 对于红移在 0.17~0.55 的 16 个星系团的研究发现 $M/L = (213 \pm 59)hM_\odot/L_\odot$[74]. 最近利用维里定理对 459 个星系团进行分析后发现 $M/L \approx 348hM_\odot/L_\odot$[75]. 这些测量值都远大于单个星系发光区域中的质光比. 把 $\langle v^2\rangle$ 取作星系中星体的速度迷散，单个椭圆星系的质光比可以利用维里定理来测量. 这些测量通常给出的质光比为 $(10\sim20)hM_\odot/L_\odot$[76]. 星系团中的可见光都来自星系，所以我们推断出星系团中的大部分物质以不发光的形式出现在星系外面不发光的区域或者星际之间. 对于漩涡星系，同样发现星系团中的大部分物质是以不发光的形式出现，这些物质被称为暗物质. 假如一个漩涡星系的大部分质量处于星系的发光中心区域，则在这个区域外的星星的转动速度会服从开普勒定律 $v \propto r^{-1/2}$. 但是，观测结果却发现中心区域外 v 基本上是常数，这表明了星系中大部分质量在星系团外的暗晕区域. 图 2.8 显示了 NGC3198 的转动曲线，这为暗物质的存在提供了直接的证据.

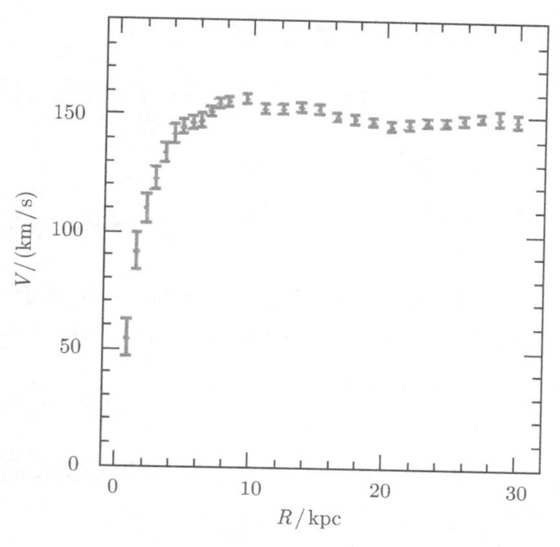

图 2.8 NGC3198 的转动曲线[79]

通过星系红移巡天可以推导出由 Schechter 函数描述的代表星系共动数密度的星系亮度密度函数 Φ，

$$\Phi(L) = \frac{\Phi^*}{L^*}\left(\frac{L}{L^*}\right)^{-\alpha} \mathrm{e}^{-L/L^*},$$

对上述函数积分便得到总光度密度 $\mathcal{L} = \phi^* L^* \Gamma(2-\alpha)$. 观测估计出的总光度密度 $\mathcal{L} = (2 \pm 0.2) \times 10^8 h L_\odot\ \mathrm{Mpc}^{-3}$[77, 78]，所以宇宙中的临界密度与光度密度之比为 $\rho_{c0}/\mathcal{L} = (1390 \pm 140) h M_\odot/L_\odot$. 另外，宇宙中的总质量 $\rho_m = (M/L)\mathcal{L}$. 如果我们用 $M/L = (213 \pm 59) h M_\odot/L_\odot$[74]，则得到物质的比重为

$$\Omega_{m0} = \frac{M/L}{\rho_{c0}/\mathcal{L}} = 0.15 \pm 0.02 \pm 0.04, \tag{2.65}$$

其中, 不确定性第一项来源于 $\mathcal{L}$ 的不确定性，第二项来源于 M/L 的不确定性. 注意: 这个结果不依赖于哈勃常数 H_0 的取值. 如果利用 $M/L = 348 h M_\odot/L_\odot$，则得到 $\Omega_{m0} = 0.25$. 总之，这些结果表明 $\Omega_{m0} < 1$.

由于普通重子物质之间的碰撞会产生 X-射线，所以可以利用星系团中 X-射线的观测来估计重子物质的比重. 单位固有体积中 X-射线绝对亮度

$$\mathcal{L} = f(T_B)\rho_B^2, \tag{2.66}$$

式中, T_B 及 ρ_B 是重子物质的温度与密度，而且 $f(T_B)$ 是温度和基本常数的一个已知函数. 利用作用在半径 r 及 $r + \mathrm{d}r$ 之间的面积元上的压强与引力平衡的条件

可以得到重子密度满足的静态流体平衡方程为

$$[p_B(r+\delta r)-p_B(r)]A=\frac{-A\delta r\rho_B(r)G}{r^2}\int_0^r 4\pi r^2\rho_M(r)\mathrm{d}r.$$

加上理想气体方程 $p_B=k_BT_B\rho_B/m_B$，得到

$$\frac{\mathrm{d}}{\mathrm{d}r}\left(\frac{k_BT_B(r)\rho_B(r)}{m_B}\right)=-\frac{G\rho_B(r)}{r^2}\int_0^r 4\pi r^2\rho_M(r)\mathrm{d}r,$$

其中，$\rho_M(r)$ 是总质量密度，k_B 是玻尔兹曼常数，m_B 是重子气体粒子的特征质量，r 是离星系团中心的固有距离. 两边同乘 $r^2/\rho_B(r)$ 并且对 r 作微分得到

$$\frac{\mathrm{d}}{\mathrm{d}r}\left[\frac{r^2}{\rho_B(r)}\frac{\mathrm{d}}{\mathrm{d}r}\left(\frac{k_BT_B(r)\rho_B(r)}{m_B}\right)\right]=-4\pi Gr^2\rho_M(r). \tag{2.67}$$

如果假定冷暗物质粒子，或者任何主导星际的暗物质，服从各向同性速度分布，上面的推导也适应于这些粒子，只是其密度 $\rho_D=\rho_M-\rho_B$，

$$\frac{\mathrm{d}}{\mathrm{d}r}\left[\frac{r^2}{\rho_D(r)}\frac{\mathrm{d}}{\mathrm{d}r}\left(\frac{k_BT_D(r)\rho_D(r)}{m_D}\right)\right]=-4\pi Gr^2\rho_M(r).$$

这些方程通常用解 $\rho_M(r)=\rho_M(0)F(r/r_0)$, $\rho_B(r)=\rho_B(0)F(r/r_0)$ 来拟合，式中, 拟合函数一般取为

$$F(u)=(1+u^2)^{-3/2}，\text{或者} F(u)=(1+u^2)^{-3\beta/2},$$

β 是一个量级为 1 的数. 利用 X-射线光度密度 $\mathcal{L}_X(r)$ 数据及星系中每一点的重子温度 $T_B(r)$，通过方程 (2.66) 可以计算出每点的重子密度 $\rho_B(r)$，然后利用方程 (2.67) 可以得到每点的总质量密度，从而得到 $\Omega_B/\Omega_M\approx 0.06h^{-3/2}$.

2.8 星 际 吸 收

形成最早星系及星系团的一些由核及电子构成的宇宙气体应该仍然存在于星际空间，这些气体中的原子或分子能够通过可见光或射电波的共振吸收被观测到. 但是一般认为这些气体中的大部分被来自于第一代热的大质量星体所发出的光电离, 而类星体是在这些气体电离前形成的, 研究来自这些遥远类星体的光的共振吸收给我们提供了观测星系际气体的机会. 假设遥远的光源在时刻 t_1 发射频率为 ν_1 的光在时刻 t_0 以频率 ν_0 到达地球，在时刻 t，该光的频率被红移为 $\nu_1a(t_1)/a(t)$. 如果温度为 $T(t)$ 的星系际介质以吸收率 $\Lambda(\nu,t)$ 吸收频率为 ν 的光，星系际介质由于受激发射也会发射光，这样光的强度按以下方程减小，

$$\dot{I}(t)=-\left[1-\exp\left(-\frac{h\nu_1a(t_1)}{k_BT(t)a(t)}\right)\right]\Lambda(\nu_1a(t_1)/a(t),t)I(t),$$

所以地球上观测到的光强度为 $I(t_0)=\exp(-\tau)I(t_1)$，其中光深为

$$\tau=\int_{t_1}^{t_0}\left[1-\exp\left(-\frac{h\nu_1 a(t_1)}{k_B T(t)a(t)}\right)\right]\Lambda(\nu_1 a(t_1)/a(t),t)\mathrm{d}t,$$

吸收率 $\Lambda(\nu,t)=n(t)\sigma(\nu)$，$\sigma(\nu)$ 为在频率 ν 处的吸收截面，$n(t)$ 是吸收原子的数密度. 由于吸收一般为发生在某一特征频率 ν_R 处的共振吸收，所以吸收只发生在时刻 t_R 附近，而且 t_R 由条件 $a(t_R)=\nu_1 a(t_1)/\nu_R$ 决定, 从而光深可近似为

$$\tau\approx n(t_R)[1-\exp(-h\nu_R/k_B T(t_R))]H^{-1}(t_R)\mathcal{I}_R, \tag{2.68}$$

其中

$$\mathcal{I}_R=\int\sigma(\nu)\mathrm{d}t=\nu_R^{-1}\int\sigma(\nu)\mathrm{d}\nu. \tag{2.69}$$

对于红移为 z 的光源，观测到的吸收频率 $\nu_0=\nu_1/(1+z)$ 的范围取决于吸收发生的时刻 t_R. 由于 $t_1\leqslant t_R\leqslant t_0$，所以

$$\frac{\nu_R}{1+z}\leqslant\nu_0\leqslant\nu_R. \tag{2.70}$$

所以在此频率范围内的光谱线会被星系际中性原子吸收掉.

2.8.1 冈-皮特森效应

通常利用冈-皮特森 (Gunn-Peterson) 效应[80]，即氢原子吸收光子从 1s 基态到 2p 激发态的莱曼 α 线跃迁，来探测星系际氢原子，这种跃迁的共振频率 $\nu_R=2.47\times10^{15}\mathrm{Hz}$，相应的波长为 1215Å. 对于红移 $z>1.5$ 的光源，式 (2.70) 告诉我们在地球上观测到的吸收谷低端波长大于 3000Å，刚好在可见或红外光谱范围. 因为 $h\nu_R/k_B=118000\mathrm{K}$，这可能大于星系际介质的温度，方程 (2.68) 中的因子 $1-\exp(-h\nu_R/k_B T(t_R))$ 可取为 1，而积分 (2.69) 的值为 $4.5\times10^{-18}\mathrm{cm}^2$. 所以在频率刚大于吸收谷低端处的光深为

$$\tau_{\nu_0=\nu_R/(1+z)+}=\left(\frac{n(t_R)}{2.4h\times10^{-11}\mathrm{cm}^{-3}}\right)E^{-1}(z). \tag{2.71}$$

如果宇宙中重子的一部分 f 在红移 $z=5$ 时是以中性星系际氢原子的形式出现，取 $\Omega_B h^2=0.02$, 则在红移 $z=5$ 时氢原子的数密度为

$$\frac{3(1+z)^3\Omega_B H_0^2 f}{8\pi G m_N}=4.8f\times10^{-5}\ \mathrm{cm}^{-3}.$$

对于 ΛCDM 模型，若 $h=0.65$，$\Omega_{m0}=0.3$，$\Omega_{\Lambda0}=0.7$，$\Omega_{k0}=\Omega_{r0}=0$，则光深 (2.68) 为 $3.8f\times10^5$. 所以只要星系际中性氢组成重子物质的比例 $f\gg2.6\times10^{-6}$，

任何远于红移 $z=5$ 的源发出的频率高于红移了的莱曼 α 线的光将被完全阻挡住，即 Gunn-Peterson 效应对比例很小的中性氢原子提供了灵敏的探测.

莱曼 α 吸收谷在过去很多年中都没有被发现. 类星体光谱常有莱曼 α 吸收线，形成所谓的“莱曼 α 森林 (线丛)”. 这些吸收线通常被认为是由中性氢原子构成的云沿视线方向吸收产生的. 但是对于红移 $z\approx 5$ 的类星体，即使宇宙中一小部分比例 f 的重子是中性星系际氢原子，并没有出现在频率高于红移了的莱曼 α 频率处的光谱线减弱. 直到 2001 年, 斯隆数字巡天 (SDSS) 发现红移 $z=6.28$ 的类星体 SDSSpJ103027.10+052455.0 的光谱中在波长低于红移了的莱曼 α 波长，范围为 8845~8450Å的波段中，显示出明显的光的完全抑制[81]. 这一观测表明了在红移大于 $8450/1215-1=5.95$ 时有相当部分重子是以中性星系际氢原子形式出现的. 由于中性氢原子对光的吸收，所以红移 $z\sim 6$ 也许揭示了宇宙对于频率高于红移了的莱曼 α 频率的光不透明的“暗时代”(dark age) 的终结. 但这并不意味着在红移 $z>6$ 时宇宙中所有或者甚至大多数氢都以中性原子的形式存在，正如前面讨论过的，只要有一小部分中性氢原子出现就会在遥远类星体光谱中产生吸收谷.

另外，氢原子最著名的射电频段的吸收线是由处于 1S 态的电子从自旋为 0 的态向自旋为 1 的态跃迁所产生的 21cm 超精细跃迁. 这条谱线的频率为 $\nu_\alpha=1420\text{MHz}$，对应于温度 $h\nu_\alpha/k_B=0.068\text{K}$. 这个温度远低于星系际空间中的中性氢的温度，从而光深 (2.68) 中的因子 $1-\exp(-h\nu_R/k_BT(t_R))$ 近似为 $0.068K/T(t_R)$. 1959 年费尔德 (Field) 提出在红移为 0.056 的天鹅座 A 星系的射电光谱中寻找 1342~1420MHz 的吸收谷，但是这个吸收谷一直没有被观测到. 21cm 线的观测可以用来研究宇宙中物质的密度扰动及星系的形成，而且这种观测得到的是关于宇宙的一个三维图像. 近年来, 许多天文学家设计了一些观测设备用来探测 21cm 线，如宽场阵列 (mileura widefield array, MWA)，低频阵列 (low-frequency array, LOFAR)，原初结构望远镜 (the primeval structure telescope, PaST)，平方公里阵列 (the square kilometer array, SKA) 等.

2.8.2 AP 检验

在红移 $z<6$ 处产生莱曼 α 森林的中性氢云也可以提供测量 Ω_{m0} 及 $\Omega_{\Lambda 0}$ 的独立方法. 这个想法是 Alcock 与 Paczyński(AP) 在 1979 年首先提出的[82]. 一个红移为 z 的发光体沿视线方向的固有尺寸为 $D_\parallel$，沿垂直于视线方向的固有尺寸为 $D_\perp$, 则由角直径距离的定义可知这个物体对观察者的张角为

$$\Delta\theta=D_\perp/\mathrm{d}_A(z). \tag{2.72}$$

当在时刻 t_0 同时观测来自于整个物体的光，该物体的远端及近端在时刻 t_1 发出的光到达观测者的时间差为 $\Delta t_1=D_\parallel$. 换成红移为 $a(t_0)/a(t_1)-1$，则得到红移绝对

值差为

$$\Delta z = \frac{a(t_0)}{a^2(t_1)}\dot{a}(t_1)\Delta t_1 = (1+z)H(z)D_{\parallel}. \tag{2.73}$$

所以得到

$$\begin{aligned}\frac{\Delta z}{\Delta\theta} &= (1+z)H(z)d_A(z)\frac{D_{\parallel}}{D_{\perp}} \\ &= \frac{D_{\parallel}}{D_{\perp}}\frac{E(z)}{\sqrt{|\Omega_k|}}\mathrm{sinn}\left[\sqrt{|\Omega_k|}\int_0^z \frac{\mathrm{d}x}{E(x)}\right].\end{aligned} \tag{2.74}$$

如果该物体为球形，如球状星系团，则 $D_{\parallel}/D_{\perp}=1$，我们可以通过测量 Δz 及 $\Delta\theta$ 来限制物质比重 Ω，而不用担心演化或星系际吸收效应. 大红移的球状物体很难找到，但是球对称的分布函数还是很多. AP 方法可以应用到莱曼 α 云的分布函数. 假如我们测量到在不同红移 z 处及不同方向 $\hat{n}$ 上的莱曼 α 云的数密度为 $N(z,\hat{n})$，而且莱曼 α 云服从球对称分布，则这些云在红移为 z 与 $z+\Delta z$ ($\Delta z \ll 1$) 及方向为 $\hat{n}$ 到 $\hat{n}+\Delta\hat{n}$，夹角为 $\Delta\theta$ 的两个邻近点处的数密度乘积的平均值只是 z 及两点固有距离的函数，即

$$\begin{aligned}\langle N(z,\hat{n})N(z+\Delta z,\hat{n}+\Delta\hat{n})\rangle &\approx \langle N^2(z,\hat{n})\rangle\left[1-\frac{D_{\parallel}^2+D_{\perp}^2}{L^2(z)}\right] \\ &\approx \langle N^2(z,\hat{n})\rangle\left[1-\frac{\Delta z^2}{L_z^2(z)}-\frac{\Delta\theta^2}{L_\theta^2(z)}\right],\end{aligned} \tag{2.75}$$

式中, $L(z)$ 是相干长度, $L_z(z)$ 与 $L_\theta(z)$ 分别是红移及角度的相关长度，

$$L_\theta(z) = \frac{L(z)}{d_A(z)}, \quad L_z(z) = L(z)(1+z)H(z). \tag{2.76}$$

通过测量不同红移及方向上的数密度乘积 (2.75)，可以得到独立于 $L(z)$ 的相干长度之比，

$$\frac{L_z(z)}{L_\theta(z)} = (1+z)H(z)d_A(z) = \frac{E(z)}{\sqrt{|\Omega_k|}}\mathrm{sinn}\left[\sqrt{|\Omega_k|}\int_0^z\frac{\mathrm{d}x}{E(x)}\right]. \tag{2.77}$$

2.9 χ^2 拟合方法与边缘化方法

现在来讨论怎样用观测数据来拟合宇宙学模型. 为方便起见，这里主要讨论超新星数据的 χ^2 拟合方法. 考虑在已知观测点 x_i 的 N 个独立的测量结果 y_i，并且假设测量结果 y_i 是一个具有概率分布函数 $f(x_i;\boldsymbol{\theta})$ 的高斯分布，其中, $\boldsymbol{\theta}=(\theta_1,\cdots,\theta_n)$ 是由 n 个拟合参数构成的向量. 如果每个数据点 $(x_i,\ y_i)$ 对应的标准误差 σ_i 已知，

则作为模型参数的极大似然估计的最小方差拟合可通过计算下面公式定义的物理量 χ^2 的最小值而得到,

$$\chi^2 = -2\ln L(\boldsymbol{\theta}) + 常数 = \sum_{i=1}^{N}\left(\frac{y_i - y(x_i;\theta_1,\cdots,\theta_m)}{\sigma_i}\right)^2, \tag{2.78}$$

式中, 使得 χ^2 最小的一组参数值 $\boldsymbol{\theta}^m$ 也使得似然函数 $L(\boldsymbol{\theta}) = \Pi_i^N f(x_i;\theta)$ 最大，这便是 χ^2 方法. 一旦我们找到了使得 χ^2 最小的一组参数 $\theta_1^m,\cdots,\theta_n^m$，则 χ^2 求和中的各项不都是相互独立的. 对于某些与参数呈线性关系的模型，χ^2 的最小值服从自由度为 $N-n$ 的 χ- 平方分布. 虽然只有正态分布才会使得 χ^2 参数估计是极大似然估计，但是我们还是愿意放弃正态分布条件以换取 χ^2 方法的方便性. 为了估计参数的误差，通常求那些使得 $\chi^2 = \chi_m^2 + \Delta\chi^2$ 的参数，其中, χ_m^2 是 χ^2 的最小值，$\Delta\chi^2$ 是一个和参数个数及误差估计有关的常数，其取值参见表 2.1.

表 2.1 对应于 n 个参数的共同概率的 $\Delta\chi^2$ 取值

概率/%	$n=1$	$n=2$	$n=3$
68.27	1	2.3	3.53
90.0	2.71	4.61	6.25
95.0	3.84	5.99	7.82
95.45	4.0	6.18	8.03
99.0	6.63	9.21	11.34
99.73	9.0	11.83	14.16

我们通常可以用下面几种判据来确定 χ^2 拟合的好坏. 第一种判据是拟合度，它定义为 $\Gamma(\nu/2,\chi^2/2)/\Gamma(\nu/2)$，其中, $\Gamma(\nu/2,\chi^2/2)$ 是不完全伽马函数，$\nu = N-n$ 是自由度. 第二种是 Akaike 信息判据 (AIC)，它定义为 AIC$= -2\ln L + 2n = \chi^2 + 2n$，其中 n 是参数数目. 第三种是 Bayesian 信息判据 (BIC)，它定义为 BIC$= -2\ln L + n\ln N = \chi^2 + n\ln N$，其中, N 是数据数目.

现在以宇宙学常数模型为例来讨论如何拟合超新星数据. 从弗里德曼方程可知，

$$E(z) = H(z)/H_0 = \sqrt{\Omega_m(1+z)^3 + \Omega_r(1+z)^4 + \Omega_k(1+z)^2 + \Omega_\Lambda}, \tag{2.79}$$

其中, 辐射密度 $\Omega_r \sim 10^{-4}$ 很小，一般可以忽略，所以 $\Omega_m + \Omega_k + \Omega_\Lambda = 1$. 也就是说，该模型中有两个参数，让我们选择它们为 Ω_m 和 Ω_Λ. 超新星数据一般给出距离模数，所以需要把方程 (2.79) 代入方程 (2.9) 及 (2.24) 中. 对于一组给定的 Ω_m 和 Ω_Λ 值，可以利用方程 (2.9)、(2.24) 及 (2.79) 计算出距离模数和红移之间的关系 $\mu_{\rm th}(z)$，再把计算出的结果 $\mu(z)$ 代入 χ^2 公式 (2.78) 中. 现在公式 (2.78) 中的 x_i

变成了红移 z_i，y 变成了距离模数 μ，即

$$\chi^2 = \sum_{i=1}^{N} \left(\frac{\mu_{\text{obs}}(z_i) - \mu_{\text{th}}(z_i; \Omega_m, \Omega_\Lambda)}{\sigma_\mu(z_i)} \right)^2 .$$

这样一来给定参数值 Ω_m 和 Ω_Λ，便可计算出对应的 χ^2 值. 比较所有可能的 Ω_m 和 Ω_Λ 值后, 给出的不同的 χ^2 值，我们便可以找出最小的 χ^2 值 χ^2_m 及其对应的最佳参数值 Ω_m 和 Ω_Λ. 以芮斯 (Riess) 等给出的 182 个超新星金 (gold) 数据点为例[83]，我们发现当 $\Omega_m = 0.48$, $\Omega_\Lambda = 0.96$ 时，χ^2 取最小值 $\chi^2_m = 156.16$. 为了估算参数的误差，需要找出能给出 $\chi^2 = \chi^2_m + \Delta\chi^2 = 156.16 + 2.3$ 的所有可能的 Ω_m 和 Ω_Λ 值，因为我们只有两个参数而且估算的是 1σ 误差，所以从表 2.1 中可得到 $\Delta\chi^2 = 2.3$. 同理对于 2σ 和 3σ 进行误差估算，$\Delta\chi^2 = 6.18$ 和 $\Delta\chi^2 = 11.83$. Ω_m 和 Ω_Λ 的圈图结果见图 2.9. 另外我们在图 2.9 中还显示了用 397 个 Constitution 超新星数据拟合出来的圈图结果.

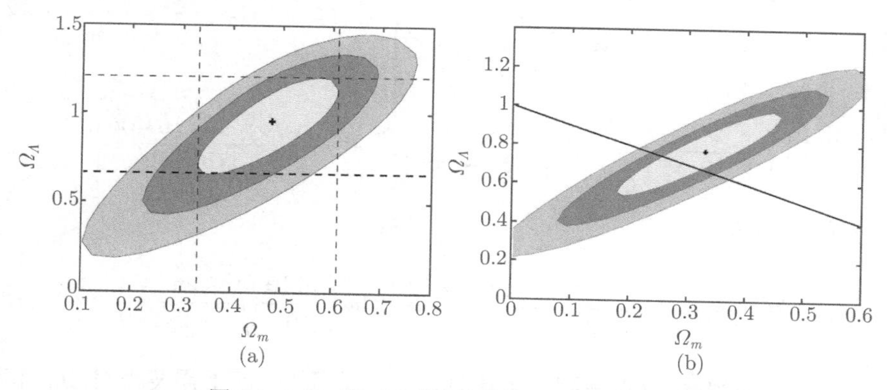

图 2.9 Ω_m 和 Ω_Λ 的超新星拟合的圈图结果

(a)182 个超新星金数据[83] 拟合出的结果; (b)397 个 Constitution 超新星数据[84] 拟合出来的结果

2.9.1 边缘化方法

在用 Ia 型超新星数据拟合及限制理论模型时, 我们最小化

$$\chi^2 = \sum_i \frac{[\mu_{\text{obs}}(z_i) - \mu(z_i)]^2}{\sigma_i^2}, \tag{2.80}$$

式中, $\mu(z)$ 是距离模数，σ_i 是 Ia 型超新星数据的总的观测误差. 由于天文观测中测量到的距离模数只是相对值，其绝对值是不确定的，即其零点值是随意选取的，而由此确定的哈勃常数也是任意的. 从方程 (2.9) 可知，H_0 以 $-5\log_{10} H_0$ 的形式

出现在 $\mu(z)$ 中. 把方程 (2.9) 代入方程 (2.80) 中得到，

$$\chi^2 = \sum_i \frac{\{\mu_{\rm obs}(z_i) - 25 - 5\log_{10}(H_0 d_L) + 5\log_{10} H_0\}^2}{\sigma_i^2}. \tag{2.81}$$

注意, 式中 $H_0 d_L$ 项不依赖于 H_0. 假设 H_0 的分布为均匀分布，$P(H_0) = 1$，则对 H_0 作边缘化意味着对 H_0 的所有可能取值作积分，

$$L = {\rm e}^{-\chi_m^2/2} = \int {\rm e}^{-\chi^2/2} P(H_0){\rm d}H_0. \tag{2.82}$$

令 $x = 5\log_{10} H_0$, $\alpha_i = \mu_{\rm obs}(z_i) - 25 - 5\log_{10}(H_0 d_L)$，则方程 (2.82) 变为

$$\begin{aligned} L =& \frac{\ln 10}{5} \int {\rm d}x \exp\left[-\frac{1}{2}\sum_i \frac{(\alpha_i + x)^2}{\sigma_i^2} + \frac{\ln 10}{5} x\right] \\ =& \frac{\ln 10}{5} \int {\rm d}x \exp\left[-\frac{1}{2}\left(\sum_i \frac{1}{\sigma_i^2}\right)\left(x + \frac{\sum_i \alpha_i/\sigma_i^2 - \ln 10/5}{\sum_i 1/\sigma_i^2}\right)^2 \right. \\ & \left. -\frac{1}{2}\sum_i \frac{\alpha_i^2}{\sigma_i^2} + \frac{1}{2}\frac{(\sum_i \alpha_i/\sigma_i^2 - \ln 10/5)^2}{\sum_i 1/\sigma_i^2}\right] \\ =& \frac{\ln 10}{5}\left(\frac{2\pi}{\sum_i 1/\sigma_i^2}\right)^{1/2} \exp\left[-\frac{1}{2}\sum_i \frac{\alpha_i^2}{\sigma_i^2} + \frac{1}{2}\frac{(\sum_i \alpha_i/\sigma_i^2 - \ln 10/5)^2}{\sum_i 1/\sigma_i^2}\right]. \end{aligned} \tag{2.83}$$

所以 χ^2 的最小值是

$$\chi_m^2 = \sum_i \frac{\alpha_i^2}{\sigma_i^2} - \frac{(\sum_i \alpha_i/\sigma_i^2 - \ln 10/5)^2}{\sum_i 1/\sigma_i^2} - 2\ln\left(\frac{\ln 10}{5}\sqrt{\frac{2\pi}{\sum_i 1/\sigma_i^2}}\right). \tag{2.84}$$

在实际拟合中，我们可以直接利用上述表达式来计算 χ^2 而不需要再对 H_0 作积分运算. 另外，文献中有时对于 H_0 的边缘化是把方程 (2.82) 中的积分变量 H_0 换成 $x = 5\log_{10} H_0$ 来积分，即假设分布 $P(x) = 1$. 忽略积分常数后，得到的要拟合的 χ^2 为

$$\chi^2 = \sum_i \frac{\alpha_i^2}{\sigma_i^2} - \frac{(\sum_i \alpha_i/\sigma_i^2)^2}{\sum_i 1/\sigma_i^2} = \sum_i \frac{(\alpha_i + \beta)^2}{\sigma_i^2} - \frac{[\sum_i(\alpha_i + \beta)/\sigma_i^2]^2}{\sum_i 1/\sigma_i^2}, \tag{2.85}$$

式中，β 是一个任意常数，可以把它取成 $\beta = y = 5\log_{10} H_0$.

2.9.2　MINUIT 程序代码

这里我们以宇宙学常数模型为例，利用计算 χ^2 及模型参数的 MINUIT 程序①来拟合超新星数据. 这个程序是用 Fortran90 语言写的，分为设定参数个数及

① http://wwwasd.web.cern.ch/wwwasd/cernlib/download/2002_source/tar/minuit32_src.tar.gz

其误差范围的主程序和利用模型计算 χ^2 的子程序. 包含宇宙学常数的模型中有两个参数 Ω_{m0} 及 $\Omega_{\Lambda0}$. 下面的主程序设定要拟合的这两个参数的初始值及其变化范围，并找出最佳拟合值及这两个参数在 1σ，2σ 及 3σ 范围内的值并把所有的数据存入文件 omolcont.txt 中.

```
!************ Minuit model 3, Fortran-callable. ! ************
DOUBLE PRECISION VERSION *************
      PROGRAM MNSUPC
      IMPLICIT DOUBLE PRECISION (A-H,O-Z)
      EXTERNAL SUPMC
      parameter (num=2)
      DIMENSION NPRM(num),VSTRT(num),STP(num),arglis(4),&
          bdl(num),bdu(num),xco(50),yco(50)
      CHARACTER*10 PNAM(num)
      DATA NPRM / 1, 2 /
      DATA PNAM /'OMEGA0', 'lamda'/
      DATA VSTRT/  0.3d0,0.02d0/
      DATA STP  /    0.01,0.01/
      data bdl / 0.0d0,0.0d0 /
      data bdu / 2.0d0, 2.0d0 /
      CALL MNINIT(5,6,7)
      DO 11  I= 1, num
       CALL MNPARM(NPRM(I),PNAM(I),VSTRT(I),STP(I),bdl(i),bdu(i),
       IERFLG) IF (IERFLG .NE. 0)  THEN
          WRITE (6,'(A,I3)')  ' UNABLE TO DEFINE PARAMETER NO.',I
          STOP
       ENDIF
   11 CONTINUE
      CALL MNSETI('Supernova data fit to lamdabd cdm model')
      arglis(1)=1.0d0
      CALL MNEXCM(SUPMC, 'CALL FCN', arglis,1,IERFLG, 0)
      CALL MNEXCM(SUPMC,'migrad', arglis,0,IERFLG,0)
!     define 1 sigma error
!      arglis(1)=2.3
!     CALL
```

```
MNEXCM(SUPMC,'set err', arglis,1,IERFLG,0)
!      CALL
MNEXCM(SUPMC,'MINOS', arglis,0,IERFLG,0)
       open(unit=88,file='omolcont.txt',status='unknown',form=
       'formatted')rewind(88)
       call mnstat(fmin,fedm,errdef,npari,nparx,istat)
       write(88,*) 'fmin=',fmin
       call mnpout(1,chnam,val,error,bnd1,bnd2,ivarbl)
       write(88,*) chnam,val
       call mnpout(2,chnam,val,error,bnd1,bnd2,ivarbl)
       write(88,*) chnam,val
       arglis(1)=2.3d0
       CALL MNEXCM(SUPMC,'set err', arglis,1,IERFLG,0)
!      CALL MNEXCM(SUPMC,'MINOS', arglis,0,IERFLG,0)
       call mncont(supmc,1,2,50,xco,yco,nfound,0)
!      CALL MNEXCM(SUPMC,'show cov', arglis,0,IERFLG,0)
! ndim=2
!      call mnemat(emat,ndim)
       call mnerrs(1,eplus,eminus,eparab,globcc)
       write(88,*) 'omegam',eplus,eminus
       call mnerrs(2,eplus,eminus,eparab,globcc)
       write(88,*) 'omegal',eplus,eminus
        do i=1,nfound
        write(88,*) xco(i),yco(i)
        end do
!      2 sigma error
       arglis(1)=6.18d0
       CALL MNEXCM(SUPMC,'set err', arglis,1,IERFLG,0)
!       CALL MNEXCM(SUPMC,'MINOS', arglis,0,IERFLG,0)
       call mncont(supmc,1,2,50,xco,yco,nfound,0)
!      CALL MNEXCM(SUPMC,'show cov', arglis,0,IERFLG,0)
!      call
mnemat(emat,ndim)
       call mnerrs(1,eplus,eminus,eparab,globcc)
       write(88,*) 'omegam',eplus,eminus
```

```
      call mnerrs(2,eplus,eminus,eparab,globcc)
      write(88,*) 'omegal',eplus,eminus
       do  i=1,nfound
       write(88,*) xco(i),yco(i)
       end do
!     3 sigma error
      arglis(1)=11.83d0
      CALL MNEXCM(SUPMC,'set err', arglis,1,IERFLG,0)
!     CALL MNEXCM(SUPMC,'MINOS', arglis,0,IERFLG,0)
      call mncont(supmc,1,2,50,xco,yco,nfound,0)
      call mnerrs(1,eplus,eminus,eparab,globcc)
      write(88,*) 'omegam',eplus,eminus
      call mnerrs(2,eplus,eminus,eparab,globcc)
      write(88,*) 'omegal',eplus,eminus
       do i=1,nfound
       write(88,*) xco(i),yco(i)
      end do
      end
```

下面是计算 χ^2 值的子程序，该程序调用了 dverk 程序计算积分. 超新星数据按红移、距离模数、观测误差格式存在文件 consta. dat 中

```
! * caculate chi2 value for the LCDM model
! * use consitution SN data
! * For SN data, H0 is marginalized with flat prior, full
marginalization
! ************ DOUBLE PRECISION VERSION
*************
      SUBROUTINE SUPMC(NPAR,GIN,fchi,var,IFLAG)
      IMPLICIT DOUBLE PRECISION (A-H,O-Z)
      PARAMETER (ndata=400)
      PARAMETER (pi=3.14159265359)
      INTEGER N,NW,i,npt,ind
      EXTERNAL lcdm
      COMMON wm,wl
      DIMENSION var(*),GIN(*)
      DIMENSION ZRED(ndata),uobs(ndata),usig(ndata),&
```

```
        C(24),W(2,9),alpha(ndata)
          i=1
      open(unit=28,file='../consta.dat',
     &     status='old',form='formatted')
      rewind 28
18    read(28,*,end=16) zred(i),uobs(i),usig(i)
      i=i+1
      goto 18
16    close (28)
      npt=i-1
!       define paramters
      wm = var(1)
      wl = var(2)
      spc=299792.458d0
      have=0.0d0
      hwgt=0.0d0
      chisq=0.0d0
!       initialize the dverk call vaiables for caculating dl
      NW=2
      N=1
      TOL=1.D-6
      DO 450 I= 1, npt
      IND=1
      codis=0.0d0
      z=0.0d0
!   marginalize over h0,maximization method
      hwgt=hwgt+1.0d0/usig(i)**2
      CALL DVERK(N,lcdm,Z,CODIS,ZRED(I),TOL,IND,C,NW,W)
      IF (IND.NE.3) THEN
         write(*,100) z,ind
100      format(///'integration stopped at z=',f7.3,'with ind=',i5)
      END IF
      if (.not.((codis.ge.0).or.(codis.le.0))) then
         fchi=9.9d10        !codis=NAN
         print *,'warning: blow up error'
```

```
         return
      endif
      alpha(i)=uobs(i)-5.*LOG10(spc*(1+zre(i))*codis)-25.0d0
      have=have+alpha(i)/usig(I)**2
  450 CONTINUE
      xmin=(-have+log(10.d0)/5.0d0)/hwgt
      do 20 i=1,npt
         chisq=chisq+(alpha(i)+xmin)**2/usig(i)**2
20    continue
      fchi = chisq-2.0d0*log(10.0d0)*xmin/5.0d0-
     +      2.0d0*log(log(10.0d0)/5.0d0)-log(6.28d0/hwgt)
      RETURN
      END
      SUBROUTINE lcdm(n,X,Y,yprm)
      INTEGER N
      DOUBLE PRECISION X,Y,yprm,hfcn,wm,wl
      COMMON wm,wl
      hfcn=wm*(1.0d0+x)**3+(1.0-wm-wl)*(1.0d0+x)**2+wl
      yprm=hfcn**(-0.5d0)
      return
      end
```

第3章　宇宙的热历史

宇宙演化过程中要经过辐射为主及物质为主时期，而且随着宇宙的膨胀，处于热平衡的物质的温度会降低. 本章主要介绍宇宙极早期的热演化历史及宇宙原初核合成的理论及其观测结果. 3.1 节中的积分计算放在附录 A 中详细讨论.

3.1　平衡态热力学

内部自由度为 g, 在相空间 $\boldsymbol{q}$ 的分布函数为 $f(\boldsymbol{q})$, 质量为 m 的弱相互作用粒子组成的气体的数密度，能量密度，压强分别为

$$\begin{aligned} n &= \frac{g}{2\pi^2}\int_0^\infty f(\boldsymbol{q})q^2\mathrm{d}q, \\ \rho &= \frac{g}{2\pi^2}\int_0^\infty E(\boldsymbol{q})f(\boldsymbol{q})q^2\mathrm{d}q, \\ p &= \frac{g}{2\pi^2}\int_0^\infty \frac{|\boldsymbol{q}|^2}{3E(\boldsymbol{q})}f(\boldsymbol{q})q^2\mathrm{d}q, \end{aligned} \tag{3.1}$$

式中, 粒子能量 $E(\boldsymbol{q})=\sqrt{|\boldsymbol{q}|^2+m^2}$, 动量为 $\boldsymbol{q}$, 而且相空间分布函数 (占有数)$f(\boldsymbol{q})$ 服从玻色 (Bose)-爱因斯坦统计或者费米 (Fermi)- 狄拉克 (Dirac) 统计，

$$f(\boldsymbol{q})=\frac{1}{\exp[(E(\boldsymbol{q})-\mu)/(k_\mathrm{B}T)]\pm 1}, \tag{3.2}$$

其中, μ 是粒子的化学势, $+1$ 对应于费米子，-1 对应于玻色子. 由于光子有两个极化 (偏振) 态，而且它的反粒子就是自身，所以光子的自由度为 $g=2$. 电子有两个自旋态，而且电子与正电子是两个不同的粒子，所以电子的自由度 $g=4$. 如果粒子处于平衡态，用能量代替动量作为自变量得到

$$\begin{aligned} n(T) &= \frac{g}{2\pi^2}\int_m^\infty \frac{(E^2-m^2)^{1/2}}{\exp[(E-\mu)/(k_\mathrm{B}T)]\pm 1}E\mathrm{d}E, \\ \rho(T) &= \frac{g}{2\pi^2}\int_m^\infty \frac{(E^2-m^2)^{1/2}}{\exp[(E-\mu)/(k_\mathrm{B}T)]\pm 1}E^2\mathrm{d}E, \\ p(T) &= \frac{g}{6\pi^2}\int_m^\infty \frac{(E^2-m^2)^{3/2}}{\exp[(E-\mu)/(k_\mathrm{B}T)]\pm 1}\mathrm{d}E. \end{aligned} \tag{3.3}$$

对于无质量粒子，总有 $p(T)=\rho(T)/3$. 当 $T\gg\mu$, 取相对论极限 $T\gg m$，得到

$$n(T)=\begin{cases}(\zeta(3)/\pi^2)gT^3, & \text{玻色子}\\ (3/4)(\zeta(3)/\pi^2)gT^3, & \text{费米子}\end{cases}$$

$$\rho(T)=\begin{cases}(\pi^2/30)gT^4, & \text{玻色子}\\ (7/8)(\pi^2/30)gT^4, & \text{费米子}\end{cases} \tag{3.4}$$

$$p(T)=\rho(T)/3,$$

式中, 黎曼 (Riemann)zeta 函数 $\zeta(3)=1.20206\cdots$，玻尔兹曼常数 $k_{\mathrm{B}}=1$. 对于简并费米子，$T\ll\mu$，取相对论极限得到

$$n(T)=\frac{g\mu^3}{6\pi^2},$$

$$\rho(T)=\frac{g\mu^4}{8\pi^2}, \tag{3.5}$$

$$p(T)=\frac{g\mu^4}{24\pi^2}=\frac{\rho(T)}{3}.$$

对于玻色子，化学势 $\mu>0$ 意味着玻色-爱因斯坦凝聚，这种情况需要另行处理. 对于化学势 $\mu<0$，而且 $|\mu|<T$ 的相对论性玻色子或费米子，则得到

$$\begin{aligned}n(T)&=\exp(\mu/T)(g/\pi^2)T^3,\\ \rho(T)&=\exp(\mu/T)(3g/\pi^2)T^4,\\ p(T)&=\exp(\mu/T)(g/\pi^2)T^4.\end{aligned} \tag{3.6}$$

在非相对论极限下，$m\gg T$，玻色子和费米子具有相同的数密度，能量密度及压强函数，

$$\begin{aligned}n(T)&=g\left(\frac{mT}{2\pi}\right)^{3/2}\exp[-(m-\mu)/(k_{\mathrm{B}}T)],\\ \rho(T)&=nm,\\ p(T)&=nT\ll\rho.\end{aligned} \tag{3.7}$$

宇宙中处于热平衡的所有粒子的总的能量密度及压强表达成光子温度 T 的函数可以写成

$$\begin{aligned}\rho_t&=T^4\sum_i\left(\frac{T_i}{T}\right)^4\frac{g_i}{2\pi^2}\int_{x_i}^{\infty}\frac{(u^2-x_i^2)^{1/2}u^2\mathrm{d}u}{\exp(u-y_i)\pm1},\\ p_t&=T^4\sum_i\left(\frac{T_i}{T}\right)^4\frac{g_i}{6\pi^2}\int_{x_i}^{\infty}\frac{(u^2-x_i^2)^{3/2}\mathrm{d}u}{\exp(u-y_i)\pm1},\end{aligned} \tag{3.8}$$

式中, $x_i = m_i/T$, $y_i = \mu_i/T$, $u_i = E_i/T$. 式 (3.8) 中考虑了粒子服从温度不同于光子温度 T 的热平衡分布的可能性. 在温度比较高的情况下, 由于非相对性粒子的能量密度和压强以指数因子的形式小于相对性粒子的相应能量密度和压强, 所以在总的辐射能量密度和压强中可以忽略非相对性粒子的贡献, 这样上述表达式可以简化为

$$\begin{aligned}\rho_t &= \frac{\pi^2}{30} g_*(T) T^4 \\ p_t &= \frac{\rho_R}{3} = \frac{\pi^2}{90} g_*(T) T^4,\end{aligned} \tag{3.9}$$

式中, $g_*(T)$ 是总的相对性粒子 (只计入满足 $m_i \ll T$ 的那些粒子) 的有效自由度,

$$g_*(T) = \sum_{i=\text{玻色子}} g_i \left(\frac{T_i}{T}\right)^4 + \frac{7}{8} \sum_{i=\text{费米子}} g_i \left(\frac{T_i}{T}\right)^4. \tag{3.10}$$

式 (3.10) 中相对因子 7/8 显示了费米子和玻色子的差别. 更一般的温度依赖关系需要用式 (3.8) 计算. 当宇宙温度 T 为 10^{11} K 左右时, $m_\mu \gg k_{\rm B}T \gg m_e$, 宇宙中含有光子 (有效自由度 $g_\gamma = 2$), 正负电子 (有效自由度 $g_e = 4$), 三代中微子及反中微子这些处于热平衡的高度相对论性粒子. 由于中微子只有一个自旋态, 而且正反中微子有 3 代, 中微子自由度为 $g_\nu = 6$. 所以此时宇宙中总的有效自由度为

$$g_* = 2 + \frac{7}{8}(6+4) = \frac{43}{4}.$$

在早期辐射为主时期, $\rho \approx \rho_R$, $a(t) \propto t^{1/2}$, 所以哈勃参数与温度的关系为

$$\begin{aligned}H &= 1.66 g_*^{1/2} \frac{T^2}{m_{\rm pl}} = \frac{0.5}{0.994} \left(\frac{T}{10^{10}\rm K}\right)^2 \sec^{-1}, \\ t &= 3.259 g_*^{-1/2} \left(\frac{T}{10^{10}\rm K}\right)^{-2} \text{s} = 0.994 \left(\frac{T}{10^{10}\rm K}\right)^{-2} \text{sec}.\end{aligned} \tag{3.11}$$

式 (3.11) 中, $m_{\rm pl} = 1/G$, 最后等式中用到中微子退耦前的有效自由度 $g_* = 43/4$, 所以最后一个等式只适用于中微子退耦前的时期. 由熵密度方程 (1.103) 可知, 相对论性粒子的熵密度为

$$s = \frac{\rho(T) + p(T)}{T} = \frac{2\pi^2}{45} g_{*S}(T) T^3, \tag{3.12}$$

其中,

$$g_{*S}(T) = \sum_{i=\text{玻色子}} g_i \left(\frac{T_i}{T}\right)^3 + \frac{7}{8} \sum_{i=\text{费米子}} g_i \left(\frac{T_i}{T}\right)^3. \tag{3.13}$$

总熵 S 守恒意味着熵密度 $s \propto a^{-3}(t)$，即随着宇宙膨胀，$g_{*S}(T)T^3a^3$ 保持为一个常数，这意味着共动体积元的物理尺寸 $\propto a^3 \propto s^{-1}$. 另外，$g_{*S}T^3a^3 =$ 常数意味着宇宙的温度

$$T \propto g_{*S}^{-1/3}a^{-1}.$$

只要 $g_{*S}(T)$ 是常数，则得到熟悉的温度时间关系 $T \propto a^{-1}(t)$. 所以随着宇宙的膨胀，宇宙的温度会降低，当某种粒子变成非相对性粒子消失后，其熵会传输给其他仍然处于热平衡中的粒子，这样一来处于热平衡粒子的温度会降低得慢一些.

当宇宙温度降低到比某种无质量粒子的能量小时，该粒子会从热平衡中退耦出来而且没有熵传输，该无质量粒子的温度将按照 $T \propto a^{-1}$ 的规律降低. 考虑一个处于热平衡的无质量粒子在时刻 t_D 时退耦，此刻标度因子为 a_D，温度为 T_D，相空间的热平衡分布为

$$f(\boldsymbol{q}, t_D) = \frac{1}{\exp(E(t_D)/T_D) \pm 1}. \tag{3.14}$$

粒子退耦后，随着宇宙膨胀，每个无质量粒子的能量发生的红移为 $E(t) = E(t_D)[a(t_D)/a(t)]$. 由于粒子数密度随着宇宙的膨胀按 $n \propto a^{-3}$ 的规律而减小，所以在时刻 t 的相空间分布函数和具有温度 $T(t) = T_D a(t_D)/a(t)$ 的平衡态分布一样，

$$f(\boldsymbol{q}, t) = \left[\exp\left(\frac{E(t)a(t)}{T_D a(t_D)}\right) \pm 1\right]^{-1} = \frac{1}{\exp(E/T) \pm 1}. \tag{3.15}$$

退耦后的无质量粒子的分布函数形式保持不变，随着宇宙的膨胀，其温度红移为

$$T = T_D \frac{a(t_D)}{a(t)} \propto a^{-1},$$

而不是按保持热平衡粒子的 $g_{*S}^{-1/3}(T)a^{-1}$ 方式变化.

对于有质量非相对性粒子 $(m \gg T_D)$ 在时刻 t_D，标度因子为 a_D，温度为 T_D 时从热平衡中退耦，随着宇宙的膨胀其动量红移为 $|\boldsymbol{q}(t)| = |\boldsymbol{q}_D| a(t_D)/a(t)$；每个粒子的动能按 a^{-2} 红移，$E_K(t) = E_K(t_D)a^2(t_D)/a^2(t)$，粒子数密度按 a^{-3} 减小. 由于这些效应，退耦后的有质量粒子服从温度

$$T = T_D \left(\frac{a(t_D)}{a(t)}\right)^2 \propto a^{-2},$$

的平衡态分布，其化学势为 $\mu(t) = m + (\mu(t_D) - m)T(t)/T_D$.

3.2 宇宙热历史

理解宇宙热历史的关键在于比较粒子相互作用与宇宙膨胀速度的快慢. 粗略地说，保持热平衡要求粒子相互作用要发生的足够快，$\Gamma > H$，这里 $\Gamma = n\sigma|v|$ 是

每个粒子的相互作用率，n 是粒子数密度，σ 是相互作用截面，v 是相对速度. 注意 $\Gamma < H$ 不是脱离热平衡的充分条件，曾处于热平衡的无质量自由粒子会一直保持温度为 $T \propto a^{-1}$ 的平衡分布. 为了维持脱离热平衡态的状态，保持平衡态的一些关键反应率 Γ 要保持小于 H. 而对粒子的分布函数的正确处理方法是求解玻尔兹曼方程.

在辐射为主时期，$H \sim T^2/m_{\rm pl}$，由无质量规范玻色子传播的相互作用，$\Gamma \sim \alpha^2 T$，所以 $\Gamma/H \sim \alpha^2 m_{\rm pl}/T$，这里 $\sqrt{4\pi\alpha}$ 是规范耦合常数. 当 $T < \alpha^2 m_{\rm pl} \sim 10^{16}$GeV (1eV= 1.1605×10^4K)，这种反应发生的很快. 对于由有质量规范玻色子传播的相互作用，$\Gamma \sim G_x^2 T^5$，所以 $\Gamma/H \sim G_x^2 m_{\rm pl} T^3$. 当 $m_x > T > G_x^{-2/3} m_{\rm pl}^{-1/3} \sim (m_x/100{\rm GeV})^{4/3}$MeV，这种反应发生的很快. 当 $T > \alpha^2 m_{\rm pl} \sim 10^{16}$GeV 时，所有微扰相互作用被冻结了，而且热平衡不能被建立起来. 从而已知的相互作用或来自于大统一的相互作用在温度 $T > 10^{16}$GeV，即宇宙年龄小于 10^{-38}s 时，不能在宇宙中建立热平衡，也许在宇宙早期 ($< 10^{-38}$s) 宇宙不处于热平衡状态.

根据第 1 章中关于宇宙的演化过程知道在宇宙早期，宇宙的尺寸非常小，能量密度及压强非常大，所以温度很高. 宇宙在普朗克时代 ($t \sim 10^{-43}$s，$T \sim 10^{19}$GeV，10^{32}K)，量子引力效应该很大，这时经典广义相对论不再适用. 随着宇宙的膨胀，其温度降低，当温度 $T > 300$GeV (3×10^{15}K)，宇宙中含有标准模型中的粒子：8 个胶子，$W^\pm$ 及 Z^0 中间玻色子，3 代夸克及轻子，希格斯 (Higgs) 粒子等，这时有效自由度 $g_* = 106.75$. 宇宙是由这些标准模型中的高度相对论性基本粒子构成的等离子体，它们的相互作用由大统一理论描述. 随着温度的降低，粒子的对称性发生自发对称性破缺，宇宙会发生相变. 当温度降低到 $T \sim 10$ 到 0.1MeV，即宇宙年龄为 $t \sim 10^{-2}$s 到 10^2s 时，原初核合成时期开始了. 宇宙各个历史过程发生的时间总结在表 3.1 中.

表 3.1　宇宙历史中主要事件

	时间	能量	红移
普朗克时代?	$< 10^{-43}$ s	10^{18} GeV	
超弦?	$\gtrsim 10^{-43}$ s	$\lesssim 10^{18}$ GeV	
大统一?	$\sim 10^{-36}$ s	10^{15} GeV	
暴涨?	$\gtrsim 10^{-34}$ s	$\lesssim 10^{15}$ GeV	
超对称破缺?	$< 10^{-10}$ s	> 1 TeV	
重子形成?	$< 10^{-10}$ s	> 1 TeV	
弱电统一	10^{-10} s	1 TeV	
夸克-强子转变	10^{-4} s	10^2 MeV	
核子冻结	0.01 s	10 MeV	
中微子退耦	1 s	1 MeV	
BBN	3 min	0.1 MeV	

续表

	时间	能量	红移
物质-辐射相等	10^4 yrs	1 eV	10^4
重新组合	10^5 yrs	0.1 eV	1100
暗世纪	$10^5 \sim 10^8$ yrs		> 25
重新电离	10^8 yrs		$25 \sim 6$
星系形成	$\sim 6 \times 10^8$ yrs		~ 10
暗能量	$\sim 10^9$ yrs		~ 2
太阳系	8×10^9 yrs		0.5
现在	13.7×10^9 yrs	1 meV	0

3.2.1 中微子温度及物质-辐射相等

当宇宙温度 T 为 10^{11}K 左右时，$m_\mu \gg T \gg m_e$，这时宇宙的温度对于类如 $\nu_\mu + e \to \mu + \nu_e$ 或 $\nu_\tau + e \longrightarrow \tau + \nu_e$ 这样的反应太低，但是 μ 和 τ 中微子及它们的反粒子通过类如中微子-电子散射 $e^+ + e^- \longleftrightarrow \nu + \bar{\nu}$ 这样的中性流反应保持热平衡. 这种弱相互作用的散射截面 $\sigma \sim G_F^2 T^2$，这里 G_F 是费米常数，所以相互作用率和膨胀率的比值为

$$\frac{\Gamma_{\text{int}}}{H} \approx \frac{G_F^2 T^5}{T^2/m_{\text{pl}}} \approx \left(\frac{T}{1\ \text{MeV}}\right)^3 = \left(\frac{T}{10^{10}\ K}\right)^3.$$

若温度高于 1MeV，中微子和宇宙等离子体中其他粒子保持热平衡. 当宇宙温度低于 1MeV，弱相互作用过程太慢而不能保持中微子处于热平衡，所以温度为 1MeV 左右时，中微子要从宇宙等离子体中退耦出来. 当宇宙温度低于 1MeV，中微子温度 T_ν 按 a^{-1} 变化. 中微子退耦后很短时间内，宇宙温度要降低到电子质量以下，正负电子对的熵转化给了光子，但不会转化给退耦后的中微子，所以光子的温度要高于中微子. 当 $T > m_e$ 时，处于热平衡的粒子有光子和正负电子，这时总有效自由度 $g_* = g_{*S} = 2 + 7/8 * 4 = 11/2$. 当 $T < m_e$ 时，只有光子还处于热平衡，这时 $g_* = g_{*S} = 2$. 由于处于热平衡中的光子温度 $T \propto g_{*S}^{-1/3} a^{-1}$，电子对的湮灭使得光子的温度增加了一个因子

$$\left(\frac{g_{*S}(T > m_e)}{g_{*S}(T < m_e)}\right)^{1/3} = \left(\frac{11/2}{2}\right)^{1/3} = \left(\frac{11}{4}\right)^{1/3}.$$

所以 $T < m_e$ 后到现在光子的温度和中微子的温度比值为

$$\frac{T_\gamma}{T_\nu} = \left(\frac{11}{4}\right)^{1/3} = 1.40. \tag{3.16}$$

现在宇宙中残留有光子及三代中微子 (考虑到温度及三代中微子振荡而引起的修正，有效中微子数通常取为 $N_\nu = 3.04$[85, 86])，而且中微子温度比光子温度低 1.4

倍，所以宇宙现在的总有效自由度为

$$g_*(t_0) = 2 + \frac{7}{8} \times 6 \times \left(\frac{4}{11}\right)^{4/3} = 3.36,$$

$$g_{*S}(t_0) = 2 + \frac{7}{8} \times 6 \times \frac{4}{11} = 3.91.$$

电子-正电子湮灭后，有效自由度 $g_* = 3.36$，把它代入方程 (3.11) 得到电子 - 正电子湮灭后辐射为主时期时间随温度的变化关系

$$t = 1.78 \left(\frac{T}{10^{10}\text{K}}\right)^{-2} \text{s}. \tag{3.17}$$

利用这些结果可以得到宇宙现在的辐射能量密度及熵密度

$$\begin{aligned}
\rho_{r0} &= \frac{\pi^2}{30} g_*(t_0) \frac{(k_\text{B} T_\gamma)^4}{\hbar^3 c^5} = 7.8 \times 10^{-34} \text{ g/cm}^3, \\
s(t_0) &= \frac{2\pi^2}{45} g_{*S}(t_0) \left(\frac{k_\text{B} T_\gamma}{\hbar c}\right)^3 = 2889.8 \text{ cm}^{-3}, \\
n_\gamma &= \frac{2\zeta(3)}{\pi^2} \left(\frac{k_\text{B} T_\gamma}{\hbar c}\right)^3 = 410.5 \text{ cm}^{-3}.
\end{aligned} \tag{3.18}$$

式 (3.18) 中用到了微波背景辐射观测到的光子温度 $T_\gamma = 2.725\text{K}$，利用这些结果可得到辐射比重 $\Omega_{r0} h^2 = 4.15 \times 10^{-5}$.

重子数密度 n_B 为正重子数密度 n_b 与反重子数密度 $n_{\bar{b}}$ 之差，$n_B = n_b - n_{\bar{b}}$. 所有的观测证据都表明宇宙中反重子数很少，而且重子以核子形式存在，所以

$$n_B = n_N = \frac{3\Omega_b H_0^2}{8\pi G m_N} = 1.13 \times 10^{-5} (\Omega_b h^2) \text{cm}^{-3}.$$

因为共动体积中的熵和重子数都是常数，所以在保持重子数守恒的相互作用里，总的重子数与共动体积内的熵之比 n_B/s 是一个常数. 这个比值可以用来表征重子数，定义其为宇宙中重子数，利用方程 (3.18) 计算出的熵密度，可得

$$B = \frac{n_B}{s} = 3.91 \times 10^{-9} (\Omega_b h^2).$$

自从正负电子湮灭后，熵密度与光子数密度之比也为一常数，由方程 (3.18) 可知 $s = 2\pi^4 g_{*S}(t_0) n_\gamma / (90\,\zeta(3)) \approx 7.04 n_\gamma$，所以重子数与光子数之比为

$$\eta = n_B / n_\gamma = 7.04 B = 2.75 \times 10^{-8} (\Omega_b h^2).$$

当宇宙的温度继续降低，宇宙中会形成质子，中子，原子核，原子及分子等物质. 由于辐射能量密度按 a^{-4} 减小，而物质能量密度按 a^{-3} 减小，所以存在某个时

候，物质能量密度会和辐射能量密度相等，而且这之后宇宙进入物质为主时期. 物质-辐射相等时的红移，时间及温度为

$$
\begin{aligned}
1+z_{\mathrm{eq}} &= \Omega_{m0}h^2/(\Omega_{r0}h^2) = 2.41\times 10^4\Omega_{m0}h^2,\\
T_{\mathrm{eq}} &= T_\gamma(1+z_{\mathrm{eq}}) = 5.66\Omega_{m0}h^2\ \mathrm{eV},\\
t_{\mathrm{eq}} &\approx \frac{2}{3}H_0^{-1}\Omega_{m0}^{-1/2}(1+z_{\mathrm{eq}})^{-3/2} = 1.33\times 10^3(\Omega_{m0}h^2)^{-2}\ \mathrm{a}.
\end{aligned}
\tag{3.19}
$$

计算时间时我们用了物质为主时期的关系，实际上由于暗能量的存在，这个结果并不严格成立.

3.2.2 重结合及退耦

在宇宙早期，由于光子和电子之间的相互作用发生的很快，物质和辐射的热接触很好. 然而，由于最终自由电子的密度降得太低而不能维持热接触，辐射从物质中退耦 (Decoupling) 出来. 粗略地讲，这个过程发生在 $\Gamma_\gamma \approx H$，或者等价于光子平均自由程大于哈勃距离，$\lambda_\gamma \approx \Gamma_\gamma^{-1}$. 光子相互作用率 $\Gamma_\gamma = n_e\sigma_T$，这里 n_e 是自由电子的密度，$\sigma_T = 6.65\times 10^{-25}\mathrm{cm}^2$ 是汤姆森 (Thomson) 散射截面. 自由电子的平衡丰度由萨哈 (Saha) 方程决定. 以 n_H，n_p，和 n_e 分别代表氢原子，自由质子及自由电子的数密度，为简单起见，我们假设宇宙中的重子都是以质子形式出现. 电中性意味着 $n_p = n_e$，重子数守恒意味着 $n_B = n_p + n_H$. 当温度小于 m_i，处于热平衡分布的 n_i 为

$$
n_i = g_i\left(\frac{m_iT}{2\pi}\right)^{3/2}\exp\left(\frac{\mu_i - m_i}{T}\right),
\tag{3.20}
$$

式中，$i = e$、p、H；m_i 是种类 i 的质量；μ_i 是其化学势. 化学平衡 $\mathrm{p}+\mathrm{e}\leftrightarrow \mathrm{H}+\gamma$，保证了 $\mu_p + \mu_e = \mu_H$，所以

$$
n_H = \frac{g_H}{g_pg_e}n_pn_e\left(\frac{m_eT}{2\pi}\right)^{-3/2}\exp(E_b/T),
\tag{3.21}
$$

式中，$E_b = m_p + m_e - m_H = 13.6\mathrm{eV}$ 是氢原子的结合能，而在指数前面的因子中我们取了近似 $m_H = m_p$. 用总重子数密度定义离子化分数 $X_e = n_e/n_B$，利用 $g_p = g_e = 2$，$g_H = 4$，$n_B = \eta n_\gamma$，方程 (3.4) 及 (3.21) 得到

$$
\frac{1-X_e}{X_e^2} = \frac{4\sqrt{2}\zeta(3)}{\sqrt{\pi}}\eta\left(\frac{T}{m_e}\right)^{3/2}\exp(E_b/T),
\tag{3.22}
$$

这就是自由电子的平衡丰度所满足的萨哈方程，式中，$\eta = (\Omega_bh^2)\times 2.68\times 10^{-8}$ 是重子数与光子数之比，$T(z) = (1+z)\times 2.725\mathrm{K}$ 是光子在红移 z 时的温度. 给定 Ω_bh^2，则通过求解萨哈方程可以得到平衡时的离子化分数. 如果把重结合 (Recombination)

定义为 90% 的电子已经和质子结合成中性氢的时刻，则取决于 $\Omega_b h^2$ 的值，发生重结合的红移在 1200~1400. 如果取重结合时的红移为 1300，则重结合时的温度

$$T_{\rm rec} = T_{\gamma 0}(1+z_{\rm rec}) = 3545{\rm K} = 0.306\ {\rm eV}.$$

假设宇宙在重结合时宇宙处于物质为主时期，则重结合时宇宙的年龄为

$$t_{\rm rec} = \frac{2}{3}H_0^{-1}\Omega_{m0}^{-1/2}(1+z_{\rm rec})^{-3/2} = 4.38\times 10^{12}(\Omega_{m0}h^2)^{-1/2}\ {\rm s}.$$

利用平衡时的离子化分数及自由电子数密度 $n_e = X_e n_B = X_e \eta n_\gamma \approx 1.13\times 10^{-5} X_e(\Omega_b h^2)(1+z)^3\ {\rm cm}^{-3}$，我们可以计算出光子平均自由程，然后把它与宇宙的年龄相比较，则可以计算出退耦时间. 退耦红移依赖于 Ω_{m0} 及 Ω_b，其值在 1100~1200. 假如退耦红移为 1100，则退耦温度

$$T_{\rm dec} = T_{\gamma 0}(1+z_{\rm dec}) = 3000{\rm K} = 0.26\ {\rm eV}.$$

如果退耦时宇宙处于物质为主时期，则退耦时宇宙年龄为

$$t_{\rm dec} = \frac{2}{3}H_0^{-1}\Omega_{m0}^{-1/2}(1+z_{\rm dec})^{-3/2} = 5.63\times 10^{12}(\Omega_{m0}h^2)^{-1/2}\ {\rm s}.$$

光子退耦后，宇宙对于光子而言是透明的. 辐射几乎不受任何阻碍到达我们，而且辐射是均匀各向同性的，宇宙会逐渐变红变暗，直到第一颗恒星形成，宇宙中才会出现光，所以宇宙从退耦时 $z\sim 1100$ 到第一颗恒星形成 $z\sim 6$ 这段时间称为暗时代.

3.3　原初核合成 (BBN)

宇宙中的化学元素主要由近 75% 的氢和 25% 的 ^{4}He 组成，其他轻元素及金属只占很小的分量. 3.2 节在讨论宇宙的温度从 10^{10}K 降到 10^4K 这段时期的热历史过程中，忽略了少量核子的存在. 本节主要讨论各种元素丰度及原初核合成过程 (primordial big bang nucleosynthesis). 某种核子的质量丰度定义为该核子的质量与重子物质的总质量之比.

等离子中核子与大量光子及正负电子的频繁相互作用使得核子处于满足麦克斯韦-玻尔兹曼分布的热平衡，而且核子丰度所满足的玻尔兹曼方程的初始条件为[87] 在温度远大于中子-质子质量差时，中子与质子丰度相等并且几乎为重子数的一半，$Y_n \approx Y_p \approx B/2$，而且其他元素的丰度几乎为 0. 当所有由弱相互作用产生的反应率低于哈勃膨胀率时，中子-质子比冻结为 1/6. 由于中子衰变及破坏平衡的弱转变，这个比值在温度 $T\approx 0.85\times 10^9$K 时进一步降低为 1/7 左右，中子数

密度约为 1/8. 此时因为 ^{4}He 是单位核子结合能最大的轻元素，作为一个良好的近似，所有中子都组成了 ^{4}He，其丰度为 $2\times 1/8=1/4$. 当然 ^{4}He 及其他元素的合成要等到足够数量氘的出现 (所谓氘瓶颈，deuterium bottleneck)，这要在温度降到 $T\approx 0.85\times 10^9$K 以下才能发生. 在温度 $T<0.85\times 10^9$K 时，标准核合成结束后留下了量级为 $O(10^{-5})$ 的很少量的氘 (及 ^{3}He)，核子数 $A>4$ 的元素合成的数量就更少，如 $O(10^{-10})$ 量级的 ^{7}Li 及其他更少量的同位素元素.

3.3.1 原子核统计平衡

热 (化学) 平衡时，核子的数密度由类似于 (3.7) 的公式决定，

$$n_i=g_i\left(\frac{m_ik_{\rm B}T}{2\pi\hbar^2}\right)^{3/2}\exp[(\mu_i-m_i)/k_{\rm B}T], \tag{3.23}$$

式中, m_i 是核子 i 的质量，g_i 是它的自旋态数. 假如这些核子数为 A_i 的核子可以由 Z_i 个质子及 A_i-Z_i 个中子迅速组成，则核子 i 的化学势为 $\mu_i=Z_i\mu_p+(A_i-Z_i)\mu_n$. 忽略指数外 m_i 中的结合能及中子与质子质量差，用 m_N 表示中子或质子的质量，通过消除未知的核子化学势得到

$$\frac{n_i}{n_p^{Z_i}n_n^{A_i-Z_i}}=\frac{g_i}{2^{A_i}}A_i^{3/2}\left(\frac{m_Nk_{\rm B}T}{2\pi\hbar^2}\right)^{3(1-A_i)/2}{\rm e}^{B_i/k_{\rm B}T}, \tag{3.24}$$

式中, $B_i=Z_im_p+(A_i-Z_i)m_n-m_i$ 是结合能. 式 (3.24) 可以用下列无量纲量

$$X_i=n_i/n_N,\quad X_p=n_p/n_N,\quad X_n=n_n/n_N,$$

重新表达为

$$X_i=\frac{g_i}{2}X_p^{Z_i}X_n^{A_i-Z_i}A_i^{3/2}\epsilon^{A_i-1}{\rm e}^{B_i/k_{\rm B}T}, \tag{3.25}$$

式中, n_N 是总核子数，无量纲量

$$\epsilon=\frac{1}{2}n_N\left(\frac{m_Nk_{\rm B}T}{2\pi\hbar^2}\right)^{-3/2}=2.96\times 10^{-11}\left(\frac{a}{10^{-10}a_0}\right)^{-3}\left(\frac{T}{10^{10}{\rm K}}\right)^{-3/2}\Omega_bh^2, \tag{3.26}$$

式 (3.26) 中已经用了核子数密度 $n_N=3\Omega_bH_0^2(a_0/a)^3/(8\pi Gm_N)$.

3.3.2 初始条件

中子-质子比值对于原初核合成的结果影响很大，中子与质子的相互转换通过下面六种弱相互作用过程而实现

$${\rm n}+\nu_e\rightleftharpoons{\rm p}+{\rm e}^-,\quad {\rm n}+{\rm e}^+\rightleftharpoons{\rm p}+\bar\nu_e,\quad {\rm n}\rightleftharpoons{\rm p}+{\rm e}^-+\bar\nu_e. \tag{3.27}$$

由于 $k_{\rm B}T \ll m_N$，核子可以当成是静止的，上述反应中的轻子能量从而由下面关系相联系，

$$E_e - E_\nu = Q, \quad E_\nu - E_e = Q, \quad E_\nu + E_e = Q, \tag{3.28}$$

式中, $Q = m_n - m_p = 1.293\text{MeV}$ 是中子与质子的质量差. 中子向质子或质子向中子转变的总转变率为

$$\Gamma(n \to p) = A\int\left(1 - \frac{m_e^2}{(Q+q)^2}\right)^{1/2} \frac{(Q+q)^2q^2\mathrm{d}q}{(1+\mathrm{e}^{q/k_{\rm B}T_\nu})(1+\mathrm{e}^{-(Q+q)/k_{\rm B}T})}, \tag{3.29}$$

$$\Gamma(p \to n) = A\int\left(1 - \frac{m_e^2}{(Q+q)^2}\right)^{1/2} \frac{(Q+q)^2q^2\mathrm{d}q}{(1+\mathrm{e}^{-q/k_{\rm B}T_\nu})(1+\mathrm{e}^{(Q+q)/k_{\rm B}T})}, \tag{3.30}$$

式中,

$$A = \frac{G_{\rm wk}^2(1+3g_A^2)\cos^2\theta_c}{2\pi^3\hbar},$$

弱耦合常数 $G_{\rm wk} = 1.16637\times10^{-5}\text{Gev}^{-2}$，$\beta$ 衰变轴矢耦合常数 $g_A = 1.257$, Cabibbo 角 $\cos\theta_c = 0.945$，积分范围是除了中间一个区间 $q = -Q - m_e$ 到 $q = -Q + m_e$ 外，从 $-\infty$ 积到 ∞ 的. 这些转化率包括轻子海被部分填满情况下的泡利 (Pauli) 不相容效应. 例如，转化过程 $n + e^+ \longrightarrow p + \bar{\nu}_e$ 的散射截面是 $2\pi^2\hbar^3AE_\nu^2/v_e$，动量在 q_e 到 $q_e + \mathrm{d}q_e$ 之间的正电子的数密度是

$$4\pi q_e^2\mathrm{d}q_e(2\pi\hbar)^{-3}[\exp(E_e/k_{\rm B}T)+1]^{-1}.$$

能级为 E_ν 的没被填满的反中微子比例为

$$1 - [\exp(E_\nu/k_{\rm B}T_\nu)+1]^{-1} = [\exp(-E_\nu/k_{\rm B}T_\nu)+1]^{-1}.$$

所以, 转化过程 $\mathrm{n} + \mathrm{e}^+ \to \mathrm{p} + \bar{\nu}_e$ 中每个中子的总转化率为

$$\Gamma(n + e^+ \to p + \bar{\nu}_e) = A\int_0^\infty E_\nu^2q_e^2\mathrm{d}q_e[\exp(E_e/k_{\rm B}T)+1]^{-1}[\exp(-E_\nu/k_{\rm B}T_\nu)+1]^{-1},$$

上述积分中作变量替换 $q = -E_\nu = -Q - E_e$ 后得到的结果是式 (3.29) 中从 $q = -\infty$ 到 $q = -Q - m_e$ 的那部分积分. 另外，从 $q = -Q + m_e$ 到 $q = 0$ 那部分积分由 $q = -E_\nu$ 的中子衰变过程 $\mathrm{n} \to \mathrm{p} + \mathrm{e}^- + \bar{\nu}_e$ 来提供，从 $q = 0$ 到 $q = \infty$ 那部分积分由 $q = E_\nu$ 的中子参与过程 $\mathrm{n} + \nu \to \mathrm{p} + \mathrm{e}^-$ 来提供. 同样的推理适用于式 (3.30). 知道了式 (3.29) 及式 (3.30) 中的转化率，可以利用下面微分方程计算 X_n 的变化率，

$$\frac{\mathrm{d}X_n}{\mathrm{d}t} = -\Gamma(n \to p)X_n + \Gamma(p \to n)(1 - X_n). \tag{3.31}$$

在正负电子湮灭前，电子温度与中微子温度相同. 作为一个检验，若 $T=T_\nu$，则由式 (3.29) 及式 (3.30) 可知两个转化率之比为

$$\frac{\Gamma(p\to n)}{\Gamma(n\to p)}=\exp(-Q/k_{\rm B}T),\quad T=T_\nu. \tag{3.32}$$

把式 (3.32) 代入方程 (3.31)，得到热平衡时与时间无关的解为

$$\left(\frac{X_n}{X_p}\right)_{\text{热平衡}}=\frac{X_n}{1-X_n}=\exp(-Q/k_{\rm B}T). \tag{3.33}$$

由于 T 及 T_ν 不相等且是时间的函数，X_n/X_p 要偏离这个平衡值. 在温度远大于中子-质子质量差时，中子与质子丰度相等. 当 $k_{\rm B}T\gg Q$，积分表达式 (3.29) 和 (3.30) 可以通过让 $T_\nu=T$ 及 $Q=m_e=0$ 而求出

$$\begin{aligned}\Gamma(n\to p)=\Gamma(p\to n)&=A\int_{-\infty}^{\infty}\frac{q^4{\rm d}q}{(1+{\rm e}^{q/k_{\rm B}T})(1+{\rm e}^{-q/k_{\rm B}T})}\\&=0.4{\rm s}^{-1}\left(\frac{T}{10^{10}{\rm K}}\right)^5.\end{aligned} \tag{3.34}$$

和宇宙的膨胀速度 (3.11) 比较，发现

$$\frac{\Gamma}{H}\approx 0.8\times\left(\frac{T}{10^{10}{\rm K}}\right)^3. \tag{3.35}$$

当温度 $T>1.1\times10^{10}$K 时，这个比值大于 1. 当然这个下限温度不比 $Q/k_{\rm B}$ 大多少，而且这个时候的 T_ν 不完全等于 T，所以转化率 $\Gamma(p\to n)$ 及 $\Gamma(n\to p)$ 不完全相等，而且不取式 (3.34) 中的值. 然而式 (3.34) 给出了在这个温度附近的这些转化率的数量级，因此仍然可以相信温度低到这个值时弱相互作用率比宇宙的膨胀速度大这一结论，中子与质子比等于平衡时的值. 这意味着在温度高于 3×10^{10}K 时，方程 (3.31) 右边的初始值应该为 0，

$$X_n\to\frac{\Gamma(p\to n)}{\Gamma(p\to n)+\Gamma(n\to p)}=\frac{1}{1+\exp(Q/k_{\rm B}T)}. \tag{3.36}$$

如果 X_n 大于或小于这个值，方程 (3.31) 右边是大的负值或正值，这样 X_n 将很快趋于平衡值 (3.36). 注意, 这些结果是基于高温情况下轻子化学势为 0 的条件下得到的. 当温度降到 10^{10}K 与 3×10^9K 之间时，电子-正电子对消失了，中子和质子参与的两体和三体反应中，中子-质子转化率小于宇宙膨胀率，中子-质子比值被冻结为

$$\left(\frac{X_n}{X_p}\right)_{\text{冻结}}=\frac{X_n}{1-X_n}=\exp(-Q/k_{\rm B}T_F)\approx1/6,\quad k_{\rm B}T_F\approx1\ {\rm Mev}.$$

这时中子-质子的相互转化主要通过中子衰变来延续，中子的半衰期为 $\tau_n = 885.7 \pm 0.9\text{s}$，所以中子的丰度可以用下式拟合为[14]，

$$X_n \to 0.1609 \exp\left(-\frac{t}{885.7\text{s}}\right). \tag{3.37}$$

3.3.3　轻元素的合成

知道了中子及质子的丰度后，可以计算处于热平衡原子核的丰度值. 在我们感兴趣的时期 (电子 - 正电子湮灭后) 温度 T 按 $1/a$ 下降，方程 (3.26) 可以写成

$$\epsilon = 1.46 \times 10^{-12} \left(\frac{T}{10^{10}\text{K}}\right)^{3/2} \Omega_b h^2,$$

所以系数 ϵ 非常小. 在温度 T 降到

$$T_i \approx \frac{B_i}{k_B(A_i - 1)|\ln \epsilon|},$$

之前核子 i 几乎不出现. 如果取 $\Omega_b h^2 \approx 0.02$，对于氘而言这个温度 T_D 为 $0.75 \times 10^9\text{K}$，对于 ^3H 而言这个温度为 $1.4 \times 10^9\text{K}$，对于 ^3He 而言这个温度为 $1.3 \times 10^9\text{K}$，对于 ^4He 而言这个温度为 $3.1 \times 10^9\text{K}$. 更重原子核的每个核子的结合能与 ^4He 类似，它们有相似的 T_i 值. 但是实际情况并非如此，因为这个时候的重子密度对于除两体反应之外的任何反应都太低而不能赶上宇宙的膨胀速率，所以核子要通过两体反应链产生：先是 $\text{p} + \text{n} \longrightarrow \text{d} + \gamma$，然后是 $\text{d} + \text{d} \to {}^3\text{H} + \text{p}$ 和 $\text{d} + \text{d} \to {}^3\text{He} + \text{n}$，最后是 $\text{d} + {}^3\text{H} \to {}^4\text{He} + \text{n}$ 和 $\text{d} + {}^3\text{He} \to {}^4\text{He} + \text{p}$ 以及一些有光子参与的更慢的过程. 对于第一个过程没有任何困难，每个自由中子产生氘的速率为

$$\begin{aligned} \Gamma_d &= 4.55 \times 10^{-20}\ \text{cm}^3/\text{s} \times n_p = 511\ \text{s}^{-1} \left(\frac{a}{10^{-9} a_0}\right)^{-3} X_p \Omega_b h^2 \\ &= 2.52 \times 10^4\ \text{s}^{-1} \left(\frac{T}{10^{10}\text{K}}\right)^3 X_p \Omega_b h^2. \end{aligned} \tag{3.38}$$

在温度降到 10^9K 前 Γ_d/H 大于 1. 在感兴趣的温度范围内，氘的丰度可以用其平衡值 (3.24) 很好地近似，

$$X_d = 3\sqrt{2} X_p X_n \epsilon \exp\left(\frac{B_d}{k_\text{B} T}\right). \tag{3.39}$$

实际困难在于因为氘的结合能小 ($B_d = 2.23\text{Mev}$)，温度 $T_d \approx 0.7 \times 10^9\text{K}$ 太低，所以在处于热平衡中的 ^4He 大量出现后的很长时间内氘都会很稀少. 由于氘的稀少，两氘过程 $\text{d} + \text{d} \to {}^3\text{H} + \text{p}$ 和 $\text{d} + \text{d} \to {}^3\text{He+n}$ 的反应率很小，从而阻止了进一步的核合成. 当温度最终降低到 T_d 时，中子会迅速组合成结构稳定的轻元素 ^4He. 由

于原子数在 5~8 范围内的结构稳定的元素不存在，因此更进一步的宇宙学核合成被阻止了. 所以作为一个良好的近似，在氘的数量足够多而使得更重的原子核能够形成的时候，因为 ^{4}He 由两个质子和两个中子构成，在早期宇宙中形成的 ^{4}He 所占的比重 Y 等于由中子组成的所有核子比重 X_n 的 2 倍，$Y_p \approx 2X_n$①.

氦合成的温度实际发生在 T_d 以上. 氘合成更重核子的第一步是 $\mathrm{d+d} \to {}^3\mathrm{H+n}$ 和 $\mathrm{d+d} \to {}^3\mathrm{He+n}$，在感兴趣的温度范围内，

$$\langle\sigma(\mathrm{d+d} \to {}^3\mathrm{H+p})v\rangle \approx 1.8 \times 10^{-17}\ \mathrm{cm^3/s},$$
$$\langle\sigma(\mathrm{d+d} \to {}^3\mathrm{He+n})v\rangle \approx 1.6 \times 10^{-17}\ \mathrm{cm^3/s}.$$

这些过程总的发生率为

$$\begin{aligned}\Gamma &= [\langle\sigma(\mathrm{d+d} \to {}^3\mathrm{H+p})v\rangle + \langle\sigma(\mathrm{d+d} \to {}^3\mathrm{He+n})v\rangle]X_d \mathrm{n_N} \\ &\approx 1.9 \times 10^7 (T/10^{10}\mathrm{K})^3 (\Omega_b h^2) X_d\ \mathrm{s}^{-1}.\end{aligned} \tag{3.40}$$

与电子-正电子湮灭后的宇宙膨胀率 (3.17)

$$H = \frac{1}{2t} = 0.28(T/10^{10}\mathrm{K})^2\ \mathrm{s}^{-1}, \tag{3.41}$$

相比较，在温度为 10^9K 附近，当 $X_d \approx 1.2 \times 10^{-7}/\Omega_b h^2$ 时，即若 $\Omega_b h^2 = 0.02$，$X_d \approx 0.6 \times 10^{-5}$ 时，$\Gamma = H$，此时氘瓶颈打开了. 更精确的数值计算表明氘丰度取这个值的温度为 10^9K 左右，而不是 $T_d \approx 0.75 \times 10^9$K，即核合成开始的时间 t 为 168s. 所以

$$Y_p \approx 2X_n = 2 \times 0.1609 \times \exp(-168/885.7) \approx 0.27. \tag{3.42}$$

利用 WMAP5 年数据给出的重子数密度 $\Omega_b h^2 = 0.02273 \pm 0.00062$，更加精确的计算出 $Y_p = 0.2486 \pm 0.0002$，D/H$= (2.49 \pm 0.17) \times 10^{-5}$，^{3}He/H$= (1.00 \pm 0.07) \times 10^{-5}$[88]. ^{7}Li 的丰度对核物理及 η 更加敏感，其结果为 ^{7}Li/H$\approx (5.24^{+0.71}_{-0.67}) \times 10^{-10}$. 计算得到的各轻元素的丰度见图 3.1.

原初 ^{4}He/H 值可以从银河系外的低金属 (核子数小的元素)HII 区域及致密蓝色星团中的氢与氦的发射线的观测中测量出，两个不同的小组多年来一直在进行关于这方面的分析，他们分别得到 $Y_p \approx 0.2477 \pm 0.0029$[89] 及 $Y_p \approx 0.2516 \pm 0.0011$[90].

① 总核子数密度 $n_\mathrm{N} = 4n_\mathrm{He} + n_\mathrm{H}$，中子数比重 $X_n = 2n_\mathrm{He}/n_\mathrm{N}$，则 ^{4}He 质量丰度 $Y = 4n_\mathrm{He}/n_\mathrm{N} = 2X_n$

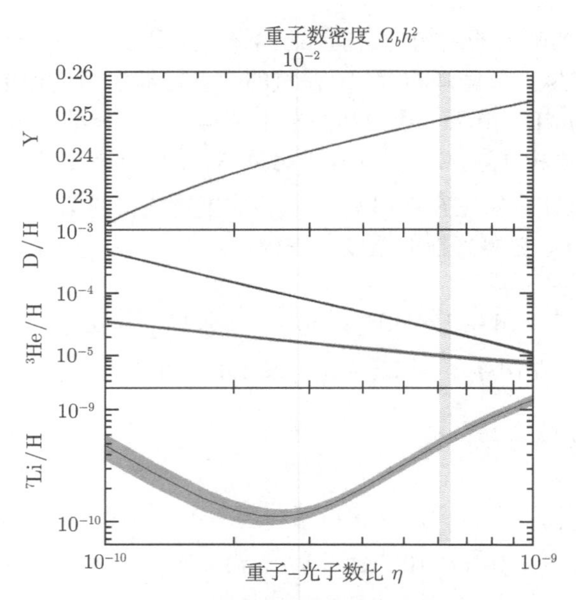

图 3.1　轻元素随重子数密度的变化图

带宽表示计算结果的 1σ 误差, 黄色竖带表示 WMAP5 年给出的 η 值. 本图取自文献 [88]

D/H 比值可以通过测量类星体中低金属吸收线系统 (quasar absorption line system, QALS) 而得到，现在只有 6~8 个决定 D/H 比值的 QALS，这些测量得到的平均值为 $(2.68-2.82\pm0.2-0.3)\times10^{-5}$ [91−93].

^{3}He/H 比值可以在银行系 HII 区域和行星状星云中测量. ^{3}He 的化学演化比较复杂，它会在一些星体中产生，也会在一些星体中消灭，而星体中的氘会消耗质子的能量而产生 ^{3}He，所以这些测量值不一定是原初值. 这些观测结果为 $(\mathrm{D}+{}^3\mathrm{He})/\mathrm{H}\approx(3.6\pm0.5)\times10^{-5}$ [94].

^{7}Li 可以通过 $^3\mathrm{H}+{}^4\mathrm{He}\rightarrow{}^7\mathrm{Li}+\gamma$ 直接产生，也可以通过 $^3\mathrm{He}+{}^4\mathrm{He}\rightarrow{}^7\mathrm{Be}+\gamma$ 及 $\mathrm{e}^-+{}^7\mathrm{Be}\rightarrow\nu+{}^7\mathrm{Li}$ 这两个过程间接产生. 当然，^{7}Li 也会通过 $\mathrm{p}+{}^7\mathrm{Li}\rightarrow{}^4\mathrm{He}+{}^4\mathrm{He}$ 这个过程湮灭. ^{7}Li/H 比值可以通过银河晕星中的低金属的吸收线来测量，其观测值为 $1.23^{+0.68}_{-0.32}\times10^{-10}$[95]. 这个值和理论计算值有一定的差异，这也被称为“锂问题”. 目前除了这个问题还没有解决之外，利用 WMAP5 年数据测量出的重子数与光子数之比 $\eta=(6.23\pm0.17)\times10^{-10}$ 而计算出的其他轻元素的丰度值与观测值吻合得很好.

第 4 章　宇宙学微扰理论

尽管宇宙在大尺度上是均匀各向同性的，但是在小尺度上，宇宙中存在着结构. 这一章我们主要研究这些结构是如何在引力的作用下，经由小的扰动演化形成的. 宇宙学的微扰研究可以通过把复杂的爱因斯坦场方程线性化来进行，可喜的是宇宙学微扰中的大部分物理精髓体现在牛顿引力的微扰理论中.

4.1　金 斯 理 论

首先从牛顿引力理论微扰的研究开始. 对于处于引力势 ϕ 中的密度为 ρ，压强为 p，运动速度为 $\boldsymbol{v}$ 的流体，它满足连续性方程

$$\dot{\rho} + \boldsymbol{\nabla} \cdot (\rho \boldsymbol{v}) = 0, \tag{4.1}$$

欧拉方程

$$\dot{\boldsymbol{v}} + (\boldsymbol{v} \cdot \boldsymbol{\nabla})\boldsymbol{v} + \frac{1}{\rho}\boldsymbol{\nabla} p + \boldsymbol{\nabla}\phi = 0, \tag{4.2}$$

泊松方程

$$\nabla^2\phi = 4\pi G\rho, \tag{4.3}$$

以及熵守恒方程

$$\dot{s} + (\boldsymbol{v} \cdot \boldsymbol{\nabla})s = 0. \tag{4.4}$$

先考虑均匀静态的流体，则上述方程 (4.1)~(4.4) 有平庸常数解

$$\rho = \rho_0, \quad p = p_0, \quad \boldsymbol{v} = 0, \quad \boldsymbol{\nabla}\phi_0 = 0, \quad s = s_0. \tag{4.5}$$

事实上，在方程 (4.1)~(4.4) 中，如果 $\rho_0 \neq 0$，则引力势 ϕ 将是空间坐标的函数，从而使得 $\boldsymbol{\nabla}\phi_0 \neq 0$. 换句话说，密度均匀分布的流体没有稳态解. 尽管如此，还是以此为例来寻找在 (错误的) 静态背景下的微扰解：$\rho = \rho_0 + \delta\rho$，$p = p_0 + \delta p$，$\boldsymbol{v} = \delta\boldsymbol{v}$，$\phi = \phi_0 + \delta\phi$，$s = s_0 + \delta s$，从而得到微扰的一些普遍性质. 把这些微扰解代入方程 (4.1)~(4.4) 中，准确到一阶量时有

$$\dot{\delta\rho} + \rho_0 \boldsymbol{\nabla} \cdot \delta\boldsymbol{v} = 0, \tag{4.6}$$

$$\dot{\delta\boldsymbol{v}} + \boldsymbol{\nabla}\delta\phi + \frac{1}{\rho_0}c_s^2\boldsymbol{\nabla}\delta\rho + \frac{\sigma}{\rho_0}\boldsymbol{\nabla}\delta s = 0, \tag{4.7}$$

$$\nabla^2 \delta\phi = 4\pi G\delta\rho, \tag{4.8}$$

$$\dot{\delta s} = 0, \tag{4.9}$$

其中, 我们用到了关系式 $\delta p = c_s^2\delta\rho + \sigma\delta s$. 把上述方程重新组合后，便可得到一个关于密度扰动的二阶微分方程

$$\ddot{\delta\rho} - c_s^2\nabla^2\delta\rho - 4\pi G\rho_0\delta\rho = \sigma\nabla^2\delta s. \tag{4.10}$$

从上述方程可以看出，如果熵扰动 $\delta s \neq 0$，则熵扰动会成为密度扰动的源. 为讨论方便起见，下面只讨论绝热扰动 $\delta s = 0$. 如果引入量 $\delta = \delta\rho/\rho_0$，则方程 (4.10) 可以写成

$$\ddot{\delta} - c_s^2\nabla^2\delta - 4\pi G\rho_0\delta = 0. \tag{4.11}$$

很显然，方程 (4.11) 有波动形式的解 $\delta = \delta_k \exp(\mathrm{i}\boldsymbol{k}\cdot\boldsymbol{x} - \mathrm{i}\omega t)$，而且满足色散关系 $\omega^2 = k^2c_s^2 - 4\pi G\rho_0$. 定义金斯 (Jeans) 波数[96]

$$k_J = \left(\frac{4\pi G\rho_0}{c_s^2}\right)^{1/2}. \tag{4.12}$$

则在长波情况下，$k < k_J$，ω 是一个虚数，密度扰动 $\delta\rho$ 或 δ 可以是指数增长或衰减的. 在短波情况下，$k > k_J$，ω 是一个实数，密度扰动 $\delta\rho$ 或 δ 是以速度 c_s 传播的声波. 在辐射为主时期，$c_s = c/\sqrt{3}$，金斯波长接近于视界的尺寸，在辐射 - 物质相等的时刻，声速开始减小，金斯波长达到最大. 在辐射 - 物质相等的时刻 $z_{\rm eq}$ 下，共动视界是一个重要的尺度.

4.2 牛顿理论中的线性微扰动力学

4.1 节中提到基于静态各向同性背景的金斯理论是一个不自洽的理论，所以现在要考虑宇宙的膨胀. 在宇宙学背景下，物理距离 $\boldsymbol{r}$ 与共动距离 $\boldsymbol{x}$ 之间的关系为 $\boldsymbol{r} = a(t)\boldsymbol{x}$. 所以

$$\boldsymbol{u} = \frac{\mathrm{d}\boldsymbol{r}}{\mathrm{d}t} = \dot{a}\boldsymbol{x} + a\frac{\mathrm{d}\boldsymbol{x}}{\mathrm{d}t} = \boldsymbol{v}_b + \delta\boldsymbol{v}, \tag{4.13}$$

式中, 哈勃膨胀速度 $v_b = H(t)\boldsymbol{r}$. 另外，与背景宇宙共动的坐标系统里的时间导数和物理坐标系里的时间导数之间有如下关系:

$$\frac{\partial}{\partial t}\Big|_{(\boldsymbol{x},t)} = \frac{\partial}{\partial t}\Big|_{(\boldsymbol{r},t)} + H\boldsymbol{r}\cdot\boldsymbol{\nabla}. \tag{4.14}$$

利用上述特性，则物质连续性方程 (4.1) 的零阶方程变成了 $\dot{\rho}_b + 3H\rho_b = 0$. 这便是尘埃物质所满足的能量守恒方程，所以背景物质的能量密度的解为 $\rho_b \propto a^{-3}$. 同理

可以得到其他零阶解 $\boldsymbol{u}=\boldsymbol{v}_b=H\boldsymbol{r}$，$\phi=\phi_b=2\pi G\rho r^2/3$ 以及 $s=s_b$. 从物理坐标系里的方程 (4.1)~(4.4) 出发，可得到在共动坐标系下近似到一阶的微扰方程为

$$\delta\dot{\rho}+3H(t)\delta\rho+\rho_b\boldsymbol{\nabla}\cdot\delta\boldsymbol{v}=0, \tag{4.15}$$

$$\delta\dot{\boldsymbol{v}}+H(t)\delta\boldsymbol{v}+\frac{1}{\rho_b}\boldsymbol{\nabla}\delta p+\boldsymbol{\nabla}\delta\phi=0, \tag{4.16}$$

$$\delta\dot{s}=0, \tag{4.17}$$

$$\nabla^2\delta\phi=4\pi G\delta\rho. \tag{4.18}$$

这里微分算符 $\boldsymbol{\nabla}$ 是对物理距离求微分算符 $\boldsymbol{\nabla}|_r$. 比较方程组 (4.15)~(4.18) 和方程组 (4.6)~(4.9)，便可发现由于宇宙的膨胀，在方程 (4.15) 和 (4.16) 中分别多了一项阻尼项 $3H(t)\delta\rho$ 和 $H(t)\delta\boldsymbol{v}$，正是因为阻尼项的出现，后面可以看到密度扰动由指数增长变成了幂次增长.

对于矢量模式 $\delta\boldsymbol{v}$，可以把它分解为无旋部分及有旋部分，$\delta\boldsymbol{v}=\delta\boldsymbol{v}_{//}+\delta\boldsymbol{v}_{\perp}$，其中, $\boldsymbol{\nabla}\times\delta\boldsymbol{v}_{//}=0$, $\boldsymbol{\nabla}\cdot\delta\boldsymbol{v}_{\perp}=0$，无旋部分可以表达为一个标量场的梯度. 而对于有旋部分，方程 (4.16) 成为

$$\delta\dot{\boldsymbol{v}}_{\perp}+\frac{\dot{a}}{a}\delta\boldsymbol{v}_{\perp}=0. \tag{4.19}$$

所以有旋部分 $\delta\boldsymbol{v}_{\perp}$ 的解正比于 a^{-1}，对于膨胀的宇宙，此为衰减解. 这可以理解为角动量守恒，宇宙的总角动量 $L=\rho a^3 v_{\perp}a$，所以角动量守恒给出 $v_{\perp}\propto a^{-1}$. 这样的解我们不感兴趣，所以不再讨论. 对应无旋部分 $\delta\boldsymbol{v}_{//}$，由方程 (4.15) 可知, $\mathrm{i}\boldsymbol{k}\cdot\delta\boldsymbol{v}_{//}=-\dot{\delta}$. 通常定义速度微扰的标量模式 V 为 $k\delta\boldsymbol{v}_{//}=-\mathrm{i}\boldsymbol{\nabla}V=\boldsymbol{k}V$，则 $V=\mathrm{i}\dot{\delta}/k$.

对方程 (4.15) 求时间导数，及对方程 (4.16) 求散度，并利用方程 (4.18) 得到一个关于密度扰动的二阶微分方程，

$$\delta\ddot{\rho}+3\dot{H}\delta\rho+8H\delta\dot{\rho}+15H^2\delta\rho-4\pi G\rho_b\delta\rho-c_s^2\nabla^2\delta\rho=\sigma\nabla^2\delta s, \tag{4.20}$$

注意在共动坐标系下，$\boldsymbol{\nabla}|_r=a^{-1}\boldsymbol{\nabla}|_x$，$\boldsymbol{r}\cdot\boldsymbol{\nabla}|_r=\boldsymbol{x}\cdot\boldsymbol{\nabla}|_x$，所以 $\dot{\boldsymbol{\nabla}}=-H\boldsymbol{\nabla}$. 换成 $\delta(t,\boldsymbol{r})=\delta\rho/\rho_b$ 的方程，则有

$$\ddot{\delta}(t,\boldsymbol{r})+2H\dot{\delta}(t,\boldsymbol{r})-4\pi G\rho_b\delta(t,\boldsymbol{r})-c_s^2\nabla^2\delta(t,\boldsymbol{r})=\frac{\sigma}{\rho_b}\nabla^2\delta s. \tag{4.21}$$

同样熵扰动会导致密度扰动. 下面还是先讨论绝热扰动 $\delta s=0$ 的情况. 令 $\delta(t,\boldsymbol{r})=\delta(t)\exp(\mathrm{i}\boldsymbol{k}\cdot\boldsymbol{r})=\delta(t)\exp(\mathrm{i}\boldsymbol{q}\cdot\boldsymbol{x})$，其中，$\boldsymbol{k}=\boldsymbol{q}/a$，则方程 (4.21) 成为

$$\ddot{\delta}(t)+2\frac{\dot{a}}{a}\dot{\delta}(t)+\left(\frac{q^2c_s^2}{a^2}-4\pi G\rho_b\right)\delta(t)=0. \tag{4.22}$$

因为式 (4.22) 中含有标度因子 $a(t)$，所以密度扰动的解依赖于背景宇宙学的演化.

4.2.1 物质为主时期的密度扰动

我们先看一看平空间中的物质为主时期的密度扰动特性. 在这个时期,

$$\rho_b = \frac{1}{6\pi G t^2}, \tag{4.23}$$

$$a(t) = a_0 \left(\frac{t}{t_0}\right)^{2/3}, \tag{4.24}$$

$$\frac{\dot{a}}{a} = \frac{2}{3t}, \tag{4.25}$$

假定物质是由质量为 m 的单原子粒子组成, 则声速是

$$c_s = \left(\frac{5k_\mathrm{B}T_m}{3m}\right)^{1/2} = \left(\frac{5k_\mathrm{B}T_{0m}}{3m}\right)^{1/2} \frac{a_0}{a}. \tag{4.26}$$

把这些结果 (4.23)~(4.26) 代入方程 (4.22), 则可得到

$$\ddot{\delta} + \frac{4}{3}\frac{\dot{\delta}}{t} - \frac{2}{3t^2}\left(1 - \frac{c_s^2 k^2}{4\pi G \rho_b}\right)\delta = 0. \tag{4.27}$$

定义金斯波长 $\lambda_J = c_s(\pi/G\rho)^{1/2}$, 当 $k \to 0$, 即在长波近似 $\lambda \gg \lambda_J$ 下, 可以用幂次形式的试探解 $\delta \propto t^n$ 来解上述方程, 其中, n 是常数. 把这个解代入方程 (4.27), 则得到两个模式的解, 一个是增长模式,

$$\delta_+ \propto t^{2/3} \propto a(t), \tag{4.28}$$

而另一个是衰减模式,

$$\delta_- \propto t^{-1}. \tag{4.29}$$

由泊松方程 (4.18) 可知, 微扰势 Φ 满足 $-q^2\Phi/a^2 \propto \rho\delta$, 对于增长模式, $\Phi \propto \rho a^2 \delta_+$ 是一个常数, 即视界外的微扰势是一个常数.

同样, 在短波近似 $\lambda \ll \lambda_J$ 下, 密度扰动是振动形式, 由于这时声速及背景密度都是时间的函数, 所以解要复杂一些, 要对具体问题做具体分析.

4.2.2 辐射为主时期的密度扰动

辐射 (更一般物质) 满足的流体方程为

$$\dot{\rho} + \boldsymbol{\nabla} \cdot [(\rho + p)\boldsymbol{v})] = 0, \tag{4.30}$$

$$\dot{\boldsymbol{v}} + (\boldsymbol{v} \cdot \boldsymbol{\nabla})\boldsymbol{v} + \frac{1}{\rho + p}\boldsymbol{\nabla} p + \boldsymbol{\nabla}\phi = 0, \tag{4.31}$$

$$\nabla^2 \phi = 4\pi G(\rho + 3p). \tag{4.32}$$

采用前面类似的方法，可以得到辐射密度扰动 δ^r 所满足的方程

$$\ddot{\delta}^r + 2\frac{\dot{a}}{a}\dot{\delta}^r + \left(\frac{c_s^2 q^2}{a^2} - \frac{32}{3}\pi G\rho_b\right)\delta^r = 0. \tag{4.33}$$

由于辐射物质满足 $\rho_r = 3p_r$，所以辐射物质的声速为 $c_s^2 = 1/3$. 平坦空间中辐射为主时期的宇宙学背景解为

$$\rho_b = \rho_r = \frac{3}{32\pi G t^2}, \tag{4.34}$$

$$a = a_{\text{eq}}\left(\frac{t}{t_{\text{eq}}}\right)^{1/2}, \tag{4.35}$$

$$\frac{\dot{a}}{a} = \frac{1}{2t}. \tag{4.36}$$

把这些解代入方程 (4.33) 中，则得到

$$\ddot{\delta}^r + \frac{\dot{\delta}^r}{t} - \frac{1}{t^2}\left(1 - \frac{3c_s^2 k^2}{32\pi G\rho_r}\right)\delta^r = 0. \tag{4.37}$$

在长波近似下，$\lambda \gg \lambda_J^r = (\pi/8G\rho_r)^{1/2}$，$k \to 0$，密度扰动方程 (4.37) 有增长模式的解

$$\delta_+^r \propto t \propto a^2, \tag{4.38}$$

和衰减模式的解

$$\delta_-^r \propto t^{-1}. \tag{4.39}$$

对于更一般的物态方程参数为 w 的物质而言，其在平直空间中密度扰动的增长及衰减解分别为

$$\delta_+ \propto t^{2(1+3w)/3(1+w)} \propto a^{1+3w}, \tag{4.40}$$

$$\delta_- \propto t^{-1}. \tag{4.41}$$

对于增长模式，$\Phi \propto \rho a^2 \delta_+$ 保持为一个常数. 上述讨论的结果是在牛顿引力理论框架下的结果. 这些结果并不适用于视界外的微扰势发生变化的扰动.

4.3 自求解方法

辐射和物质为主时期的物质密度扰动有解析解，对于更一般的背景时空物质的密度扰动不一定有解析解. 泽尔多维奇和巴伦布莱特 (Barenblatt) 在 1958 年率先提出一种长波近似下微扰演化方程的自求解方法[97]. 这种方法基于伯克霍夫 (Birkhoff) 定理[98]：球对称物质分布内的球形空腔的时空几何是平坦的 (爱因斯坦

方程的真空解). 把 Birkhoff 定理应用到宇宙学的微扰中，则得到直径为 $\lambda \gg \lambda_J$ 的球对称扰动, 以与背景宇宙学模型形式相同的方式进行演化，即宇宙中不同扰动部分可以看成相互独立的均匀宇宙. 在位置 $\boldsymbol{x}$ 的观察者所测量到的局域膨胀参数是

$$a = a_b(t)[1 - \epsilon(\boldsymbol{x}, t)]. \tag{4.42}$$

对于物态方程参数 w 为常数的物质，$\rho a^{3(1+w)}$ 是一个常数，所以物质扰动和标度因子扰动之间的关系为

$$\delta = 3(1+w)\epsilon. \tag{4.43}$$

假设弗里德曼方程的一系列解的形式是 $a(t, \alpha)$，其中, α 是一个参数. 因为

$$\delta a = -a\epsilon = \frac{\partial a}{\partial \alpha}\delta\alpha,$$

方程 (4.43) 告诉我们

$$\delta = -3(1+w)\frac{\delta\alpha}{a}\frac{\partial a}{\partial \alpha}. \tag{4.44}$$

而由弗里德曼方程可得到

$$t = \int^a \frac{\mathrm{d}a}{X^{1/2}} + \delta t_c, \tag{4.45}$$

其中, δt_c 是一个积分常数，而且

$$X = \dot{a}^2 = \frac{8\pi G}{3}\rho_b a^2 - K + \Lambda a^2,$$

这里的 $a(t)$ 和 $\rho_b(t)$ 是均匀背景模型中的量. 在方程 (4.45) 中固定时间 t 而对参数 δt_c 和 $-K$ 作微分得到

$$0 = -\frac{1}{X^{1/2}}\frac{\partial a}{\partial K} - \frac{1}{2}\int^a \frac{\mathrm{d}a}{X^{3/2}}, \quad 0 = \frac{1}{X^{1/2}}\frac{\partial a}{\partial \delta t_c} + 1. \tag{4.46}$$

把上述方程 (4.46) 代入方程 (4.44) 中，则可得到膨胀宇宙中的扰动的增长解

$$\begin{aligned}\delta_1(t) &= -3(1+w)\frac{\partial a}{\partial K}\frac{\delta K}{a}\\ &= \frac{3(1+w)X^{1/2}\delta K}{2a}\int^a \frac{\mathrm{d}a}{X^{3/2}} \propto \frac{5}{2}\Omega_m H(a)\int^a \frac{\mathrm{d}a}{X^{3/2}},\end{aligned} \tag{4.47}$$

及衰减解

$$\begin{aligned}\delta_2(t) &= -3(1+w)\frac{\partial a}{\partial \delta t_c}\frac{\delta t_c}{a}\\ &= 3(1+w)\frac{X^{1/2}\delta t_c}{a} \propto \frac{X^{1/2}}{a} = H(t).\end{aligned} \tag{4.48}$$

对于物质为主的平坦宇宙，$X \propto 1/a$，所以

$$\delta_1(t) \propto a^{-3/2} \int^a a^{3/2} \mathrm{d}a \propto a,$$

$$\delta_2(t) \propto H(t) \propto 1/t.$$

这和前面的结果是一致的.

而对于辐射为主的平坦宇宙，$X \propto a^{-2}$, 所以

$$\delta_1(t) \propto a^{-2} \int^a a^3 \mathrm{d}a \propto a^2,$$

$$\delta_2(t) \propto H(t) \propto 1/t.$$

这也和前面的结果相一致.

4.4 增 长 因 子

对于包含宇宙学常数等奇异物质的更一般宇宙学模型，物质的密度扰动解也可以通过增长因子来获得. 对于长波 $\lambda \gg \lambda_J$，方程 (4.22) 在 $\Omega_0 \neq 1$ 的模型中也有解析解. 把 $K = 1$ ($\Omega_0 > 1$)，$p = 0$ 的参数解 (1.56) 及 (1.57)，

$$a(\theta) = a_0 q_0 (2q_0 - 1)^{-1} (1 - \cos\theta),$$

$$H_0 t = q_0 (2q_0 - 1)^{-3/2} (\theta - \sin\theta),$$

$$\rho = \frac{3H_0^2 (2q_0 - 1)^3}{4\pi G q_0^2 (1 - \cos\theta)^3},$$

代入方程 (4.22) 中，可以得到方程

$$(1 - \cos\theta) \frac{\mathrm{d}^2\delta}{\mathrm{d}\theta^2} + \sin\theta \frac{\mathrm{d}\delta}{\mathrm{d}\theta} - 3\delta = 0. \tag{4.49}$$

该方程有如下形式的解

$$\delta_+ \propto -\frac{3\theta \sin\theta}{(1 - \cos\theta)^2} + \frac{5 + \cos\theta}{1 - \cos\theta}, \tag{4.50}$$

$$\delta_- \propto \frac{\sin\theta}{(1 - \cos\theta)^2}. \tag{4.51}$$

注意到哈勃参数

$$H(\theta) = \frac{H_0 (2q_0 - 1)^{3/2}}{q_0} \frac{\sin\theta}{(1 - \cos\theta)^2},$$

上述解也可直接从方程 (4.47) 及 (4.48) 得到. 另外，我们发现 $\Omega_m = 2(1-\cos\theta)/\sin^2\theta \approx 1+\theta^2/4$，这里的近似是在 θ 很小的情况下取的.

同理，把 $K=-1$ ($\Omega_0<1$)，$p=0$ 的参数解 (1.53) 及 (1.54)，

$$a(t) = a_0 q_0 (1-2q_0)^{-1}(\cosh\psi - 1),$$

$$H_0 t = q_0(1-2q_0)^{-3/2}(\sinh\psi - \psi),$$

$$\rho = \frac{3H_0^2(1-2q_0)^3}{4\pi G q_0^2(\cosh\psi-1)^3},$$

代入方程 (4.22) 中，可以得到方程

$$(\cosh\psi - 1)\frac{\mathrm{d}^2\delta}{\mathrm{d}\psi^2} + \sinh\psi\frac{\mathrm{d}\delta}{\mathrm{d}\psi} - 3\delta = 0. \tag{4.52}$$

该方程有如下形式的解

$$\delta_+ \propto -\frac{3\psi\sinh\psi}{(1-\cosh\psi)^2} + \frac{5+\cosh\psi}{\cosh\psi - 1}, \tag{4.53}$$

$$\delta_- \propto \frac{\sinh\psi}{(1-\cosh\psi)^2}. \tag{4.54}$$

同样上述解也可直接从方程 (4.47) 及 (4.48) 得到. 如果忽略辐射的贡献，在长波近似下，物质密度扰动的增长解可以表达成[99]

$$\delta_+(a) = \frac{5}{2}\Omega_{m0}H_0^2 H(a)\int_0^a \frac{\mathrm{d}a}{\dot{a}^3}. \tag{4.55}$$

对于包括普通尘埃物质及物态方程参数为常数 w 的物质的宇宙学模型，方程 (4.55) 的解为

$$\delta_+(a) = a_2F_1\left[-\frac{1}{3w}, \frac{w-1}{2w}, 1-\frac{5}{6w}, -a^{-3w}\frac{1-\Omega_{m0}}{\Omega_{m0}}\right], \tag{4.56}$$

式中，${}_2F_1$ 为超几何函数. 对于一般情况，方程 (4.55) 有以下近似解[62, 72]

$$\delta_+(a) \approx \frac{5}{2}a\Omega_m\left[\Omega_m^{4/7} - \Omega_\Lambda + \left(1+\frac{\Omega_m}{2}\right)\left(1+\frac{\Omega_\Lambda}{70}\right)\right]^{-1}. \tag{4.57}$$

为了方便讨论微扰增长效应，通常引入增长因子，

$$f = \frac{\mathrm{d}\ln\delta_+}{\mathrm{d}\ln a}. \tag{4.58}$$

把解 (4.50) 代入增长因子的定义式可得[100]

$$f = \frac{-9\sin\theta + 3\theta(2+\cos\theta)}{5\sin\theta + \sin\theta\cos\theta - 3\theta(1+\cos\theta)} \approx 1 + \frac{1}{7}\theta^2 \approx \Omega_m^{4/7}. \tag{4.59}$$

方程 (4.59) 中的近似是在 θ 很小的情况下得到的. 对于宇宙学常数为零的模型，一个很好的近似是[5]

$$f(z=0) = -\frac{1}{2}\Omega_{m0} - 1 + \frac{5}{2}\Omega_{m0}^{3/2}/{}_2F_1\left(\frac{3}{2},\frac{5}{2},\frac{7}{2},1-\Omega_{m0}^{-1}\right) \approx \Omega_{m0}^{0.6}.$$

而对于宇宙学常数不为零的模型，一个很好的近似是[101]

$$f(z=0) \approx \Omega_{m0}^{0.6} + \frac{\Omega_{\Lambda 0}}{70}\left(1+\frac{1}{2}\Omega_{m0}\right),$$

$$f(z) = \Omega_m^{0.6}.$$

更一般地，利用增长因子 f 可以把物质密度的微扰方程 (4.22) 写成

$$\frac{\mathrm{d}f}{\mathrm{d}\ln a} + f^2 + \left(\frac{\dot{H}}{H^2}+2\right)f = \frac{3}{2}\frac{G_{\mathrm{eff}}}{G}\Omega_m, \tag{4.60}$$

式中, G_{eff} 代表修改引力理论中的有效引力常数，对于爱因斯坦广义相对论，$G_{\mathrm{eff}} = G$. 方程 (4.60) 一般需要通过数值求解的方法来求解，幸运的是，对于空间平坦的宇宙，方程 (4.60) 有一个很好的近似解 $f \approx \Omega_m^{\gamma}$ [102].

对于一个包含物质和物态方程参数 w 几乎为常数的暗能量的平坦模型，$\Omega_m + \Omega_Q = 1$，微扰方程 (4.22) 可以写成[102]

$$3w\Omega_m(1-\Omega_m)\frac{\mathrm{d}f}{\mathrm{d}\Omega_m} + f\left[\frac{1}{2}-\frac{3}{2}w(1-\Omega_m)\right] + f^2 = \frac{3}{2}\Omega_m. \tag{4.61}$$

把近似解 $f = \Omega_m^{\gamma}$ 代入上述方程可得

$$3w(1-\Omega_m)\Omega_m\ln\Omega_m\frac{\mathrm{d}\gamma}{\mathrm{d}\Omega_m} - 3w\left(\gamma-\frac{1}{2}\right)\Omega_m + \Omega_m^{\gamma} - \frac{3}{2}\Omega_m^{1-\gamma} + 3w\gamma - \frac{3}{2}w + \frac{1}{2} = 0, \tag{4.62}$$

当 w 变化很慢，$|\mathrm{d}w/\mathrm{d}\Omega_m| \ll 1/(1-\Omega_m)$，把上述方程 (4.62) 在 $\Omega_m = 1$ 附近作泰勒展开，令 $x = 1-\Omega_m$，则 $\Omega_m = 1-x$. 在 $\Omega_m = 1$ 附近作泰勒展开变成了在 $x = 0$ 附近作泰勒展开，令 $\gamma = \gamma_0 + \gamma_1 x +, \cdots$，把方程中的 Ω_m^{γ} 和 $\ln\Omega_m$ 作展开后，则可得到增长指数[102,103]

$$\gamma = \frac{3(1-w)}{5-6w} + \frac{3}{125}\frac{(1-w)(1-3w/2)}{(1-6w/5)^2(1-12w/5)}(1-\Omega_m) + O[(1-\Omega_m)^2]. \tag{4.63}$$

对于暗能量为宇宙学常数的 (ΛCDM) 模型，$w=-1$，$\gamma = 6/11$. 由于不同的模型对应的增长指数 γ 不同，所以可以把增长指数 γ 看成是模型的特征参数而用来区分不同的模型. 如果宇宙的空间不是平坦的，$\Omega_k \neq 0$，则增长因子 f 可以近似为[103]

$$f \approx \Omega_m^{\gamma} + (\gamma - 4/7)\Omega_k. \tag{4.64}$$

这个近似给出的相对误差只有百分之几，如图 4.1 所示.

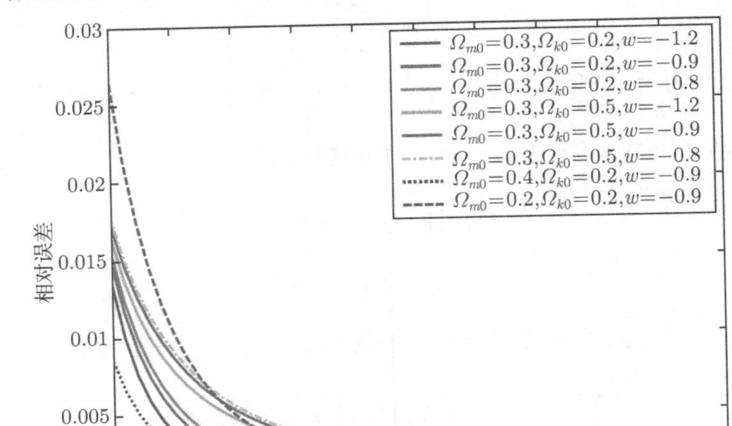

图 4.1　对于物态方程参数 w 几乎为常数的暗能量模型，用近似 (4.64) 所带来的相对误差

对于物态方程参数 w 几乎为常数的暗能量模型，增长指数

$$\gamma = \frac{3(1-w)}{5-6w}. \tag{4.65}$$

所以 ΛCDM 模型对应的 $\gamma = 6/11$. 对于修改的引力模型，如 DGP 模型，$\gamma = 11/16$.

4.5　微扰的非线性演化

本节主要讨论球对称扰动的非线性演化. 对于一个球对称的结构，根据 Birkhoff 定理可知球内的度规和检验粒子的运动不受球外物质分布的影响，从而球体内的时空和由 FRW 度规描述的均匀各向同性的宇宙一样，这样微扰区域可以看成一个有曲率的宇宙模型. 假设背景宇宙是物质为主的 Einstein-de Sitter 宇宙，根据线性微扰理论结果 (4.28) 及 (4.29) 得到

$$\delta(t) = \delta_+(t_i)\left(\frac{t}{t_i}\right)^{2/3} + \delta_-(t_i)\left(\frac{t}{t_i}\right)^{-1}, \tag{4.66}$$

$$V = i\frac{\dot{\delta}}{k} = \frac{i}{k_i t_i}\left[\frac{2}{3}\delta_+(t_i)\left(\frac{t}{t_i}\right)^{-1/3} - \delta_-(t_i)\left(\frac{t}{t_i}\right)^{-2}\right], \tag{4.67}$$

式中,“+”表示增长模式,“−”表示衰减模式,“i”表示相应物理量取其初始值. 边界条件 $V_i = 0$ 给出 $\delta_+(t_i) = 3\delta_i/5$，这里初始扰动 $\delta_i = \delta(t_i)$，而且 $H_i t_i = 2/3$. 随

着宇宙的演化，衰减模式变得很小可以被忽略，从而 $\delta(t) = 3\delta_i(t/t_i)^{2/3}/5$. 假设压强的梯度很小，且微扰区域是球对称的，则微扰区域的演化可以用一个均匀各向同性的闭宇宙模型来描述，只不过微扰区域的物质密度为

$$\Omega_p(t_i) = \frac{\rho_m(t_i)(1+\delta_i)}{\rho_c(t_i)} = \Omega_m(t_i)(1+\delta_i), \tag{4.68}$$

式中, 下标“p”代表和微扰相关的量. 所以微扰区域的膨胀方程为

$$\left(\frac{\dot{a}}{a_i}\right)^2 = H_i^2\left[\Omega_p(t_i)\frac{a_i}{a} + 1 - \Omega_p(t_i)\right]. \tag{4.69}$$

若 $\Omega_p(t_i) > 1$，即

$$\delta_+(t_i) = \frac{3}{5}\delta_i > \frac{3}{5}\frac{1-\Omega_m(t_i)}{\Omega_m(t_i)} = \frac{3}{5}\frac{1-\Omega_{m0}}{\Omega_{m0}(1+z_i)}, \tag{4.70}$$

则随着宇宙的膨胀，微扰区域将膨胀到最大，然后开始收缩，即微扰区域会坍缩成团并形成结构. 若 $\Omega_{m0} \geqslant 1$，如 $\Omega_{m0} = 1$ 的 Einstein-de Sitter 宇宙，则任意正扰动 $\delta \geqslant 0$ 区域都有可能成团. 若 $\Omega_{m0} < 1$，则只有超过临界值 $(1-\Omega_{m0})/\Omega_{m0}(1+z_i)$ 的微扰才有可能成团. 由式 (1.41)，式 (1.56) 及式 (1.57) 可知方程 (4.69) 的解为

$$a(\theta) = \frac{\Omega_p(t_i)}{2[\Omega_p(t_i)-1]}a_i(1-\cos\theta) = \alpha(1-\cos\theta), \tag{4.71}$$

$$t(\theta) = \frac{\Omega_p(t_i)}{2H_i[\Omega_p(t_i)-1]^{3/2}}(\theta - \sin\theta) = \beta(\theta - \sin\theta). \tag{4.72}$$

则微扰区域开始坍缩成团的时间为

$$t_m = \frac{\pi}{2H_i}\frac{\Omega_p(t_i)}{[\Omega_p(t_i)-1]^{3/2}} = \beta\pi. \tag{4.73}$$

此时微扰区域的物质能量密度为

$$\rho_p(t_m) = \rho_p(t_i)\left(\frac{a_i}{a_m}\right)^3 = \rho_c(t_i)\Omega_p(t_i)\left[\frac{\Omega_p(t_i)-1}{\Omega_p(t_i)}\right]^3 = \frac{3\pi}{32Gt_m^2}, \tag{4.74}$$

背景 Einstein-de Sitter 时空的物质能量密度为

$$\rho_m(t_m) = \frac{1}{6\pi Gt_m^2}. \tag{4.75}$$

所以在坍缩开始时刻 t_m，扰动区域的能量密度和背景时空的能量密度的比值为

$$\chi = \frac{\rho_p(t_m)}{\rho_m(t_m)} = \left(\frac{3\pi}{4}\right)^2 \approx 5.6, \tag{4.76}$$

对应于 $\delta_+(t_m)=\chi-1\approx 4.6$. 另一方面，把方程组 (4.71) 及 (4.72) 展开到 θ 的五阶得到[13, 8]

$$a(t)\approx\frac{\alpha}{2}\left(\frac{6t}{\beta}\right)^{2/3}\left[1-\frac{1}{20}\left(\frac{6t}{\beta}\right)^{2/3}\right], \tag{4.77}$$

式中, 第一项给出背景 Einstein-de Sitter 宇宙的解，第二项代表线性扰动的增长，因为

$$\frac{\delta a}{a}=-\frac{1}{20}\left(\frac{6t}{\beta}\right)^{2/3}. \tag{4.78}$$

所以物质的线性扰动增长为

$$\delta_+(t)=-\frac{3\delta a}{a}\approx\frac{3}{20}\left(\frac{6\pi t}{t_m}\right)^{2/3}. \tag{4.79}$$

按照线性微扰理论的结果外推得到的结果为

$$\delta_+(t_m)=\frac{3}{20}(6\pi)^{2/3}\approx 1.07. \tag{4.80}$$

这个值远小于实际值. 随后微扰区域会发生塌缩并成团，如果忽略压强效应而且球对称得以保持，则物质在 $2t_m$ 时间内将塌缩到中心点. 实际上由于冲击波效应将把坍缩的动能转化成随机热运动的热能而发生耗散，上面的情况不会发生，所以成团过程非常复杂，但最终会到达一个平衡态.

4.5.1　临界密度

假设成团过程中的冲击波效应很小，且最终达到平衡态的结构仍然保持球对称结构，利用维里定理可以得到该区域的总能量

$$E_{\rm vir}=-\frac{1}{2}\frac{3GM^2}{5R_{\rm vir}}=-\frac{3}{5}\frac{GM^2}{R_m},$$

式中, R_m 是膨胀到最大时刻 t_m 时球的半径，$R_{\rm vir}$ 为平衡态时该结构的半径，所以 $R_m=2R_{\rm vir}$，且 $\rho_p(t_{\rm vir})=8\rho_p(t_m)$. 通常假设在收缩到最小时刻 $t_c=2t_m$ 时，物质的密度达到 $\rho_p(t_{\rm vir})$，数值模拟的结果表明到达平衡态的时间 $t_{\rm vir}=3t_m$. 假如在时间 t_c 和 $t_{\rm vir}$ 之间背景宇宙仍然为 Einstein-de Sitter 宇宙，则扰动密度与背景时空密度之比为

$$\frac{\rho_p(t_c)}{\rho_m(t_c)}=2^2\times 8\chi\approx 180,\quad \frac{\rho_p(t_{\rm vir})}{\rho_m(t_{\rm vir})}=3^2\times 8\chi\approx 400. \tag{4.81}$$

而由线性微扰理论外推得到的结果为

$$\delta_+(t_c)\approx\frac{3}{5}\left(\frac{3}{4}\pi\right)^{2/3}2^{2/3}\approx 1.686, \tag{4.82}$$

$$\delta_+(t_{\rm vir})\approx\frac{3}{5}\left(\frac{3}{4}\pi\right)^{2/3}3^{2/3}\approx 2.20. \tag{4.83}$$

所以, 由线性理论外推得到的物质扰动形成结构的临界值为 $\delta(t_c) \approx 1.686$.

4.5.2 质量函数

宇宙中结构，如星系的质量函数 $n(M)$，也称为多重性 (multiplicity) 函数，定义为 $\mathrm{d}N = n(M)\mathrm{d}M$，即单位体积内质量为 M 与 $M + \mathrm{d}M$ 之间的结构数目. 因为

$$\Phi(L) = n(M)\frac{\mathrm{d}M}{\mathrm{d}L} \approx n(M)\langle M/L\rangle,$$

显然只要知道 M/L, 则质量函数和光度函数包含相同的信息. 但由于比值 M/L 具有很大的不确定性，实际上很难从光度函数的测量结果推算出质量函数. 而宇宙学中很多问题又需要用到质量函数的解析表达式. Press 与 Schechter 于 1974 年提出了一个模型用来推导 $n(M)$ 的解析表达式[104]. 尽管该模型简单而且有一些缺陷，但它现在仍然是一个用来解析计算 $n(M)$ 的可靠方法.

一个质量鼓包要发生塌缩，包含该质量区域的 $\delta > 0$ 的平均扰动需要超过某一个量级为 1 的临界值 δ_c. 这些坍缩物体的位置与性质可以用一个初始线性密度场的人为抹平 (smoothing) 及过滤 (filtering) 方法来估计. 假如, 过滤函数具有特征尺寸 R，则被过滤的扰动的典型尺寸为 R，质量为 M. Press-Schechter (PS) 方法考虑一个被半径 R，质量 M 过滤的密度扰动场 $\delta(\boldsymbol{x}, R) = \delta_M$. 如果密度场具有高斯分布，则扰动分布为

$$\mathscr{P}(\delta_M)\mathrm{d}\delta_M = \frac{1}{(2\pi\sigma_M^2)^{1/2}}\exp\left(-\frac{\delta_M^2}{2\sigma_M^2}\right)\mathrm{d}\delta_M. \tag{4.84}$$

任意给定点处于 $\delta > \delta_c$ 区域的概率为

$$P_{>\delta_c}(M) = \int_{\delta_c}^{\infty}\mathscr{P}(\delta_M)\mathrm{d}\delta_M = \frac{1}{2}\left[1 - \mathrm{erf}\left(\frac{\delta_c}{\sqrt{2}\sigma_M}\right)\right], \tag{4.85}$$

式中, 误差函数

$$\mathrm{erf}(y) = \frac{1}{\sqrt{2\pi}}\int_{-\sqrt{2}y}^{\sqrt{2}y}\exp(-x^2/2)\mathrm{d}x. \tag{4.86}$$

PS 模型认为这个概率正比于一个给定点刚好处于尺寸大于 R 的坍缩物体内的概率. 这实际上是假设在某个时刻只存在那些刚刚达到临界值 $\delta = \delta_c$ 的结构. 如果对于给定的 R, 这点的 $\delta > \delta_c$，则该点会在更大的尺寸上达到 $\delta = \delta_c$，所以它应该被看成是更大尺寸内的点. 为了找到具有质量 M 区域的数目，我们应该用 $P_{>\delta_c}(M)$ 减去 $P_{>\delta_c}(M + \mathrm{d}M)$. 在这个方法中，忽略了所谓的云中云问题：即在一个给定时刻，质量为 M 的非线性结构体会在这个时间之后包含在另一个具有更大尺寸的结构体中. 该方法的另一个问题是没有考虑 $\delta < 0$ 的区域. 由对称性可知, 另一半质

量没有被考虑，PS 方法只是简单地乘以一个因子 2 来解决这个问题. 所以

$$n(M)M\mathrm{d}M = 2\rho_m[P_{>\delta_c}(M) - P_{>\delta_c}(M+\mathrm{d}M)] = 2\rho_m\left|\frac{\mathrm{d}P_{>\delta_c}}{\mathrm{d}\sigma_M}\right|\left|\frac{\mathrm{d}\sigma_M}{\mathrm{d}M}\right|\mathrm{d}M. \tag{4.87}$$

如果质量扰动的均方根差值是质量的幂次形式，

$$\sigma_M = \left(\frac{M}{M_0}\right)^{-\alpha}, \tag{4.88}$$

利用方程 (4.84), (4.85), (4.87) 与 (4.88) 可得

$$\begin{aligned} n(M) &= \sqrt{\frac{2}{\pi}}\frac{\alpha\delta_c}{\sigma_M}\frac{\rho_m}{M^2}\exp\left(-\frac{\delta_c^2}{2\sigma_M^2}\right) \\ &= \sqrt{\frac{2}{\pi}}\frac{\alpha\rho_m}{M_*^2}\left(\frac{M}{M_*}\right)^{\alpha-2}\exp\left[-\left(-\frac{M}{M_*}\right)^{2\alpha}\right], \end{aligned} \tag{4.89}$$

式中, $M_* = (2/\delta_c^2)^{1/2\alpha}M_0$.

4.6　相对论微扰理论

宇宙学中的背景时空是由 FRW 度规描述的均匀各向同性的时空，而真实的时空会偏离这个背景时空. 由于偏离量很小，这些偏离可以看成是背景时空上的一个微扰. 度规的扰动可以分成三类：标量、矢量及张量扰动. 这个分类是根据这些量在三维空间坐标变换下的变换性质来决定的. 矢量扰动随着宇宙的膨胀而衰减，张量扰动导致引力波，而且引力波不与能量密度和压强的扰动耦合，所以矢量扰动和张量扰动都不会引起不稳定性. 然而，标量扰动会导致大尺度结构的形成，这节主要讨论标量扰动.

4.6.1　张量的分解

对于一个矢量 v_i，可以把它分解为纵向 v_i^S $(\nabla\times v^S=0)$ 和横向 v_i^V $(\nabla\cdot v^V=0)$ 两部分，

$$v_i = v_i^S + v_i^V,$$

式中, 纵向 v_i^S 为无旋部分，可以表达成一个标量的梯度，

$$v_i^S = -\frac{\mathrm{i}k_i}{k}V,$$

且横向部分有旋无源，$k_iv_i^V=0$. 这里上标 S 和 V 分别代表标量和矢量部分，即一个矢量可以分解成一个标量 V 的梯度和一个无源的矢量 v_i^V 两部分. 类似地，一个无迹对称二阶张量 Π_{ij} 可以分解成张量、矢量与标量三部分，

$$\Pi_{ij} = \Pi_{ij}^S + \Pi_{ij}^V + \Pi_{ij}^T,$$

式中，无迹标量部分 Π_{ij}^S 为

$$\Pi_{ij}^S = \left(-\frac{k_i k_j}{k^2} + \frac{1}{3}\delta_{ij}\right)\Pi,$$

无迹对称矢量部分 Π_{ij}^V 为

$$\Pi_{ij}^V = -\frac{i}{2k}(k_i\Pi_j + k_j\Pi_i),$$

且 $k_i\Pi_i = 0$，无迹对称张量部分满足 $k_i\Pi_{ij}^T = 0$. 这里上标 T 代表张量. 度规张量空间部分 h_{ij} 的标量微扰由有迹部分 h_i^i 及无迹标量 h_{ij}^S 两部分构成，$h_{ij} = h\gamma_{ij}/3 + h_{ij}^S$，通常写成

$$\begin{aligned} h_{ij}(\boldsymbol{x},\tau) &= \int \mathrm{d}^3 k \exp(\mathrm{i}\boldsymbol{k}\cdot\boldsymbol{x})\left[\hat{k}_i\hat{k}_j h(\boldsymbol{k},\tau) + \left(\hat{k}_i\hat{k}_j - \frac{1}{3}\delta_{ij}\right)6\eta(\boldsymbol{k},\tau)\right] \\ &= \int \mathrm{d}^3 k \exp(\mathrm{i}\boldsymbol{k}\cdot\boldsymbol{x})\left\{\frac{1}{3}\delta_{ij}h(\boldsymbol{k},\tau)\right. \\ &\quad \left. + \left(\hat{k}_i\hat{k}_j - \frac{1}{3}\delta_{ij}\right)[h(\boldsymbol{k},\tau) + 6\eta(\boldsymbol{k},\tau)]\right\}, \end{aligned} \tag{4.90}$$

式中，$\hat{k}_i = k_i/k$.

一个对称张量有 10 个独立分量，其中标量分量为 4 个，矢量分量为 4 个，张量分量为 2 个. 坐标变换有 4 个自由度，其中标量自由度为 2 个，矢量自由度为 2 个. 所以最终一个对称张量只有 6 个独立分量，其中标量分量 2 个，矢量分量 2 个，张量分量 2 个.

4.6.2 度规的标量扰动

度规微扰的标量模式最一般的形式是

$$\begin{aligned} \mathrm{d}s^2 =& a^2(\tau)\left\{-(1+2A)\mathrm{d}\tau^2 + 2\nabla_i B \mathrm{d}\tau \mathrm{d}x^i\right. \\ & \left. + \left[(1-2D)\gamma_{ij} + 2\left(\nabla_i\nabla_j - \frac{1}{3}\gamma_{ij}\nabla^2\right)E\right]\mathrm{d}x^i \mathrm{d}x^j\right\}. \end{aligned} \tag{4.91}$$

其中，$B_i = \nabla_i B$ 是移位 (shift) 函数，A 是流逝 (lapse) 函数，方括号中的项 $2(-D\gamma_{ij} + E_{ij})$ 给出了曲率微扰，且无迹张量

$$E_{ij} = \left(\nabla_i\nabla_j - \frac{1}{3}\gamma_{ij}\nabla^2\right)E = D_{ij}E.$$

由于还存在广义坐标变换不变性，上述 4 个标量场不是完全独立的. 广义坐标变换不变性会消除两个标量场的自由度，所以最终我们只有两个独立标量自由度. 为了

计算爱因斯坦张量的扰动，把度规写成 $g_{\mu\nu}=e_{\mu\nu}+h_{\mu\nu}$ 及 $g^{\mu\nu}=e^{\mu\nu}+h^{\mu\nu}$. 这里 $e_{\mu\nu}$ 是背景度规，

$$e_{00}=-a^2,\quad e_{ij}=a^2\gamma_{ij}=a^2\bar{g}_{ij},\quad e^{00}=-a^{-2},\quad e^{ij}=a^{-2}\gamma^{ij}. \tag{4.92}$$

利用变量 $\mathscr{H}=a'/a$，可以得到背景宇宙学所满足的方程

$$\mathscr{H}^2+K=\frac{8\pi G}{3}\rho a^2, \tag{4.93}$$

$$\frac{a''}{a}+K=\frac{4\pi G}{3}(\rho-3p)a^2. \tag{4.94}$$

式中 $'$ 表示对共形时间 τ 的导数. $h_{\mu\nu}$ 是度规的一阶微扰，

$$h_{00}=-2a^2A,\quad h_{0i}=a^2\partial_iB,\quad h_{ij}=2a^2(-D\gamma_{ij}+D_{ij}E), \tag{4.95}$$

$$h^{00}=2a^{-2}A,\quad h^{0i}=a^{-2}\nabla^iB,\quad h^{ij}=-2a^{-2}(-D\gamma^{ij}+D^{ij}E). \tag{4.96}$$

联络的一阶微扰为

$$\delta\Gamma^0_{00}=A',\quad \delta\Gamma^0_{0i}=\partial_iA+\mathscr{H}\partial_iB, \tag{4.97}$$

$$\delta\Gamma^0_{ij}=-2\mathscr{H}\gamma_{ij}A-\nabla_i\nabla_jB+2\mathscr{H}(-D\gamma_{ij}+D_{ij}E)-D'\gamma_{ij}+D_{ij}E', \tag{4.98}$$

$$\delta\Gamma^i_{00}=\nabla^iA+\mathscr{H}\nabla^iB+\nabla^iB',\quad \delta\Gamma^i_{0j}=-D'\delta^i_j+D^i_jE', \tag{4.99}$$

$$\begin{aligned}\delta\Gamma^i_{jk}=&-\mathscr{H}\gamma_{jk}\nabla^iB-\delta^i_j\partial_kD-\delta^i_k\partial_jD+\gamma_{jk}\nabla^iD+\nabla_kD^i_jE\\&+\nabla_jD^i_kE-\nabla^iD_{jk}E.\end{aligned} \tag{4.100}$$

$$\delta\Gamma^\alpha_{0\alpha}=A'-3D',\quad \delta\Gamma^k_{ki}=-\mathscr{H}\partial_iB-3\partial_iD,\quad \delta\Gamma^\alpha_{\alpha i}=\partial_iA-3\partial_iD, \tag{4.101}$$

在某一固定时刻的三维超曲面上的里奇标量为

$${}^{(3)}R=\frac{4}{a^2}\nabla^2\left(D+\frac{1}{3}\nabla^2E\right). \tag{4.102}$$

注意, 在均匀各向同性的背景时空中，${}^{(3)}R=6K/a^2$，所以, $D+\nabla^2E/3$ 称为曲率扰动. 里奇张量的一阶微扰为

$$\delta R_{00}=\nabla^2A+3\mathscr{H}A'+\nabla^2B'+\mathscr{H}\nabla^2B+3D''+3\mathscr{H}D', \tag{4.103}$$

$$\delta R_{0i}=2\mathscr{H}\partial_iA+(\mathscr{H}'+2\mathscr{H}^2)\partial_iB+2\partial_iD'+\nabla_jD^j_iE', \tag{4.104}$$

$$\begin{aligned}\delta R_{ij}=&-2(\mathscr{H}'+2\mathscr{H}^2)A\gamma_{ij}-\mathscr{H}A'\gamma_{ij}-\mathscr{H}\nabla^2B\gamma_{ij}-\nabla_i\nabla_jA\\&-\nabla_i\nabla_jB'-2\mathscr{H}\nabla_i\nabla_jB+2(\mathscr{H}'+2\mathscr{H}^2)(-D\gamma_{ij}+D_{ij}E)\\&+\mathscr{H}(-5D'\gamma_{ij}+2D_{ij}E')+\nabla^2D\gamma_{ij}-D''\gamma_{ij}+\nabla_i\nabla_jD\\&+D_{ij}E''+\nabla_k\nabla_iD^k_jE+\nabla_k\nabla_jD^k_iE-\nabla^2D_{ij}E,\end{aligned} \tag{4.105}$$

$$\begin{aligned}\delta R=&a^{-2}[-12(\mathscr{H}'+\mathscr{H}^2)A-6\mathscr{H}A'-2\nabla^2A-2\nabla^2B'-6\mathscr{H}\nabla^2B\\&+12KD-18\mathscr{H}D'-6D''+4\nabla^2D+2\nabla_i\nabla_jD^{ij}E].\end{aligned} \tag{4.106}$$

爱因斯坦张量的一阶微扰为

$$\delta G_0^0 = \frac{1}{a^2}\left(6\mathscr{H}^2 A + 2\mathscr{H}\nabla^2 B - 2\nabla^2 D + 6\mathscr{H} D' - 6KD - \frac{2}{3}\nabla^2\nabla^2 E - 2K\nabla^2 E\right). \tag{4.107}$$

$$\begin{aligned}\delta G_i^0 &= a^{-2}(2K\partial_i B - 2\mathscr{H}\partial_i A - 2\partial_i D' - \nabla_j D_i^j E')\\ &= -2a^{-2}\nabla_i\left(\mathscr{H}A + D' - K(B - E') + \frac{1}{3}\nabla^2 E'\right).\end{aligned} \tag{4.108}$$

$$\begin{aligned}\delta G_j^i = {}& a^{-2}\delta_j^i(4\mathscr{H}'A + 2\mathscr{H}^2 A + 2\mathscr{H}A' + \nabla^2 A + \nabla^2 B' + 2\mathscr{H}\nabla^2 B\\ &-2KD + 4\mathscr{H}D' + 2D'' - \nabla^2 D - \nabla_i\nabla_j D^{ij}E) + a^{-2}(-\nabla^i\nabla_j A\\ &-\nabla^i\nabla_j B' - 2\mathscr{H}\nabla^i\nabla_j B + \nabla^i\nabla_j D - 4KD_j^i E + 2\mathscr{H}D_j^i E'\\ &+D_j^i E'' + \nabla^k\nabla^i D_{kj}E + \nabla_k\nabla_j D^{ki}E - \nabla^2 D_j^i E).\end{aligned} \tag{4.109}$$

另一方面，流体的能量-动量张量一般形式是

$$T^{\mu\nu} = (\rho + p)U^\mu U^\nu + pg^{\mu\nu} + \Sigma^{\mu\nu},$$

这里无迹张量 Σ_{ij} 是各向异性张力. 流体的四速度分量为

$$aU^0 = 1 \quad (\text{零阶}), \tag{4.110}$$

$$aU^i = v^i \quad (\text{一阶}), \tag{4.111}$$

对于 3-速度 v^i，如果 $\gamma_{ij} = \delta_{ij}$，则精确到一阶时上下标不需要区分. 但对于 4- 速度，$U_\mu = g_{\mu\nu}U^\nu$，

$$a^{-1}U_0 = -1, \quad (\text{零阶}) \tag{4.112}$$

$$a^{-1}U_i = v_i + B_i. \quad (\text{一阶}) \tag{4.113}$$

精确到一阶，流体的能-动量张量是

$$T_0^0 = -(\rho + \delta\rho), \tag{4.114}$$

$$T_i^0 = (\rho + p)(v_i + B_i), \tag{4.115}$$

$$T_0^i = -(\rho + p)v^i, \tag{4.116}$$

$$T_j^i = (p + \delta p)\delta_j^i + \Sigma_j^i. \tag{4.117}$$

通常, 定义一个无量纲的各向异性张力 $\Pi_{ij} = \Sigma_{ij}/p$，另外, 我们也引入变量 θ 和 σ

$$(\rho + p)\theta = \nabla^j \delta T_j^0 = ik^j \delta T_j^0 = (\rho + p)ik^j v_j^S, \tag{4.118}$$

$$(\rho+p)\sigma = -\left(\hat{k}^i\hat{k}^j - \frac{1}{3}\delta^{ij}\right)\Sigma_{ij}^S = \frac{2p\Pi}{3}. \tag{4.119}$$

注意, $\theta = i\,k^i v_i^S = kV$.

4.6.3　共形牛顿规范下的标量微扰

在共形牛顿规范下，$A=\Psi$，$D=\Phi$，$B=E=0$，所以

$$\mathrm{d}s^2 = a^2(\tau)[-(1+2\Psi)\mathrm{d}\tau^2 + (1-2\Phi)\gamma_{ij}\mathrm{d}x^i\mathrm{d}x^j].$$

联立连续性方程 $\nabla_\mu T_0^\mu = 0$，欧拉方程 $\nabla_\mu T_i^\mu = 0$，方程组 (4.114)~(4.117) 和物质微扰的定义得到

$$\delta' = -(1+w)(\theta - 3\Phi') - 3\frac{a'}{a}\left(\frac{\delta p}{\delta\rho} - w\right)\delta, \tag{4.120}$$

$$\theta' = -\frac{a'}{a}(1-3w)\theta - \frac{w'}{1+w}\theta + \frac{\delta p/\delta\rho}{1+w}k^2\delta - k^2\sigma + k^2\Psi, \tag{4.121}$$

在 k-空间，$\theta = ik^j v_j^S = kV$，$\sigma = 2\Pi p/[3(\rho+p)]$. 这些方程只对单种流体或所有流体的总的质量平均的 δ 和 θ 成立. 对于等熵扰动，因为 $\delta p = c_s^2\delta\rho$，这里 $c_s^2 = \mathrm{d}p/\mathrm{d}\rho = w + \rho\mathrm{d}w/\mathrm{d}\rho$ 是绝热声速的平方，上述方程可以被简化. 对于光子和重子，w 是一个常数 (对于光子 $w=1/3$，而对于重子 $w\approx 0$)，所以 $\delta p/\delta\rho - w = 0$.

对于冷暗物质 (CDM)，$w = c_s^2 = 0$，所以方程 (4.120) 和 (4.121) 简化为

$$\delta_c' = -\theta_c + 3\Phi', \tag{4.122}$$

$$\theta_c' = -\frac{a'}{a}\theta_c + k^2\Psi. \tag{4.123}$$

对于重子，$w = c_s^2 \approx 0$，所以方程 (4.120) 和 (4.121) 成为

$$\delta_b' = -\theta_b + 3\Phi', \tag{4.124}$$

$$\theta_b' = -\frac{a'}{a}\theta_b + c_s^2 k^2\delta_b + \frac{4\rho_\gamma}{3\rho_b}an_e\sigma_T(\theta_\gamma - \theta_b) + k^2\Psi. \tag{4.125}$$

式中, 考虑了重子和光子的汤姆孙散射. 尽管 c_s^2 很小，但是 k 可能很大，所以这里我们还是保留了 $c_s^2k^2$ 项.

对于辐射物质，$w = c_s^2 = 1/3$，其密度及速度微扰方程为

$$\delta_\gamma' = -\frac{4}{3}\theta_\gamma + 4\Phi', \tag{4.126}$$

$$\theta_\gamma' = \frac{1}{4}k^2\delta_\gamma - k^2\sigma_\gamma + k^2\Psi + an_e\sigma_T(\theta_b - \theta_\gamma). \tag{4.127}$$

联立一阶微扰爱因斯坦场方程 $\delta G^\mu_\nu = 8\pi G\delta T^\mu_\nu$，方程组 (4.107)~(4.109), 以及 (4.114)~(4.117) 可以得到爱因斯坦方程准确到一阶的微扰方程[105, 106]，

$$(k^2-3K)\varPhi + 3\frac{a'}{a}\left(\varPhi' + \frac{a'}{a}\varPsi\right) = -4\pi Ga^2\rho\delta, \tag{4.128}$$

$$k^2\left(\varPhi' + \frac{a'}{a}\varPsi\right) = 4\pi Ga^2(\rho+p)\theta, \tag{4.129}$$

$$\varPhi'' + \frac{a'}{a}(\varPsi' + 2\varPhi') + \left(2\frac{a''}{a} - \frac{a'^2}{a^2}\right)\varPsi + \frac{k^2}{3}(\varPhi - \varPsi) - K\varPhi = 4\pi Ga^2\delta p, \tag{4.130}$$

$$k^2(\varPhi - \varPsi) = 12\pi Ga^2(\rho+p)\sigma. \tag{4.131}$$

如果各向异性张力为零，$\sigma = 0$，则 $\varPhi = \varPsi$. 方程 (4.130) 可以写成

$$\varPsi'' + 3\mathscr{H}\varPsi' - [3p(\mathscr{H}^2 + K)/\rho + 2K]\varPsi = 4\pi Ga^2\delta p, \tag{4.132}$$

如果扰动为绝热扰动，$\delta p = c_s^2\delta\rho$，则利用方程 (4.128) 可以得到

$$\varPsi'' + 3\mathscr{H}(1+c_s^2)\varPsi' + \left[3\left(c_s^2 - \frac{p}{\rho}\right)(\mathscr{H}^2 + K) + c_s^2(k^2 - 6K) - 2K\right]\varPsi = 0. \tag{4.133}$$

这个方程是一个阻尼波动方程，也称为巴丁方程[105].

如果宇宙中只有一种理想流体，即 $w = p/\rho = c_s^2$，且宇宙空间的曲率可以忽略，则上述阻尼波动方程可以简化为

$$\varPsi'' + 6\frac{1+w}{(1+3w)\tau}\varPsi' + wk^2\varPsi = 0. \tag{4.134}$$

在式 (4.134) 推导过程中，利用了背景时空的演化方程

$$a \propto \tau^{2/(1+3w)} = \tau^\beta, \quad \mathscr{H} = \frac{2}{(1+3w)\tau}. \tag{4.135}$$

如果, $w \neq 0$，方程 (4.134) 有如下解析解

$$\varPsi = \frac{1}{a}[Aj_\beta(\sqrt{w}k\tau) + By_\beta(\sqrt{w}k\tau)], \tag{4.136}$$

式中，j_β 及 y_β 是阶为 β 的球谐贝塞尔 (Bessel) 函数. 由于 $x \ll 1$，$j_\beta(x) \propto x^\beta$，$y_\beta(x) \propto x^{-\beta-1}$，所以在超哈勃尺度 (长波近似) 下 A 模式为常数，而 B 模式按 $1/(a^2\tau)$ 的形式衰减. 在小于哈勃尺度 (短波近似) 上，上述解是以频率 $\sqrt{w}k$ 振荡并以 $(a\tau)^{-1}$ 的形式衰减的解. 若流体为尘埃物质，$w = 0$，方程 (4.134) 的解为

$$\varPsi = A + \frac{B}{(k\tau)^5}. \tag{4.137}$$

如果取标度因子作为变量，方程 (4.133) 可以改写成

$$a^2\mathscr{H}^2\frac{\mathrm{d}^2\Phi}{\mathrm{d}a^2}+a[\mathscr{H}'+(4+3c_s^2)\mathscr{H}^2]\frac{\mathrm{d}\Phi}{\mathrm{d}a}\\+\left[3\left(c_s^2-\frac{p}{\rho}\right)(\mathscr{H}^2+K)+c_s^2(k^2-6K)-2K\right]\varPhi=0. \tag{4.138}$$

在包含宇宙学常数的模型中，

$$\frac{p}{\rho}=\frac{\varOmega_{r0}/3-\varOmega_{\Lambda0}a^4}{\varOmega_{m0}a+\varOmega_{r0}+\varOmega_{\Lambda0}a^4},\quad c_s^2=\frac{4\varOmega_{r0}}{3(4\varOmega_{r0}+3\varOmega_{m0}a)}. \tag{4.139}$$

取 $K=0$，$\varOmega_{m0}=0.28$，$\varOmega_{\Lambda0}=0.72$，$\varOmega_{r0}=8.5\times10^{-5}$，$k^2/H_0^2=10^{-3}$ 以及 $k^2/H_0^2=10^6$，上述巴丁方程可通过数值方法求解，其结果如图 4.2 所示.

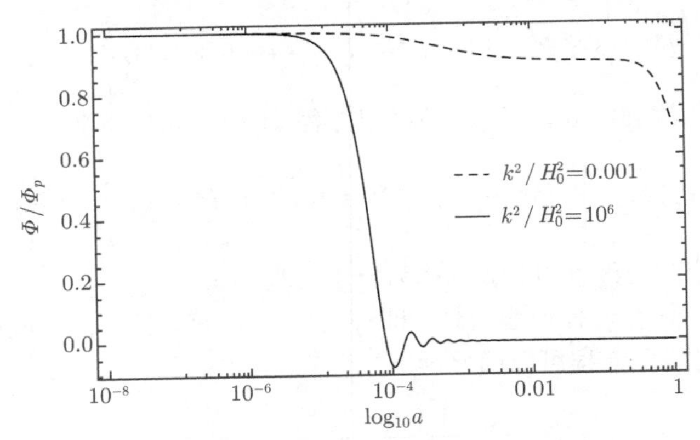

图 4.2　巴丁方程 (4.133) 的数值解

图中虚线对应于长波 $k^2/H_0^2=10^{-3}$，实线对应于短波 $k^2/H_0^2=10^6$

对于辐射为主时期进入视界的扰动模式，利用 $c_s^2\approx p/\rho\approx 1/3$ 及 $\mathscr{H}=1/\tau$，巴丁方程 (4.133) 可以简化为

$$\varPhi''+\frac{4}{\tau}\varPhi'+\frac{1}{3}k^2\varPhi=0. \tag{4.140}$$

引入变量 $u=\varPhi\tau$，则方程 (4.140) 可改写成

$$u''+\frac{2}{\tau}u'+\left(\frac{k^2}{3}-\frac{2}{\tau^2}\right)u=0. \tag{4.141}$$

该方程为贝塞尔方程，辐射为主时期视界内的引力势为

$$\varPhi=3\varPhi_p\left[\frac{\sin(k\tau/\sqrt{3})-(k\tau/\sqrt{3})\cos(k\tau/\sqrt{3})}{(k\tau/\sqrt{3})^3}\right]. \tag{4.142}$$

所以辐射压会导致引力势衰减.

联立辐射的密度及速度扰动方程 (4.126) 与 (4.127)，辐射的密度扰动方程可以写成一个二阶微分方程形式

$$\delta_r'' + \frac{1}{3}k^2\delta_r = -\frac{4}{3}k^2\varPhi + 4\varPhi''. \tag{4.143}$$

联立冷暗物质的密度及速度扰动方程 (4.122) 与 (4.123)，暗物质的密度扰动方程可以写成一个二阶微分方程形式

$$\delta_c'' + \mathscr{H}\delta_c' = -k^2\varPhi + 3\varPhi'' + 3\mathscr{H}\varPhi' = S(k,\tau). \tag{4.144}$$

辐射为主时期对应 $S(k,\tau)=0$ 的齐次方程 (4.144) 的解为 $\delta_{c1}=$ 常数及 $\delta_{c2}=\ln(\tau)$. 利用格林函数

$$G(\tau,\eta) = \frac{\delta_{c1}(\tau)\delta_{c2}(\eta) - \delta_{c1}(\eta)\delta_{c2}(\tau)}{\delta_{c1}'(\eta)\delta_{c2}(\eta) - \delta_{c1}(\eta)\delta_{c2}'(\eta)}, \tag{4.145}$$

得到方程 (4.144) 的通解为

$$\delta_c(k,\tau) = C_1 + C_2\ln(\tau) - \int_0^\tau \mathrm{d}\eta S(k,\eta)[\ln(k\eta) - \ln(k\tau)]\eta. \tag{4.146}$$

在极早期 $\tau=0$, $\delta_c(k,0)=3\varPhi_p/2$, 所以 $C_1=3\varPhi_p/2$, $C_2=0$,

$$\delta_c(k,\tau) = A\varPhi_p\ln(Bk\tau), \tag{4.147}$$

式中,

$$A\varPhi_p = \int_0^\infty \mathrm{d}\eta S(k,\eta)\eta,$$

$$A\varPhi_p\ln(B) = \frac{3}{2}\varPhi_p - \int_0^\infty \mathrm{d}\eta S(k,\eta)\eta\ln(k\eta),$$

系数 $A\approx 9.0$, $B\approx 0.62$[12]. 这里的积分用到了引力势的近似解 (4.142). 在辐射为主时期，物质的密度扰动以对数形式增长. 梅萨罗斯 (Meszaros) 在 1974 年率先研究了在辐射为主时期的物质密度扰动并发现了如下现象[107]：视界内物质密度扰动的增长模式直到 $z_{\rm eq}$ 时被冻结，这种扰动被冻结的效应被称为 Meszaros 效应. 现在我们来详细研究这种现象并假定宇宙是平坦的.

对于视界内的微扰，$k\gg\mathscr{H}=aH$，方程 (4.128) 中的左边第二项可以忽略，则方程 (4.128) 近似为

$$k^2\varPhi = -4\pi Ga^2\rho\delta. \tag{4.148}$$

在辐射为主时期，$\delta_r = -2k^2\varPhi/(3\mathscr{H}^2) = -2(k\tau)^2\varPhi$，即辐射为主时期进入视界的辐射密度扰动是振荡的，辐射密度扰动不增长. 这也可由辐射的密度扰动方程 (4.143)

得到. 对于视界内的微扰，方程 (4.143) 右边可以忽略，辐射密度扰动满足振荡方程 $\delta_r''+k^2\delta_r/3=0$.

视界内的微扰，$\varPhi''\ll k^2\varPhi$, $\mathscr{H}\varPhi'\ll k^2\varPhi$，方程 (4.144) 右边的后两项可以忽略，把方程 (4.148) 代入物质密度扰动方程 (4.144)，并注意到辐射为主后期，引力势主要由物质的密度扰动决定，则我们得到

$$\ddot{\delta}_m+2\frac{\dot{a}}{a}\dot{\delta}_m-4\pi G\rho_m\delta=0.$$

引入变量 $y=\rho_m/\rho_r=a/a_{\rm eq}$，则视界内物质密度扰动方程可以写成梅萨罗斯方程[107]，

$$\frac{\mathrm{d}^2\delta}{\mathrm{d}y^2}+\frac{2+3y}{2y(1+y)}\frac{\mathrm{d}\delta}{\mathrm{d}y}-\frac{3\delta}{2y(1+y)}=0. \tag{4.149}$$

对于增长模式，方程 (4.149) 的解为

$$\delta_+=\frac{2}{3}+y. \tag{4.150}$$

在辐射为主时期 $a<a_{\rm eq}$，$y<1$，增长模式几乎被冻结了. 在整个辐射为主时期，物质的密度扰动总共增加了

$$\frac{\delta_+(y=1)}{\delta_+(y=0)}=\frac{5}{2}(\text{倍}).$$

仅在 $z<z_{\rm eq}$ 之后，增长模式的演化才迅速恢复到物质为主时期的演化方式

$$\delta_+(y\gg1)\propto y\propto a.$$

为了求解衰减模式，我们定义 $u=\delta_-/\delta_+$，则方程 (4.149) 成为

$$(1+3y/2)\frac{\mathrm{d}^2u}{\mathrm{d}y^2}+\frac{(21/4)y^2+3y+1}{y(y+1)}\frac{\mathrm{d}u}{\mathrm{d}y}=0. \tag{4.151}$$

由于方程中不存在线性项 u，可以直接作积分而求解，所以衰减模式的解为

$$\delta_-=\left(\frac{2}{3}+y\right)\ln\left[\frac{\sqrt{1+y}+1}{\sqrt{1+y}-1}\right]-2\sqrt{1+y}. \tag{4.152}$$

在物质为主时期 $(y\gg1)$，$\ln[(\sqrt{1+y}+1)/(\sqrt{1+y}-1)]\approx 2y^{-1/2}+2y^{-3/2}/3$，衰减模式 δ_- 以 $y^{-3/2}$ 的形式衰减.

视界内物质密度扰动由方程 (4.150) 及 (4.152) 给出，即 $\delta_m=D_1\delta_+(y)+D_2\delta_-(y)$. 这个解和前面得到的物质 - 辐射相等之前的解 (4.147) 在某个时刻 $y_m\ll1$ 必须相同，利用两个函数及其一阶导数在 y_m 连续便可得到待定系数 D_1 及 D_2. 当

然函数连续应该发生在视界内，即 $y_m \gg y_H$，y_H 为模式 k 进入视界的时刻. 利用这些条件可得到增长解的系数

$$\begin{aligned} D_1 &= \frac{\delta'_-(y_m)A\ln(By_m/y_H)-\delta_-(y_m)(A/y_m)}{\delta_+(y_m)\delta'_-(y_m)-\delta'_+(y_m)\delta_-(y_m)}\Phi_p \\ &\approx -\frac{9A\Phi_p}{4}\left[2-\frac{2}{3}\ln\left(\frac{4B}{y_H}\right)\right]. \end{aligned} \tag{4.153}$$

在物质为主时期，$\delta_m \propto a$，所以引力势 $\Phi \propto \rho_m a^2 \delta_m \propto a^{-3}a^2 a$ 为常数.

扰动模式在辐射为主时期进入视界后，辐射压会导致引力势衰减，而且辐射的微扰不会增长. 但是物质的微扰按对数增长，尽管在辐射为主初期引力势主要由辐射扰动决定，随着物质扰动的增长，虽然辐射的能量密度大于物质的能量密度，最终引力势主要由物质的扰动决定.

在长波近似下 ($k \ll 1$)，相互作用基本不起作用，可以忽略，而且密度微扰方程 (4.122)，(4.124) 及 (4.126) 中的速度项 $\theta = kV$ 可以忽略，从而 $\delta'_c = \delta'_b = 3\delta'_\gamma/4 = 3\Phi'$，密度微扰与速度微扰退耦. 以 $y = \rho_m/\rho_\gamma = a/a_{\rm eq}$ 作为变量，则 $p/\rho = 1/[3(y+1)]$，$c_s^2 = 4/[3(4+3y)]$. 利用

$$\frac{\mathrm{d}}{\mathrm{d}\tau} = \frac{\mathrm{d}y}{\mathrm{d}\tau}\frac{\mathrm{d}}{\mathrm{d}y} = \mathscr{H}y\frac{\mathrm{d}}{\mathrm{d}y}, \tag{4.154}$$

以及背景弗里德曼方程 $\mathscr{H}^2 = 8\pi G(\rho_m+\rho_r)a^2/3 = 8\pi G(1+y)\rho_r a^2/3$ 和 $\mathscr{H}' = -(y+2)\mathscr{H}^2/[2(y+1)]$，忽略 k^2 项并假设空间是平直的 ($K=0$)，则巴丁方程 (4.133) 可以改写成

$$\frac{\mathrm{d}^2\Phi}{\mathrm{d}y^2} + \frac{21y^2+54y+32}{2y(y+1)(3y+4)}\frac{\mathrm{d}\Phi}{\mathrm{d}y} + \frac{\Phi}{y(y+1)(3y+4)} = 0. \tag{4.155}$$

引入新变量 $u = y^3\Phi/\sqrt{1+y}$，则方程 (4.155) 可以改写成

$$\frac{\mathrm{d}^2u}{\mathrm{d}y^2} + \frac{\mathrm{d}u}{\mathrm{d}y}\left(-\frac{2}{y}+\frac{3/2}{1+y}-\frac{3}{3y+4}\right) = 0. \tag{4.156}$$

对方程 (4.156) 求积分得到

$$\frac{\mathrm{d}u}{\mathrm{d}y} = A\frac{y^2(3y+4)}{(1+y)^{3/2}}, \tag{4.157}$$

式中, A 为积分常数. 把变量 u 的定义代入上述方程 (4.157)，并作积分后得到

$$\frac{y^3}{\sqrt{1+y}}\Phi = A\int \mathrm{d}y\frac{y^2(3y+4)}{(1+y)^{3/2}}. \tag{4.158}$$

在极早期，$y \to 0$，方程 (4.158) 的右边成为 $4Ay^3/3$，所以 $A = 3\Phi_p/4$，方程 (4.158) 给出扰动势的解 [108]

$$\Phi = \frac{\Phi_p}{10y^3}[16\sqrt{1+y}+9y^3+2y^2-8y-16]. \tag{4.159}$$

此结果和图 4.2 中的长波情况结果一致. 在辐射为主时期，$y \ll 1$，$\Phi \approx \Phi_p(1-y/16)$. 在物质为主时期，$y \gg 1$，$\Phi \approx 9\Phi_p/10$. 所以在辐射及物质为主时期，超视界的密度扰动及引力势都近似为常数.

在共形牛顿规范下，规范不变的密度扰动是[105]

$$\delta_{gi} = \delta + 3(1+w)\frac{a'}{a}\frac{\theta}{k^2}. \tag{4.160}$$

联立方程 (4.128) 与 (4.129) 得到规范不变量满足的方程

$$(k^2 - 3K)\Phi = -4\pi G\rho a^2 \delta_{gi}. \tag{4.161}$$

如果宇宙中只有一种物质，且 $\sigma = 0$，则可以得到一个关于 δ_{gi} 的二阶微分方程[105]

$$\begin{aligned}&\delta''_{gi} + (1+3c_s^2 - 6w)\mathscr{H}\delta'_{gi} + [9\mathscr{H}^2 w^2 - 3\mathscr{H}' w \\ &\quad - 3\mathscr{H}^2 w(1+3c_s^2) + (k^2-3K)c_s^2 - 4(1+w)\pi G\rho a^2]\delta_{gi} = 0.\end{aligned} \tag{4.162}$$

对于物质，$w = c_s^2 = 0$，保留含 c_s 的 $c_s^2 k^2$ 项，上述方程 (4.162) 给出

$$\ddot{\delta}_{gi} + 2\frac{\dot{a}}{a}\dot{\delta}_{gi} + \left(\frac{k^2 c_s^2}{a^2} - 4\pi G\rho\right)\delta_{gi} = 0.$$

这与前面由牛顿引力推导出的方程一致. 对于辐射，$w = c_s^2 = 1/3$，方程 (4.162) 给出

$$\ddot{\delta}_{gi} + \frac{\dot{a}}{a}\dot{\delta}_{gi} + \left(\frac{k^2 c_s^2}{a^2} - \frac{16}{3}\pi G\rho\right)\delta_{gi} = 0.$$

4.6.4 同步规范下的标量扰动

在同步规范下，$A = B = 0$ 以及 $h_{ij} = -2D\delta_{ij} + 2E_{ij}$，式中, $D = -h/6$，$E = -(h+6\eta)/2k^2$，所以

$$\mathrm{d}s^2 = a^2(\tau)[-\mathrm{d}\tau^2 + (\delta_{ij} + h_{ij})\mathrm{d}x^i \mathrm{d}x^j].$$

联立连续性方程 $\nabla_\mu T^\mu_0 = 0$，欧拉方程 $\nabla_\mu T^\mu_i = 0$，方程组 (4.114)~(4.117) 和物质微扰的定义得到

$$\delta' = -(1+w)\left(\theta + \frac{h'}{2}\right) - 3\frac{a'}{a}\left(\frac{\delta p}{\delta\rho} - w\right)\delta, \tag{4.163}$$

$$\theta' = -\frac{a'}{a}(1-3w)\theta - \frac{w'}{1+w}\theta + \frac{\delta p/\delta\rho}{1+w}k^2\delta - k^2\sigma. \tag{4.164}$$

对于 CDM，$\theta_c = 0$，方程 (4.163) 和 (4.164) 给出

$$\delta'_c = -\frac{1}{2}h'. \tag{4.165}$$

对于重子，方程 (4.163) 和 (4.164) 给出

$$\delta_b' = -\theta_b - \frac{1}{2}h', \tag{4.166}$$

$$\theta_b' = -\frac{a'}{a}\theta_b + c_s^2 k^2 \delta_b + \frac{4\rho_\gamma}{3\rho_b} a n_e \sigma_T (\theta_\gamma - \theta_b). \tag{4.167}$$

对于光子，方程 (4.163) 和 (4.164) 给出

$$\delta_\gamma' = -\frac{4}{3}\theta_\gamma - \frac{2}{3}h', \tag{4.168}$$

$$\theta_\gamma' = -k^2\sigma_\gamma + \frac{3}{4}c_s^2 k^2 \delta_\gamma + a n_e \sigma_T (\theta_b - \theta_\gamma). \tag{4.169}$$

在 k-空间，以 h 和 η 作为变量，爱因斯坦场方程的一阶微扰方程是[106]

$$(k^2 - 3K)\eta - \frac{1}{2}\frac{a'}{a}h' = -4\pi G a^2 \rho\delta, \tag{4.170}$$

$$(k^2 - 3K)\eta' = 4\pi G a^2 (\rho + p)\theta, \tag{4.171}$$

$$h'' + 2\frac{a'}{a}h' - 2k^2\eta = -24\pi G a^2 \delta p, \tag{4.172}$$

$$h'' + 6\eta'' + 2\frac{a'}{a}(h' + 6\eta') - 2k^2\eta = -24\pi G a^2 (\rho + p)\sigma. \tag{4.173}$$

如果微扰是绝热的，$\delta p = c_s^2 \delta\rho$，这里声速 c_s 是指所有物质的平均声速，联立方程 (4.170) 与 (4.172) 得到

$$h'' + \mathscr{H} h' = -8\pi G(1 + 3c_s^2) a^2 \rho\delta. \tag{4.174}$$

如果宇宙中只有辐射 (辐射为主时期)，则 $\mathscr{H} = 1/\tau$. 在大尺度上，忽略 k^2 项及相互作用，方程 (4.169) 给出 $\theta_\gamma' = 0$，利用方程 (4.168) 及 (4.174) 得到[106]

$$\tau\frac{\mathrm{d}^4 h}{\mathrm{d}\tau^4} + 5\frac{\mathrm{d}^3 h}{\mathrm{d}\tau^3} = 0. \tag{4.175}$$

所以我们得到大尺度上辐射为主时期的微扰解[109]

$$h = A + B(k\tau)^{-2} + C(k\tau)^2 + D(k\tau), \tag{4.176}$$

$$\delta_\gamma = -\frac{2}{3}B(k\tau)^{-2} - \frac{2}{3}C(k\tau)^2 - \frac{1}{6}D(k\tau), \tag{4.177}$$

$$\theta_\gamma = -\frac{3}{8}Dk, \tag{4.178}$$

式中, A，B，C 及 D 是积分常数. 上述解中正比于 A 及 B 的项是规范模式，没有物理意义，它们可以通过规范变换而消除. 密度微扰中 τ^2 项占主导，所以在辐射

为主时期大尺度上的密度扰动 $\delta_\gamma \propto a^2$，这与前面牛顿理论中的结果一致. 注意超视界的密度扰动与规范选取有关，其原因是超视界区域不能通过合适坐标变换建立因果联系. 共形牛顿规范下辐射为主时期超视界密度扰动是常数，而同步规范下辐射为主时期超视界密度扰动是增长的.

利用物质密度及速度的微扰方程及方程 (4.174)，我们可以得到密度扰动 δ 的二阶微分方程. 对于暗物质，δ_c 满足方程

$$\ddot{\delta}_c + 2H\dot{\delta}_c = 4\pi G(1+3c_s^2)\rho\delta. \tag{4.179}$$

对于重子物质，忽略相互作用项，δ_b 满足方程

$$\ddot{\delta}_b + 2H\dot{\delta}_b = 4\pi G(1+3c_s^2)\rho\delta - \frac{k^2}{a^2}c_s^2\delta_b. \tag{4.180}$$

如果宇宙中只有重子物质，则 $c_s^2 \approx 0$，$\rho = \rho_b$ 而且 $\delta = \delta_b$，保留 $c_s^2 k^2$ 项，上述密度扰动方程回到前面牛顿理论给出的结果.

4.6.5　规范变换

准确到一阶，度规扰动的一般形式为

$$\begin{aligned} g_{00} &= -a^2(\tau)\left\{1+2A(\boldsymbol{x},\tau)\right\}, \\ g_{0i} &= a^2(\tau)\, w_i(\boldsymbol{x},\tau), \\ g_{ij} &= a^2(\tau)\left\{[1-2D(\boldsymbol{x},\tau)]\delta_{ij} + \chi_{ij}(\boldsymbol{x},\tau)\right\}, \qquad \chi_{ii}=0 \end{aligned} \tag{4.181}$$

式中, 函数 A，D，w_i 和无迹张量 χ_{ij} 表示度规对 FRW 背景的微扰. 度规 g_{ij} 的迹被吸收到函数 D 中，所以 χ_{ij} 是无迹的.

考虑从一个坐标系 x^μ 到另一个坐标系 $\hat{x}^\mu$ 的一般坐标变换

$$x^\mu \to \hat{x}^\mu = x^\mu + d^\mu(x^\nu). \tag{4.182}$$

把时间和空间部分分开得到

$$\begin{aligned} \hat{x}^0 &= x^0 + \alpha(\boldsymbol{x},\tau), \\ \hat{\boldsymbol{x}} &= \boldsymbol{x} + \boldsymbol{\nabla}\beta(\boldsymbol{x},\tau) + \boldsymbol{\epsilon}(\boldsymbol{x},\tau), \quad \boldsymbol{\nabla}\cdot\boldsymbol{\epsilon}=0, \end{aligned} \tag{4.183}$$

式中, 矢量 $\boldsymbol{d}$ 已经分解成了纵向分量 $\boldsymbol{\nabla}\beta$ $(\boldsymbol{\nabla}\times\boldsymbol{\nabla}\beta=0)$ 与横向分量 $\boldsymbol{\epsilon}$ $(\boldsymbol{\nabla}\cdot\boldsymbol{\epsilon}=0)$. 在坐标变换下 $\mathrm{d}s^2$ 不变要求

$$\begin{aligned} \hat{g}_{\mu\nu}(x) &= g_{\mu\nu}(x) - g_{\mu\beta}(x)\,\partial_\nu d^\beta - g_{\alpha\nu}(x)\,\partial_\mu d^\alpha - d^\alpha\,\partial_\alpha g_{\mu\nu}(x) + O(d^2) \\ &= g_{\mu\nu}(x) - \nabla_\mu d_\nu - \nabla_\nu d_\mu + O(d^2) \\ &= g_{\mu\nu}(x) - \mathscr{L}_d\, g_{\mu\nu}(x) + O(d^2). \end{aligned} \tag{4.184}$$

注意到上述方程的两边是在不同规范下取坐标 x 的相同值时计算的，通常并不对应同一点. 假设 d^μ 和度规扰动 A，w_i，D 与 χ_{ij} 的数量级相同，则两个坐标系下的度规扰动满足下面关系[105, 106]

$$\hat{A}(\boldsymbol{x},\tau)=A(\boldsymbol{x},\tau)-\alpha'(\boldsymbol{x},\tau)-\mathscr{H}\alpha(\boldsymbol{x},\tau)\,, \tag{4.185}$$

$$\hat{w}_i(\boldsymbol{x},\tau)=w_i(\boldsymbol{x},\tau)+\partial_i\alpha(\boldsymbol{x},\tau)-\partial_i\beta'(\boldsymbol{x},\tau)-\epsilon_i'(\boldsymbol{x},\tau)\,, \tag{4.186}$$

$$\hat{D}(\boldsymbol{x},\tau)=D(\boldsymbol{x},\tau)+\frac{1}{3}\nabla^2\beta(\boldsymbol{x},\tau)+\mathscr{H}\alpha(\boldsymbol{x},\tau)\,, \tag{4.187}$$

$$\hat{\chi}_{ij}(\boldsymbol{x},\tau)=\chi_{ij}(\boldsymbol{x},\tau)-2\left[\left(\partial_i\partial_j-\frac{1}{3}\delta_{ij}\nabla^2\right)\beta(\boldsymbol{x},\tau)+\frac{1}{2}\left(\partial_i\epsilon_j+\partial_j\epsilon_i\right)\right], \tag{4.188}$$

进一步把 w_i 和 χ_{ij} 分解成纵向和横向部分：

$$\begin{aligned}\hat{w}_i^S(\boldsymbol{x},\tau)&=w_i^S(\boldsymbol{x},\tau)+\partial_i\alpha(\boldsymbol{x},\tau)-\partial_i\beta'(\boldsymbol{x},\tau)\,,\\ \hat{w}_i^V(\boldsymbol{x},\tau)&=w_i^V(\boldsymbol{x},\tau)-\epsilon_i'(\boldsymbol{x},\tau)\,,\end{aligned} \tag{4.189}$$

以及

$$\begin{aligned}\hat{\chi}_{ij}^S(\boldsymbol{x},\tau)&=\chi_{ij}^S(\boldsymbol{x},\tau)-2D_{ij}\beta(\boldsymbol{x},\tau)\,,\\ \hat{\chi}_{ij}^V(\boldsymbol{x},\tau)&=\chi_{ij}^V(\boldsymbol{x},\tau)-(\partial_i\epsilon_j+\partial_j\epsilon_i)\,,\\ \hat{\chi}_{ij}^T(\boldsymbol{x},\tau)&=\chi_{ij}^T(\boldsymbol{x},\tau)\,,\end{aligned} \tag{4.190}$$

式中, $w_i=w_i^S+w_i^V$, $\chi_{ij}=\chi_{ij}^S+\chi_{ij}^V+\chi_{ij}^T$. 因为 $w_i^S=\partial_iB$, $\chi_{ij}^S=2D_{ij}E$，所以

$$\hat{B}=B+\alpha-\beta'-\xi(\tau),\quad \hat{E}=E-\beta, \tag{4.191}$$

式中, $\xi(\tau)$ 是一个和重新定义时间单位的规范自由度相关的时间的任意函数. 方程 (4.185)~(4.190) 描述了广义无穷小坐标变换下度规扰动的变换. 我们用 4 个标量函数 A，B，D 和 E 来描述度规扰动，而坐标变换给出两个标量模式 α 与 β，所以只有两个独立的规范变量. 规范变换下保持不变的量为[105]

$$\Psi=A+\frac{1}{a}[(B-E')a]', \tag{4.192}$$

$$\Phi=D+\frac{1}{3}\nabla^2E-\mathscr{H}(B-E'). \tag{4.193}$$

共形牛顿规范下，$A=\Psi$，$D=\Phi$, $B=E=0$. 在同步规范下，$A=B=0$ 且 $h_{ij}=-2D\delta_{ij}+2E_{ij}$，同步规范并没有完全消除规范自由度. 同步规范下剩余的自由度使得在这个规范下一些物理结果不容易被理解.

对于物质的密度扰动，其坐标变换关系为

$$\hat{\delta}=\delta+3(1+w)\mathscr{H}\alpha, \tag{4.194}$$

$$\hat{\theta}=\theta+\nabla^2\beta'=\theta-k^2\beta'. \tag{4.195}$$

从而物质密度扰动的规范不变量为[105]

$$\delta^{gi} = \delta + 3\mathscr{H}(1+w)\left(\frac{\theta}{k^2} - B\right). \tag{4.196}$$

速度扰动的规范不变量为

$$\theta^{gi} = \theta - k^2 E'. \tag{4.197}$$

现在我们利用方程 (4.185)~(4.188) 来求共形牛顿规范下的度规标量扰动 (Φ, Ψ) 和同步规范下的标量模 $h_{ij} = h\delta_{ij}/3 + h_{ij}^S$ 之间的变换关系 (h_{ij}^S 无迹). 取 $\hat{x}^\mu$ 表示同步规范下的坐标，x^μ 代表共形牛顿规范下的坐标，而且 $\hat{x}^\mu = x^\mu + d^\mu$. 因为 $\hat{B} = B = E = \hat{w}_i^V = w_i^V = \hat{\chi}_{ij}^V = \chi_{ij}^V = 0$ 和 $h_{ij}^S = 2D_{ij}\hat{E}$，从方程组 (4.189) 与 (4.190) 得到

$$\alpha(\boldsymbol{x},\tau) = \beta'(\boldsymbol{x},\tau) + \xi(\tau)\,, \tag{4.198}$$

$$\epsilon_i(\boldsymbol{x},\tau) = \epsilon_i(\boldsymbol{x})\,, \tag{4.199}$$

$$h_{ij}^S(\boldsymbol{x},\tau) = -2\left(\partial_i\partial_j - \frac{1}{3}\delta_{ij}\nabla^2\right)\beta(\boldsymbol{x},\tau)\,, \tag{4.200}$$

$$\partial_i\epsilon_j + \partial_j\epsilon_i = 0\,, \tag{4.201}$$

式中, $\xi(\tau)$ 是时间的任意函数，反映了和坐标变换相关的规范自由度：$\hat{x}^0 = x^0 + \xi(\tau)$，$\hat{x}^i = x^i$. 这对应于时间原点的重新选择，并没有物理意义；从而现在起我们取 $\xi = 0$. 从方程 (4.185) 和 (4.187) 我们得到

$$\begin{aligned}\Psi(\boldsymbol{x},\tau) &= +\beta''(\boldsymbol{x},\tau) + \mathscr{H}\beta'(\boldsymbol{x},\tau)\,,\\ \Phi(\boldsymbol{x},\tau) &= -\frac{1}{6}h(\boldsymbol{x},\tau) - \frac{1}{3}\nabla^2\beta(\boldsymbol{x},\tau) - \mathscr{H}\beta'(\boldsymbol{x},\tau)\,,\end{aligned} \tag{4.202}$$

式中, β 由方程 (4.200) 中的 h^S 决定.

利用方程 (4.90) 中的 h 和 η，同步规范下 h_{ij}^S 为

$$h_{ij}^S(\boldsymbol{x},\tau) = \int \mathrm{d}^3k\,\mathrm{e}^{\mathrm{i}\boldsymbol{k}\cdot\boldsymbol{x}}\left(\hat{k}_i\hat{k}_j - \frac{1}{3}\delta_{ij}\right)[h(\boldsymbol{k},\tau) + 6\eta(\boldsymbol{k},\tau)]\,, \quad \boldsymbol{k} = k\hat{k}. \tag{4.203}$$

比较方程 (4.200) 与 (4.203) 中的 h_{ij}^S，我们得到 β：

$$\beta(\boldsymbol{x},\tau) = \int \mathrm{d}^3k\,\mathrm{e}^{\mathrm{i}\boldsymbol{k}\cdot\boldsymbol{x}}\,\frac{1}{2k^2}[h(\boldsymbol{k},\tau) + 6\eta(\boldsymbol{k},\tau)]\,. \tag{4.204}$$

利用方程 (4.202)，在 k-空间共形牛顿规范中的势 Φ 和 Ψ 与同步规范中的 h 和 η 的变换关系为

$$\begin{aligned}\Psi(\boldsymbol{k},\tau) &= \frac{1}{2k^2}\{h''(\boldsymbol{k},\tau) + 6\eta''(\boldsymbol{k},\tau) + \mathscr{H}[h'(\boldsymbol{k},\tau) + 6\eta'(\boldsymbol{k},\tau)]\}\,,\\ \Phi(\boldsymbol{k},\tau) &= \eta(\boldsymbol{k},\tau) - \frac{1}{2k^2}\mathscr{H}[h'(\boldsymbol{k},\tau) + 6\eta'(\boldsymbol{k},\tau)]\,.\end{aligned} \tag{4.205}$$

度规扰动的其他分量 w_i，χ_{ij}^V，与 χ_{ij}^T，在两个规范下都为零.

坐标变换下，能动量张量的变换关系为

$$\begin{aligned}&T_0^0(\text{同步})=T_0^0(\text{共形}),\quad T_j^i(\text{同步})=T_j^i(\text{共形}),\\&T_j^0(\text{同步})=T_j^0(\text{共形})+ik_j\alpha(\rho+p),\end{aligned}\tag{4.206}$$

式中, $\alpha=(h'+6\eta')/2k^2$. 在时空同一点计算微扰得到

$$\delta(\text{同步})=\delta(\text{共形})-\alpha\frac{\rho'}{\rho},\quad \theta(\text{同步})=\theta(\text{共形})-\alpha k^2,\tag{4.207}$$

$$\delta p(\text{同步})=\delta p(\text{共形})-\alpha p,\quad \sigma(\text{同步})=\sigma(\text{共形}).\tag{4.208}$$

4.6.6 张量扰动

对于张量微扰，度规张量可以写成

$$\mathrm{d}s^2=a^2(\tau)[-\mathrm{d}\tau^2+(\delta_{ij}+h_{ij})\mathrm{d}x^i\mathrm{d}x^j].$$

张量扰动只出现在爱因斯坦场方程的空间-空间部分，其演化方程为

$$h_{ij}''+2\mathscr{H}h_{ij}'+k^2h_{ij}=16\pi Ga^2p\varPi_{ij}^T.\tag{4.209}$$

如果 Π_{ij}^T 可以忽略，则在横向无迹规范下，引力波 $h_{ij}=h_k^+\epsilon_{ij}^++h_k^\times\epsilon_{ij}^\times$ 中的每个偏振 h_k^s 都满足方程

$$h_k^{s\prime\prime}+2\mathscr{H}h_k^{s\prime}+k^2h_k^s=0.\tag{4.210}$$

在视界外，$k\to 0$，引力波保持为常数.

辐射为主时期，$\mathscr{H}=\tau^{-1}$，上述方程的解为零阶球贝塞尔函数，

$$h_k^s=j_0(k\tau)=\sqrt{\frac{\pi}{2}}\frac{J_{1/2}(k\tau)}{(k\tau)^{1/2}},\tag{4.211}$$

式中, $j_l(x)$ 为 l 阶球贝塞尔函数，$J_\nu(x)$ 为 ν 阶贝塞尔函数，且 $j_0(x)=\sin(x)/x$. 注意当 $x=0$ 时，$j_0(x)=1$，即辐射为主时期的解在初始时刻 $\tau=0$ 时取值为 1.

物质为主时期，$\mathscr{H}=2/\tau$，引力波的解为

$$h_k^s=\frac{3j_1(k\tau)}{k\tau}=3\sqrt{\frac{\pi}{2}}\frac{J_{3/2}(k\tau)}{(k\tau)^{3/2}},\tag{4.212}$$

式中, 一阶球贝塞尔函数 $j_1(x)=\sin(x)/x^2-\cos(x)/x$，系数 3 是为了使得物质为主时期的解在初始时刻 $\tau=0$ 时取值为 1. 在辐射及物质为主时期，引力波每个傅里叶分量 $h_k^s\propto\cos(k\tau)/a$ 都为振荡解. 利用时间变量 t，则引力波每个傅里叶分量随宇宙时间 t 变化的方程为

$$\frac{\partial^2h_k^s}{\partial t^2}+3H\frac{\partial h_k^s}{\partial t}+\left(\frac{k}{a}\right)^2h_k^s=0.$$

第 5 章　暴涨宇宙学

尽管标准宇宙学模型很好地解释了原初核合成，微波背景辐射及大尺度结构形成等问题，但是标准宇宙学模型本身在理论上却无法理解视界、平坦性、磁单极等问题. 宇宙暴涨就是为了解决这些问题[110, 111]. 为了更好地理解标量微扰的计算，在附录 B 中详细讨论了如何利用 ADM 分解把标量微扰计算到二阶及三阶，并讨论了三点关联函数及非高斯性的计算. 原初引力波对应的能量密度及频谱的详细计算则放在附录 C 中.

5.1　标准宇宙学中的困难

标准宇宙学虽然成功地解释了宇宙的演化过程，但是它也面临一些理论上的困难，如初始奇点等问题. 这一节主要讨论视界问题及平坦性问题.

5.1.1　视界问题

由于光的传播速度有限，我们在有限时间内能够观测到的宇宙尺寸也就有限，或者说有限时间内信息可以传播的距离有限，即宇宙存在视界. 由于宇宙膨胀的速度小于光速，则按照标准宇宙学演化的宇宙尺度所增长的速度要比视界增长的慢，现在处于视界内的可观测宇宙在宇宙早期将处于视界之外，这些位于视界之外的部分将不能发生相互作用，这就无法解释这部分宇宙的均匀各向同性，此即视界问题.

在第 1 章中我们知道辐射或物质为主的宇宙存在粒子视界. 对于一个空间平坦的宇宙，粒子视界为

$$d_{\mathrm{PH}}(t)=\begin{cases}2H_0^{-1}(a/a_0)^{3/2}=2H_0^{-1}(1+z)^{-3/2}, & \text{物质为主},\\ H_0^{-1}(a/a_0)^2=H_0^{-1}(1+z)^{-2}, & \text{辐射为主},\end{cases}\tag{5.1}$$

现在观测到的宇宙的尺寸大约为 $2H_0^{-1}$. 在红移 $z<z_{EQ}$ 时 (假设物质为主)，现在观测到的这部分宇宙的尺寸为 $2H_0^{-1}(1+z)^{-1}$，而那时宇宙的粒子视界为 $2H_0^{-1}(1+z)^{-3/2}$，所以在红移 z，现在观测到的这部分宇宙的尺寸在那时要比粒子视界大 $(1+z)^{1/2}$，宇宙中有 $(1+z)^{3/2}$ 个信息不能交换到的区域，则宇宙在大尺度上的均匀各向同性如何实现便成为问题. 红移越大，即越是在宇宙的早期，这个问题越严重. 在宇宙中的光子退耦时刻，$z_d=1100$，视界的张角为 $(1+z_d)^{-1/2}\approx 1.6^\circ$.

所以由于粒子视界的存在，位于 1.6° 以外的点都处于视界之外，它们的温度如何达到相同则不能被解释. 在红移 $z > z_{EQ}$ 时 (假设辐射为主)，宇宙的粒子视界为 $2H_0^{-1}(1+z_{EQ})^{1/2}(1+z)^{-2}$，现在观测到的宇宙的尺寸在那时为 $2H_0^{-1}(1+z)^{-1}$，所以那时宇宙中有 $(1+z_{EQ})^{-3/2}(1+z)^3$ 个信息不能交换到的区域.

5.1.2 平坦性问题

曲率密度 $\Omega_k(z) = -K/(a^2H^2) = \Omega_{k0}(1+z)^2/E^2(z)$，如果宇宙初始为平坦的，则宇宙总是平坦的. 但若宇宙初始为开或闭的，则宇宙将保持开或闭，即平坦宇宙不是稳定点. 在物质为主时期，$E^2(z) \simeq (1+z)^3$，$\Omega_k(z) \simeq \Omega_{k0}/(1+z)$. 在物质 - 辐射相等时刻，$T \sim 10^4$K，$\Omega_k \sim 10^{-4}\Omega_{k0}$. 辐射为主时期，$E^2(z) \sim (1+z)^4$，$\Omega_k(z) \sim \Omega_{k0}/(1+z)^2$. 所以在宇宙早期曲率密度会更加接近于 0，即宇宙的早期空间更接近于平坦，宇宙为什么要求初始条件 $\Omega_k \approx 0$ 是理论上不能回答的问题，这就是平坦性问题. 例如, 在原初核合成时期，$T \sim 10^{10}$K, $\Omega_k \sim 10^{-16}\Omega_{k0}$.

另外, 标准宇宙学模型也无法解释一些如磁单极子等残余粒子的问题.

5.1.3 暴涨理论

要解决前几节提到的那些问题，需要引入暴涨模型，该模型假设宇宙在极早期经历了一个迅猛加速膨胀阶段. 在这个阶段，宇宙中的能量主要由暴涨子贡献，且暴涨子的性质类似于真空能，其能量密度几乎为常数，从而标度因子 $a(t)$ 几乎以指数形式增长. 宇宙中一个小于哈勃尺寸 H^{-1} 的因果联系的区域会在很短时间内迅速膨胀成一个很大的区域，这个暴涨后的区域包含了现在可观测到的整个宇宙，这样一来视界问题便得到解决. 另外由于在暴涨时期，哈勃参数近似为常数，标度因子以指数形式增长，曲率密度 Ω_k 也以指数形式减小. 暴涨发生后，宇宙的急剧膨胀把空间拉的很大，所有非平坦性都被抹平了，宇宙变得几乎是平坦的了.

要实现暴涨，要求 $\ddot{a} > 0$. 由加速度方程 (1.23) 可知暴涨条件为

$$\rho + 3p < 0, \tag{5.2}$$

所以暴涨的实现破坏了强能量条件. 另一方面，由于 $\mathrm{d}(aH)^{-1}/\mathrm{d}t = -\ddot{a}/(aH)^2$，所以暴涨条件可以写成

$$\ddot{a} > 0 \Longleftrightarrow \frac{\mathrm{d}}{\mathrm{d}t}\left(\frac{1}{aH}\right) < 0, \tag{5.3}$$

即暴涨等价于共动哈勃视界的减小. 注意共动哈勃视界外的粒子之间不能发生因果联系，所以共动哈勃视界的减小可以解决标准宇宙学中的问题. 图 5.1 可以形象地说明暴涨如何解决视界问题. 在暴涨时期，共动哈勃视界减小，暴涨前视界内的某一有因果关联的区域在暴涨期间可以超出视界而失去因果联系，但在随后的辐

射及物质为主时期，共动哈勃视界增大，这一区域在辐射或物质为主时期的某个时刻会重新回到视界内从而继续发生因果联系.

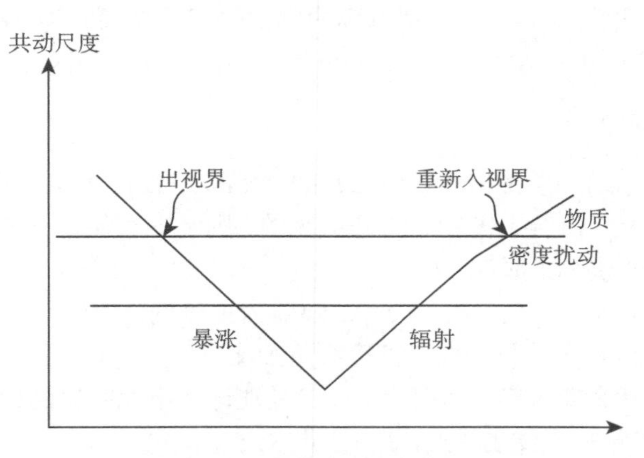

图 5.1　视界随时间的变化情况

5.2　标量场模型

宇宙的暴涨通常是用标量场来实现的，这个标量场也称为暴涨子 (inflaton). 在宇宙极早期，暴涨子处于势能 $V(\phi)$ 很大的地方，而且它的势能 $V(\phi)$ 非常平坦，可以看成一个常数，宇宙的能量主要由暴涨子的势能提供，如图 5.2 所示. 随着时间的演化，标量场缓慢地向势能小的方向滚动，这样一来哈勃参数也跟着缓慢地减小，标度因子几乎以指数形式增长.

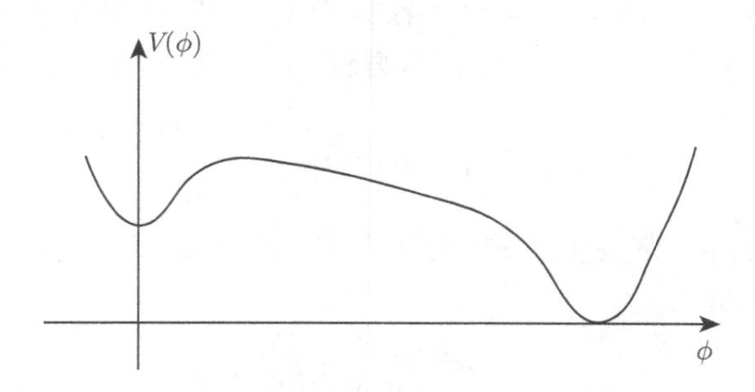

图 5.2　实现暴涨的标量场的有效势能形式

自由标量场的拉氏量为

$$\mathscr{L}_\phi = -\frac{1}{2}g^{\mu\nu}\partial_\mu\phi\partial_\nu\phi - V(\phi). \tag{5.4}$$

标量场的能动量张量为

$$T_{\mu\nu} = -\frac{2}{\sqrt{-g}}\frac{\delta}{\delta g^{\mu\nu}}(\sqrt{-g}\mathscr{L}_\phi) = \partial_\mu\phi\partial_\nu\phi + g_{\mu\nu}\mathscr{L}_\phi. \tag{5.5}$$

定义 $U_\mu = \partial_\mu\phi/\sqrt{-g^{\mu\nu}\partial_\mu\phi\partial_\nu\phi}$，则标量场的能动量张量可以写成理想流体的形式，从而得到标量场的能量密度 $\rho = -\frac{1}{2}g^{\mu\nu}\partial_\mu\phi\partial_\nu\phi + V(\phi)$ 及压强 $p = -\frac{1}{2}g^{\mu\nu}\partial_\mu\phi\partial_\nu\phi - V(\phi)$. 在均匀各向同性的时空背景中，标量场的能量密度及压强为

$$\rho = \frac{1}{2}\dot{\phi}^2 + V(\phi), \tag{5.6}$$

$$p = \frac{1}{2}\dot{\phi}^2 - V(\phi). \tag{5.7}$$

在标量场为主时期，弗里德曼方程及标量场的运动方程为

$$H^2 = \frac{8\pi G}{3}\left(\frac{1}{2}\dot{\phi}^2 + V(\phi)\right), \tag{5.8}$$

$$\ddot{\phi} + 3H\dot{\phi} + V'(\phi) = 0, \tag{5.9}$$

式中，$V'(\phi) = \mathrm{d}V(\phi)/\mathrm{d}\phi$. 在暴涨时期，标量场运动得很慢，标量场的能量主要由其势能贡献，即标量场满足慢滚条件 $\dot{\phi}^2 \ll 2V(\phi)$ 及 $|\ddot{\phi}| \ll 3H|\dot{\phi}|$, 把这些条件代入方程 (5.8) 及 (5.9) 中可以得到

$$H^2 \simeq \frac{8\pi G}{3}V(\phi), \tag{5.10}$$

$$3H\dot{\phi} \simeq -V'(\phi). \tag{5.11}$$

利用上述满足慢滚近似的方程 (5.10) 及 (5.11)，慢滚条件可以写成

$$\bar{\epsilon} = \frac{\dot{\phi}^2}{2V(\phi)} = \frac{1}{48\pi G}\left(\frac{V'}{V}\right)^2 \ll 1, \tag{5.12}$$

$$|\bar{\eta}| = \left|\frac{\ddot{\phi}}{3H\dot{\phi}}\right| = \frac{1}{24\pi G}\left|\frac{V''}{V} - \frac{1}{2}\left(\frac{V'}{V}\right)^2\right| \ll 1. \tag{5.13}$$

在文献中，慢滚参数通常定义为

$$\epsilon = 3\bar{\epsilon} = \frac{1}{16\pi G}\left(\frac{V'}{V}\right)^2 \ll 1, \tag{5.14}$$

$$\eta = \frac{1}{8\pi G}\frac{V''}{V} \ll 1, \tag{5.15}$$

$$\xi = \frac{1}{(8\pi G)^2}\frac{V'V'''}{V^2} \ll 1. \tag{5.16}$$

暴涨结束的条件为 $\epsilon \sim 1$ 或 $|\eta| \sim 1$. 另一方面，也可以利用哈勃参数 H 来定义慢滚参数[112]

$$\epsilon_H = \frac{1}{4\pi G}\left(\frac{H'}{H}\right)^2 = \frac{3\dot{\phi}^2}{\dot{\phi}^2 + 2V} = -\frac{\dot{H}}{H^2} \approx \epsilon, \tag{5.17}$$

$$\eta_H = \frac{1}{4\pi G}\frac{H''}{H} = -\frac{\ddot{\phi}}{H\dot{\phi}} = -\frac{\ddot{H}}{2H\dot{H}} \approx 3\bar{\eta} = \eta - \epsilon, \tag{5.18}$$

$$\xi_H = \frac{1}{(4\pi G)^2}\frac{H'H'''}{H^2} = \frac{\dddot{\phi}}{H^2\dot{\phi}} - \left(\frac{\ddot{\phi}}{H\dot{\phi}}\right)^2 = \frac{\dddot{H}}{2H^2\dot{H}} - 2\eta_H^2, \tag{5.19}$$

式中, $H' = \mathrm{d}H/\mathrm{d}\phi$, $H'' = \mathrm{d}^2H/\mathrm{d}\phi^2$, $H''' = \mathrm{d}^3H/\mathrm{d}\phi^3$. 利用上述定义的慢滚参数 ϵ_H，则暴涨条件可以严格定义为

$$\ddot{a} > 0 \Longrightarrow \epsilon_H < 1. \tag{5.20}$$

所以暴涨结束条件为 $\epsilon_H = 1$. 对慢滚参数 ϵ_H 及 η_H 求导数可得到

$$\dot{\epsilon}_H = 2H\epsilon_H(\epsilon_H - \eta_H), \tag{5.21}$$

$$\dot{\eta}_H = H(\epsilon_H\eta_H - \xi_H). \tag{5.22}$$

利用这组慢滚参数，宇宙学方程可以表达成

$$\left(1 - \frac{1}{3}\epsilon_H\right)H^2 = \frac{8\pi G}{3}V(\phi), \tag{5.23}$$

$$(3 - \eta_H)H\dot{\phi} = -V'(\phi). \tag{5.24}$$

结合方程 (5.14) 及上述方程 (5.23) 与 (5.24)，则可得到不同慢滚参数之间的关系

$$\epsilon = \left(\frac{1 - \eta_H/3}{1 - \epsilon_H/3}\right)^2 \epsilon_H. \tag{5.25}$$

精确到二阶，我们得到[113]

$$\epsilon_H \approx \epsilon\left(1 - \frac{4}{3}\epsilon + \frac{2}{3}\eta\right). \tag{5.26}$$

对方程 (5.24) 求导数，并利用方程 (5.23) 与 (5.15) 可得

$$\eta = \frac{\epsilon_H + \eta_H - \eta_H^2/3 - \xi_H/3}{1 - \epsilon_H/3}. \tag{5.27}$$

精确到二阶，则得到[113]

$$\eta_H \approx \eta - \epsilon + \frac{8}{3}\epsilon^2 - \frac{8}{3}\epsilon\eta + \frac{1}{3}\eta^2 + \frac{1}{3}\xi, \tag{5.28}$$

式 (5.28) 推导过程中用到了下面的关系

$$\xi_H = \xi + 3\epsilon^2 - 3\epsilon\eta. \tag{5.29}$$

用下标 i 及 e 代表暴涨开始及结束时刻，则暴涨过程中宇宙膨胀了的 e- 指数 (e-foldings) 数目为

$$N(\phi_e, \phi_i) = \ln[a(t_e)/a(t_i)] = \int_{t_i}^{t_e} H\mathrm{d}t = -8\pi G\int_{\phi_i}^{\phi_e} \frac{V(\phi)}{V'(\phi)}\mathrm{d}\phi. \tag{5.30}$$

一般用 $N(t) = \int_t^{t_e} \mathrm{d}\ln a(t)$ 表示时刻 t 之后宇宙还要暴涨的 e- 指数数目，即暴涨结束前标度因子所增长的 e-指数数目. 利用 $\mathrm{d}N = -H\mathrm{d}t$，我们可以得到

$$\frac{\mathrm{d}\ln H}{\mathrm{d}N} = \epsilon_H \approx \epsilon, \tag{5.31}$$

$$\frac{\mathrm{d}\ln \epsilon_H}{\mathrm{d}N} = 2(\eta_H - \epsilon_H) \approx 2(\eta - 2\epsilon), \tag{5.32}$$

$$\frac{\mathrm{d}\eta_H}{\mathrm{d}N} = \xi_H - \epsilon_H\eta_H \approx \xi + 4\epsilon^2 - 4\epsilon\eta. \tag{5.33}$$

暴涨模型要解决视界问题，则原初量子扰动的某一傅里叶模式的共动波长 λ 应该不小于现在的共动视界 $(a_0H_0)^{-1}$ 在暴涨时的值，用下标 $*$ 表示该共动模式在暴涨时期穿越视界的时刻，$k = a_*H_*$，则

$$\begin{aligned}\frac{k}{a_0H_0} &= \frac{a_*H_*}{a_0H_0} = \frac{a_*}{a_e}\frac{a_e}{a_{\mathrm{reh}}}\frac{a_{\mathrm{reh}}}{a_0}\frac{H_*}{H_0} \\ &= \mathrm{e}^{-N_*}\left(\frac{\rho_e}{\rho_{\mathrm{reh}}}\right)^{-1/3}\left(\frac{\rho_{r0}}{\rho_{\mathrm{reh}}}\right)^{1/4}\left(\frac{\rho_*}{\rho_{c0}}\right)^{1/2} \\ &= \mathrm{e}^{-N_*}\left(\frac{\rho_{\mathrm{reh}}^{1/4}}{\rho_e^{1/4}}\right)^{1/3}\left(\frac{\rho_*^{1/4}}{\rho_e^{1/4}}\right)\left(\frac{\rho_*^{1/4}}{10^{16}\mathrm{Gev}}\right)\left(\frac{10^{16}\mathrm{Gev}}{\rho_{c0}^{1/4}}\right)\left(\frac{\rho_{r0}^{1/4}}{\rho_{c0}^{1/4}}\right),\end{aligned} \tag{5.34}$$

式中, N_* 表示暴涨结束前标度因子需要增长的 e- 指数数目，下标 e 表示暴涨结束时刻，下标 reh 表示重新加热 (reheating) 后的时刻. 我们假设暴涨结束后到重新加热完成期间宇宙是以物质为主的，所以暴涨模型要求的最小的 e-指数数目为

$$N_* = 60.86 - \ln h - \ln\frac{k}{a_0H_0} - \frac{1}{3}\ln\frac{V_e^{1/4}}{\rho_{\mathrm{reh}}^{1/4}} + \ln\frac{V_*^{1/4}}{V_e^{1/4}} - \ln\left(\frac{10^{16}\mathrm{Gev}}{V_*^{1/4}}\right). \tag{5.35}$$

N_* 取值通常为 50~60.

5.2.1 吸引子

暴涨模型要给出确定的预言，则标量场的演化不能依赖于初始条件，否则任何可观测量，如标量扰动的幅度将依赖于未知的初始条件，不依赖于初始条件的解称为吸引子解. 由于标量场的动力学方程为二阶微分方程，在势函数 $V(\phi)$ 的任意位置 ϕ，原则上 $\dot{\phi}$ 可以取任意值，则对应势函数的每一个位置上的解都不是唯一的. 因此要保证暴涨给出确定的预言，暴涨解应该是一个吸引子解. 由于慢滚近似把标量场的方程降为一阶微分方程，$\dot{\phi}$ 完全由势函数决定，即 $\dot{\phi}$ 的初始值不再是一个自由参数，而是由慢滚方程完全确定. 为了分析方便，我们利用哈密顿 - 雅可比方程分析宇宙学动力学演化. 宇宙学方程 (5.23) 可以改写成如下哈密顿-雅可比形式

$$[H'(\phi)]^2 - 12\pi G H^2(\phi) = -32\pi^2 G^2 V(\phi). \tag{5.36}$$

假设 $H_0(\phi)$ 是上述方程的一个解，并在此解附近做线性微扰 $\delta H(\phi)$①得到[113, 114]

$$H_0'\delta H' = 12\pi G H_0 \delta H. \tag{5.37}$$

这个方程的解为

$$\delta H(\phi) = \delta H(\phi_i)\exp\left(12\pi G\int_{\phi_i}^{\phi}\frac{H_0(x)}{H_0'(x)}\mathrm{d}x\right) = \delta H(\phi_i)\exp(-3|N_i - N|), \tag{5.38}$$

式中, N 表示暴涨结束前标度因子增长的 e-指数数目. 如果 $H_0(\phi)$ 是暴涨解，则在标量场滚向势能的最低点过程中所有线性扰动都将至少以指数速度趋于这个暴涨解，即暴涨解是吸引子解. 所以只要给定的标量场支持暴涨，则在线性区域的所有暴涨解都以指数速度迅速地相互逼近.

5.2.2 Lyth 约束

暴涨结束前宇宙标量因子增加的 e-指数数目为

$$N_* = -8\pi G\int_{\phi_*}^{\phi_e}\frac{V(\phi)}{V'(\phi)}\mathrm{d}\phi = \int_{\phi_*}^{\phi_e}\frac{1}{M_{\mathrm{pl}}\sqrt{2\epsilon(\phi)}}\mathrm{d}\phi, \tag{5.39}$$

式中, 普朗克质量 $M_{\mathrm{pl}}^2 = 1/(8\pi G)$. 暴涨期间，慢滚参数通常是单调增加的，所以 $1 > \epsilon(\phi) > \epsilon(\phi_*)$,

$$N_* = \int_{\phi_*}^{\phi_e}\frac{1}{M_{\mathrm{pl}}}\frac{\mathrm{d}\phi}{\sqrt{2\epsilon(\phi)}} < \frac{\phi_e - \phi_*}{M_{\mathrm{pl}}\sqrt{2\epsilon(\phi_*)}}. \tag{5.40}$$

暴涨期间标量场场量的变化满足 $\Delta\phi/M_{\mathrm{pl}} > N_*\sqrt{2\epsilon(\phi_*)}$，这个下限称为 Lyth 约束[115].

① 这里微扰是针对解 $H(\phi)$，而不是标量场 ϕ 本身

5.2.3 重新加热

在暴涨结束的时候，宇宙中的所有能量仍集中在标量场里面，且宇宙的温度降的很低. 这便需要一个能量转化的过程使得宇宙的温度升高以保持热平衡及保障随后的辐射为主时期能够出现，这种能量转化过程便称为重新加热. 重新加热过程完成后，宇宙中所有能量是处于热平衡中的辐射能量，这个时候的温度称为重新加热温度 $T_{\rm reh}$. 要实现上述能量转化过程，我们需要引入相互作用项，能量守恒方程成为

$$\dot{\rho}+(3H+\Gamma)\rho=0, \tag{5.41}$$

式中, Γ 为粒子衰减率，粒子能量 ρa^3 按 $\exp(-\Gamma t)$ 的形式衰减. 衰减时间 $t=\Gamma^{-1}$，即 $H\sim\Gamma$. 我们通常假设暴涨子衰减为服从黑体辐射分布的相对论性粒子，这些粒子对应的能量量级为 T^4. 因为衰减时间 $H\sim\Gamma$，所以

$$T_{\rm reh}\sim\sqrt{M_{\rm pl}\Gamma}. \tag{5.42}$$

为了保证能量传递，标量场至少发生一次振荡，我们要求 $\Gamma\lesssim m$. 如果衰减是通过具有无量纲耦合常数 g 的相互作用来实现的，则 $\Gamma\sim(g^2/4\pi)m$. 如果 g 是规范耦合常数，则一般有 $g^2/4\pi\sim(10^{-1}\sim10^{-2})$. 对于汤川 (Yukawa) 耦合，则耦合常数还要小几个数量级. 对于不可重整耦合，通常有 $g\sim m/\Lambda_{UV}$，这样得到一个下限 $g\sim m/M_{\rm pl}$，即引力相互作用强度，对应的重新加热温度为

$$\frac{T_{\rm reh}}{1\ {\rm GeV}}\sim\left(\frac{m}{10^6\ {\rm GeV}}\right)^{3/2}. \tag{5.43}$$

重新加热过程必须发生在原初核合成之前，如果暴涨子只有引力相互作用，则暴涨子质量 $m\gtrsim10^4$GeV.

5.3 标量场的量子微扰

本节讨论与引力场相互作用的标量场 ϕ 的微扰 $\delta\phi=\phi-\phi_0$ 所满足的方程. 利用度规微扰的最一般标量形式

$$\begin{aligned}{\rm d}s^2=&a^2(\tau)\{-(1+2A){\rm d}\tau^2+2\nabla_iB{\rm d}\tau{\rm d}x^i\\&+[(1-2D)\gamma_{ij}+2(\nabla_i\nabla_j-\frac{1}{3}\gamma_{ij}\nabla^2)E]{\rm d}x^i{\rm d}x^j\},\end{aligned} \tag{5.44}$$

取 $K=0$，把引力与标量场的作用量

$$S=-\frac{1}{16\pi G}\int{\rm d}^4x\sqrt{-g}R-\int{\rm d}^4x\sqrt{-g}\left[\frac{1}{2}g^{\mu\nu}\nabla_\mu\phi\nabla_\nu\phi+V(\phi)\right], \tag{5.45}$$

展开到微扰的二阶，我们得到[116]

$$S_2 = \frac{1}{2}\int \left(v'^2 - \gamma^{ij}v_{,i}v_{,j} + \frac{z''}{z}v^2\right)\mathrm{d}^3x\mathrm{d}\tau, \tag{5.46}$$

$$\begin{aligned} v &= a\left[\delta\phi + (\phi_0'/\mathscr{H})\left(D + \frac{1}{3}\nabla^2 E\right)\right] \\ &= a[\delta\phi^{gi} + (\phi_0'/\mathscr{H})\Phi] = z\mathscr{R}, \end{aligned} \tag{5.47}$$

$$\delta\phi^{gi} = \delta\phi + \phi_0'(B - E'), \quad z = \frac{a\phi_0'}{\mathscr{H}}, \tag{5.48}$$

$$\mathscr{R} = \Phi + \frac{\mathscr{H}}{\phi_0'}\delta\phi^{gi} = D + \frac{1}{3}\nabla^2 E + \frac{\mathscr{H}}{\phi_0'}\delta\phi, \tag{5.49}$$

上述方程中微扰变量 v 是一个规范不变的标量，求导是针对共形时 τ，$v' = \mathrm{d}v/\mathrm{d}\tau$，$\delta\phi^{gi}$ 是规范不变的标量场的微扰量，$\mathscr{R}$ 是由规范不变量 $\delta\phi^{gi}$ 及方程 (4.193) 定义的规范不变的度规扰动 Φ 构成的共动曲率扰动，γ^{ij} 是某一时刻空间超曲面上的度规，γ 是空间度规张量的行列式. 对于平直空间，$\gamma^{ij} = \delta^{ij}$，$\gamma = 1$. 上式表明标量场微扰和具有声速 $c_s^2 = 1$ 的理想流体的微扰相同. 标量扰动 v 的作用量和具有质量的自由标量场的作用量类似，而且这个标量场的有效质量依赖于时间，其值为 $m_{\mathrm{eff}}^2 = -z''/z$. 利用 z 的定义及背景宇宙学方程可得

$$\frac{z'}{z} = aH\left(1 - \frac{\dot{H}}{H^2} + \frac{\ddot{H}}{2H\dot{H}}\right) = aH(1 + \epsilon_H - \eta_H), \tag{5.50}$$

$$\frac{z''}{z} = 2a^2H^2\left(1 + \epsilon_H - \frac{3}{2}\eta_H + \epsilon_H^2 + \frac{1}{2}\eta_H^2 - 2\epsilon_H\eta_H + \frac{1}{2}\xi_H\right). \tag{5.51}$$

展开到慢滚参数的一阶，并利用 $a''/a = 2a^2H^2 - a^2H^2\epsilon_H$，可以得到

$$\frac{z''}{z} \approx \frac{a''}{a} - \left(\frac{\mathrm{d}^2V}{\mathrm{d}\phi^2}\right)a^2 = \frac{a''}{a} - m_\phi^2 a^2. \tag{5.52}$$

5.3.1 量子化及两点相关函数

对 v 量子化的第一步是求 v 的共轭动量 π，

$$\pi(\tau, \boldsymbol{x}) = \delta L/\delta v' = v'(\tau, \boldsymbol{x}). \tag{5.53}$$

然后利用共轭动量得到体系的哈密顿量，

$$H = \int (v'\pi - L)\sqrt{\gamma}\mathrm{d}^3x = \frac{1}{2}\int\left(\pi^2 + \gamma^{ij}v_{,i}v_{,j} - \frac{z''}{z}v^2\right)\sqrt{\gamma}\mathrm{d}^3x. \tag{5.54}$$

把经典量 v 及 π 换成算符后，算符 $\hat{v}$ 及 $\hat{\pi}$ 满足在 τ 为常数的超曲面上的标准对易关系，

$$\begin{aligned} [\hat{v}(\tau, \boldsymbol{x}),\ \hat{v}(\tau, \boldsymbol{x}')] = [\hat{\pi}(\tau, \boldsymbol{x}),\ \hat{\pi}(\tau, \boldsymbol{x}')] = 0, \\ [\hat{v}(\tau, \boldsymbol{x}),\ \hat{\pi}(\tau, \boldsymbol{x}')] = \mathrm{i}\delta^{(3)}(\boldsymbol{x} - \boldsymbol{x}'), \end{aligned} \tag{5.55}$$

式中, δ 函数满足归一化条件 $\int \delta^{(3)}(x-x')\sqrt{\gamma}\mathrm{d}^3x = 1$. 对作用量 (5.46) 变分得到 $\hat{v}$ 的运动方程,

$$\hat{v}'' - \Delta\hat{v} - (z''/z)\hat{v} = 0. \tag{5.56}$$

上述方程等价于海森堡方程,

$$\mathrm{i}\hat{v}' = [\hat{v},\ \hat{H}], \quad \mathrm{i}\hat{\pi}' = [\hat{\pi},\ \hat{H}], \tag{5.57}$$

式中, 哈密顿算符 $\hat{H}$ 是方程 (5.54) 中把变量 v 及 π 换成算符 $\hat{v}$ 及 $\hat{\pi}$ 后的结果. 利用产生及湮灭算符, 可以把算符 $\hat{v}$ 展开成傅里叶形式,

$$\begin{aligned}\hat{v}(\tau,\boldsymbol{x}) &= \int \frac{\mathrm{d}^3k}{(2\pi)^{3/2}}[v_k(\tau)a(\boldsymbol{k})\mathrm{e}^{\mathrm{i}\boldsymbol{k}\cdot\boldsymbol{x}} + v_k^*(\tau)a^\dagger(\boldsymbol{k})\mathrm{e}^{-\mathrm{i}\boldsymbol{k}\cdot\boldsymbol{x}}] \\ &= \int \frac{\mathrm{d}^3k}{(2\pi)^{3/2}}[v_k(\tau)a(\boldsymbol{k}) + v_k^*(\tau)a^\dagger(-\boldsymbol{k})]\mathrm{e}^{\mathrm{i}\boldsymbol{k}\cdot\boldsymbol{x}},\end{aligned} \tag{5.58}$$

式中, 产生及湮灭算符满足标准的对易关系,

$$[a(\boldsymbol{k}),\ a(\boldsymbol{k}')] = [a^\dagger(\boldsymbol{k}),\ a^\dagger(\boldsymbol{k}')] = 0, \quad [a(\boldsymbol{k}),\ a^\dagger(\boldsymbol{k}')] = \delta^{(3)}(\boldsymbol{k}-\boldsymbol{k}'). \tag{5.59}$$

选择真空态满足 $a(\boldsymbol{k})|0\rangle = 0$, 这个态也称为 Bunch-Davies 真空态[117]. 由对易关系可知本征模函数 $v_k(\tau)$ 满足下面归一化条件,

$$v_k^*\frac{\mathrm{d}v_k}{\mathrm{d}\tau} - v_k\frac{\mathrm{d}v_k^*}{\mathrm{d}\tau} = -\mathrm{i}, \tag{5.60}$$

且本征函数满足的微分方程为

$$v_k'' + \left(k^2 - \frac{z''}{z}\right)v_k = 0. \tag{5.61}$$

对于很小尺度上的微扰模, 由于空间距离很小, 这时空间可以看成是平坦的, 我们应该得到平直时空中的量子场论的平面波解. 从而在 $k\to\infty$ 极限下, 满足归一化条件 (5.60) 的平面波解为

$$v_k(\tau) \to \frac{1}{\sqrt{2k}}\mathrm{e}^{-\mathrm{i}k\tau}, \quad k\to\infty. \tag{5.62}$$

而对于超视界微扰模, 在 $k\to 0$ 极限下, v_k 应该有增长解 $v_k \propto z$.

在暴涨时期, 因为

$$\frac{\mathrm{d}}{\mathrm{d}\tau}\left(\frac{1}{aH}\right) = -1 + \epsilon_H, \tag{5.63}$$

且慢滚参数 ϵ_H 几乎为常数, 所以[118]

$$\tau \approx -\frac{1}{(1-\epsilon_H)aH} - \frac{2\epsilon_H(\epsilon_H - \eta_H)}{aH}. \tag{5.64}$$

把这个结果 (5.64) 代入方程 (5.51) 得到

$$\frac{z''}{z} \approx \frac{\nu^2 - 1/4}{\tau^2}, \tag{5.65}$$

式中,

$$\nu \approx \frac{3}{2} + 2\epsilon_H - \eta_H + \frac{8}{3}\epsilon_H^2 - 2\epsilon_H\eta_H + \frac{1}{3}\xi_H. \tag{5.66}$$

把 ν 当成常数，上述方程 (5.65) 的解为 $z \propto (-\tau)^{1/2-\nu} \approx (aH)^{\nu-1/2}$. 把方程 (5.65) 代入方程 (5.61) 后便得到了一个贝塞尔方程,

$$v_k'' + \left(k^2 - \frac{\nu^2 - 1/4}{\tau^2}\right) v_k = 0. \tag{5.67}$$

忽略慢滚参数的贡献，$\nu = 3/2$，上述方程的解为

$$v_k(\tau) = \left(\frac{k\tau - \mathrm{i}}{k\tau}\right) \frac{\mathrm{e}^{-\mathrm{i}k\tau}}{\sqrt{2k}}. \tag{5.68}$$

对于实常数 ν，贝塞尔方程的解为

$$v_k(\tau) = \sqrt{-\tau}[c_1(k)H_\nu^{(1)}(-k\tau) + c_2(k)H_\nu^{(2)}(-k\tau)], \tag{5.69}$$

式中, $H_\nu^{(1)}$ 与 $H_\nu^{(2)}$ 分别为第一类和第二类汉克尔函数. 利用平面波边值条件 (5.62) 可知 $c_2(k) = 0$，

$$v_k(\tau) = \frac{\sqrt{\pi}}{2}\mathrm{e}^{\mathrm{i}(\nu+1/2)\pi/2}\sqrt{-\tau}H_\nu^{(1)}(-k\tau). \tag{5.70}$$

对于超视界尺寸的微扰，

$$H_\nu^{(1)}(x \ll 1) \sim \sqrt{\frac{2}{\pi}}\mathrm{e}^{-\mathrm{i}\pi/2}2^{\nu-3/2}\frac{\Gamma(\nu)}{\Gamma(3/2)}x^{-\nu}, \tag{5.71}$$

$$v_k(\tau) = \mathrm{e}^{\mathrm{i}(\nu-1/2)\pi/2}2^{\nu-3/2}\frac{\Gamma(\nu)}{\Gamma(3/2)}\frac{1}{\sqrt{2k}}(-k\tau)^{1/2-\nu} \propto z. \tag{5.72}$$

因此超视界尺寸上的共动曲率扰动几乎是一个常数,

$$|\mathscr{R}_k| = \left|\frac{v_k}{z}\right| = \left|\frac{H}{\dot{\phi}_0}\frac{v_k}{a}\right| = \frac{\Gamma(\nu)}{\Gamma(3/2)}\frac{H}{\dot{\phi}_0}\frac{H}{\sqrt{2k^3}}\left(\frac{k}{2aH}\right)^{3/2-\nu}, \quad k < aH. \tag{5.73}$$

因为 $\hat{v}_k = v_k a(\boldsymbol{k}) + v_k^* a^\dagger(-\boldsymbol{k})$，所以

$$\begin{aligned}\langle \hat{v}_{k_1}\hat{v}_{k_2}^*\rangle = v_{k_1}v_{k_2}^*\langle 0|a(\boldsymbol{k}_1)a^\dagger(\boldsymbol{k}_2)|0\rangle &= v_{k_1}v_{k_2}^*\langle 0|[a(\boldsymbol{k}_1),\ a^\dagger(\boldsymbol{k}_2)]|0\rangle \\ &= |v_{k_1}|^2\delta^{(3)}(\boldsymbol{k}_1 - \boldsymbol{k}_2).\end{aligned} \tag{5.74}$$

5.3.2 标量扰动谱指数

利用 $\hat{\mathscr{R}}_k = \hat{v}_k/z$ 得到

$$\langle\hat{\mathscr{R}}_{k_1}\hat{\mathscr{R}}^*_{k_2}\rangle = \frac{|v_{k_1}|^2}{z^2}\delta^{(3)}(\boldsymbol{k}_1-\boldsymbol{k}_2) = (2\pi^2/k^3)\delta^3(\boldsymbol{k}_1-\boldsymbol{k}_2)\mathscr{P}_{\mathscr{R}}(k_1), \tag{5.75}$$

所以共动曲率的原初扰动谱为

$$\begin{aligned}\mathscr{P}_{\mathscr{R}} &= \frac{k^3}{2\pi^2}|\mathscr{R}_k|^2 = A_{\mathscr{R}}(k_*)\left(\frac{k}{k_*}\right)^{n_s-1+\frac{1}{2}n_s'\ln(k/k_*)+\cdots}\\ &= 2^{2\nu-3}\left(\frac{\Gamma(\nu)}{\Gamma(3/2)}\right)^2\left(\frac{H}{\dot{\phi}_0}\right)^2\left(\frac{H}{2\pi}\right)^2\left(\frac{k}{aH}\right)^{3-2\nu}\Bigg|_{k=aH}.\end{aligned} \tag{5.76}$$

原初标量扰动的幅度为[119]

$$\begin{aligned}A_{\mathscr{R}}(k_*) &\approx [1-2C(2\epsilon_H-\eta_H)-2\epsilon_H]\frac{4\pi G}{\epsilon_H}\left(\frac{H}{2\pi}\right)^2\Bigg|_{k_*}\\ &\approx \left[1-2C(3\epsilon-\eta)-\frac{2}{3}(\epsilon+\eta)\right]\frac{4\pi G}{\epsilon}\left(\frac{H}{2\pi}\right)^2\Bigg|_{k=aH},\end{aligned} \tag{5.77}$$

式中，$C=\ln 2+\gamma-2\approx -0.73$，$\gamma\approx 0.577$ 为欧拉常数. 原初标量扰动的谱指数为[119]

$$\begin{aligned}n_s-1 = \frac{\mathrm{d}\ln\mathscr{P}_{\mathscr{R}}}{\mathrm{d}\ln k}\Bigg|_{k=aH} &\approx 2\eta_H-4\epsilon_H-8(1+C)\epsilon_H^2+(6+10C)\epsilon_H\eta_H-2C\xi_H\\ &\approx 2\eta-6\epsilon-\left(\frac{10}{3}+24C\right)\epsilon^2+\frac{2}{3}\eta^2+(16C-2)\epsilon\eta+\left(\frac{2}{3}-2C\right)\xi.\end{aligned} \tag{5.78}$$

上面等式右边是取模式 k 退出视界 $aH(k=aH)$ 时刻的值. 对于德西特宇宙，$\epsilon_H=\eta_H=0$，$\nu=3/2$，我们得到标度不变的谱 $n_s=1$，而且超视界尺寸上的原初扰动是一个常数. 利用 $\mathrm{d}\ln k=(1-\epsilon_H)H\mathrm{d}t\approx-\mathrm{d}N$ 及方程组 (5.23) 与 (5.24) 得到

$$\frac{\mathrm{d}\epsilon}{\mathrm{d}\ln k} = 2\epsilon(2\epsilon-\eta), \tag{5.79}$$

$$\frac{\mathrm{d}\eta}{\mathrm{d}\ln k} = 2\epsilon\eta-\xi, \tag{5.80}$$

进一步可以得到谱指数的跑动[120]，

$$\begin{aligned}n_s' = \frac{\mathrm{d}n_s}{\mathrm{d}\ln k}\Bigg|_{k=aH} &\approx 10\epsilon_H\eta_H-8\epsilon_H^2-2\xi_H\\ &\approx 16\epsilon\eta-24\epsilon^2-2\xi.\end{aligned} \tag{5.81}$$

同样等式右边取 $k = aH$ 时刻的值. 对于 $k_* = 0.002\text{Mpc}^{-1}$，WMAP 对微波背景辐射各向异性进行的 7 年测量的数据结果为 $n_s = 0.968 \pm 0.012$，$n_s' = -0.022 \pm 0.020$，$A_{\mathscr{R}}(k_*) = (2.43 \pm 0.11) \times 10^{-9}$[42].

5.4 引力场的量子微扰

为了推导微扰方程，这里先介绍 Arnowitt-Deser-Misner(ADM) 公式. 在 ADM 引入的时空 3+1 分解中，度规写成[121, 122]

$$\mathrm{d}s^2 = -N^2\mathrm{d}t^2 + \gamma_{ij}(\mathrm{d}x^i + N^i\mathrm{d}t)(\mathrm{d}x^j + N^j\mathrm{d}t), \tag{5.82}$$

其逆度规为

$$g^{00} = -\frac{1}{N^2},\ g^{0i} = \frac{N^i}{N^2},\ g^{ij} = \gamma^{ij} - \frac{N^iN^j}{N^2}, \tag{5.83}$$

式中, γ^{ij} 为 γ_{ij} 的逆，满足 $\gamma^{ik}\gamma_{kj} = \delta^i_j$，$N^i = \gamma^{ij}N_j$. 利用 ADM 度规，可得到外曲率张量

$$K_{ij} = \frac{1}{2N}\left(\frac{\partial\gamma_{ij}}{\partial t} - \nabla_i N_j - \nabla_j N_i\right) \equiv \frac{E_{ij}}{N}, \tag{5.84}$$

式中, 协变导数是对应于三维空间度规 γ_{ij} 而言. 引力作用量可以写成

$$S_g = \frac{1}{16\pi G}\int \mathrm{d}^4x\sqrt{-g}R = \frac{1}{16\pi G}\int \mathrm{d}t\mathrm{d}^3xN\sqrt{\gamma}\,[\,{}^{(3)}R + K_{ij}K^{ij} - (\gamma^{ij}K_{ij})^2], \tag{5.85}$$

式中, ${}^{(3)}R(\gamma_{ij})$ 为三维空间中的曲率标量.

考虑度规的张量扰动

$$\mathrm{d}s^2 = a^2[-\mathrm{d}\tau^2 + (\delta_{ij} + h_{ij})\mathrm{d}x^i\mathrm{d}x^j], \tag{5.86}$$

式中, 横向无迹对称张量扰动 h_{ij} 满足 $h_{ii} = 0$ 与 $\partial_i h_{ij} = 0$. 与 ADM 度规比较，得到 $N = a$, $\gamma_{ij} = a^2(\delta_{ij} + h_{ij})$, $N_i = 0$，所以 $E_{ij} = \gamma'_{ij}/2$. 展开到张量扰动 h_{ij} 的二阶，得到

$$\sqrt{\gamma} = a^3\left(1 - \frac{1}{4}h_{ij}h_{ij}\right), \tag{5.87}$$

$$E_{ij}E^{ij} - (\gamma^{ij}E_{ij})^2 = \frac{1}{4}(h'_{ij})^2 + \frac{a'}{a}(h_{ij}h_{ij})' - 6\left(\frac{a'}{a}\right)^2, \tag{5.88}$$

$${}^{(3)}R = a^{-2}\left[-\frac{1}{4}(\partial_k h_{ij})^2 + \partial_k(h_{ij}\partial_k h_{ij}) + \frac{1}{2}\partial_j(h_{ik}\partial_i h_{kj}) - \partial_j(h_{ik}\partial_k h_{ij})\right]. \tag{5.89}$$

利用背景运动方程，把总作用量按度规的张量扰动展开到二阶便得到

$$\delta_2 S = \frac{1}{64\pi G}\int \mathrm{d}\tau\mathrm{d}^3x[(h'_{ij})^2 - (\partial_k h_{ij})^2]a^2. \tag{5.90}$$

这与无质量的标量场的作用量形式上相同. 和标量场量子化类似，引入算符展开

$$\hat{h}_{ij}(x,\tau)=\int\frac{\mathrm{d}^3k}{(2\pi)^{3/2}}\sum_{s=+,\times}[\epsilon_{ij}^s(k)h_k^s(\tau)a(\boldsymbol{k})\mathrm{e}^{\mathrm{i}\boldsymbol{k}\cdot\boldsymbol{x}}+(\epsilon_{ij}^s(k)h_k^s(\tau))^*a^\dagger(\boldsymbol{k})\mathrm{e}^{-\mathrm{i}\boldsymbol{k}\cdot\boldsymbol{x}}],\tag{5.91}$$

式中, ϵ_{ij} 为二阶无迹对称张量，$\epsilon_{ii}=k^i\epsilon_{ij}=0$，$\epsilon_{ij}^s\epsilon_{ij}^{s'}=2\delta_{ss'}$，上标“$s$”代表引力波的两个自旋态. 定义

$$u_k^s(\tau)=\frac{a}{\sqrt{16\pi G}}h_k^s(\tau),\tag{5.92}$$

方程 (5.90) 可以改写成

$$\delta_2S=\sum_s\frac{1}{2}\int\mathrm{d}\tau\mathrm{d}^3k\left[\left(\frac{\mathrm{d}u_k^s}{\mathrm{d}\tau}\right)^2-\left(k^2-\frac{a''}{a}\right)(u_k^s)^2\right].\tag{5.93}$$

本征函数满足微分方程

$$\frac{\mathrm{d}^2u_k^s}{\mathrm{d}\tau^2}+\left(k^2-\frac{a''}{a}\right)u_k^s=\frac{\mathrm{d}^2u_k^s}{\mathrm{d}\tau^2}+\left(k^2-\frac{\mu^2-1/4}{\tau^2}\right)u_k^s=0,\tag{5.94}$$

式中, $\mu=3/2+\epsilon_H$. 利用平面波边界条件得到

$$u_k^s(\tau)=\frac{\sqrt{\pi}}{2}\mathrm{e}^{\mathrm{i}(\mu+1/2)\pi/2}\sqrt{-\tau}H_\mu^{(1)}(-k\tau).\tag{5.95}$$

对于超视界尺寸的微扰，

$$u_k^s(\tau)=\mathrm{e}^{\mathrm{i}(\mu-1/2)\pi/2}2^{\mu-3/2}\frac{\Gamma(\mu)}{\Gamma(3/2)}\frac{1}{\sqrt{2k}}(-k\tau)^{1/2-\mu}.\tag{5.96}$$

所以引力波的原初扰动谱为

$$\begin{aligned}\mathscr{P}_T&=\frac{k^3}{\pi^2}\sum_{s=+,\times}\left|\frac{\sqrt{16\pi G}\,u_k^s}{a}\right|^2=A_T(k_*)\left(\frac{k}{k_*}\right)^{n_T+\frac{1}{2}n_T'\ln(k/k_*)+\cdots}\\&=(64\pi G)2^{2\mu-3}\left(\frac{\Gamma(\mu)}{\Gamma(3/2)}\right)^2\left(\frac{H}{2\pi}\right)^2\left(\frac{k}{aH}\right)^{3-2\mu}\Bigg|_{k=aH}.\end{aligned}\tag{5.97}$$

原初张量扰动的幅度为

$$\begin{aligned}A_T(k_*)&\approx64\pi G(1-2\epsilon_H-2C\epsilon_H)\left(\frac{H}{2\pi}\right)^2\Bigg|_{k_*}\\&\approx64\pi G[1-2(1+C)\epsilon]\left(\frac{H}{2\pi}\right)^2\Bigg|_{k_*}.\end{aligned}\tag{5.98}$$

原初张量扰动的谱指数为[119]

$$
\begin{aligned}
n_T &\approx \frac{\mathrm{d}\ln \mathscr{P}_T}{\mathrm{d}\ln k} = -2\epsilon_H[1+(3+2C)\epsilon_H - 2(1+C)\eta_H] \\
&\approx -2\epsilon\left[1+\left(\frac{11}{3}+4C\right)\epsilon - \left(\frac{4}{3}+2C\right)\eta\right].
\end{aligned} \tag{5.99}
$$

张量模的谱指数跑动为[118]

$$
n_T' = \frac{\mathrm{d}n_T}{\mathrm{d}\ln k} = -4\epsilon_H(\epsilon_H - \eta_H) \approx -4\epsilon(2\epsilon - \eta). \tag{5.100}
$$

利用方程 (5.77) 与 (5.98)，得到原初扰动的张量模与标量模之比[118]

$$
\begin{aligned}
r &= \frac{A_T}{A_{\mathscr{R}}} \approx 16\epsilon_H[1+2C(\epsilon_H-\eta_H)] \\
&\approx 16\epsilon\left[1+\left(4C-\frac{4}{3}\right)\epsilon + \left(\frac{2}{3}-2C\right)\eta\right] \approx -8n_T.
\end{aligned} \tag{5.101}
$$

5.5 暴涨模型

本节主要利用前面得到的一般公式讨论几个具体的暴涨模型.

5.5.1 幂次暴涨

具有解析解的暴涨模型是势函数为指数函数的幂次暴涨模型. 这个模型中势函数[123, 124]

$$
V(\phi) = V_0 \exp\left(-\sqrt{\frac{2}{p}}\frac{\phi}{M_{\mathrm{pl}}}\right), \tag{5.102}
$$

式中, V_0 及 p 是常数. 弗里德曼方程的解为

$$
a(t) = a_0 t^p, \tag{5.103}
$$

$$
\phi = \sqrt{2p}\, M_{\mathrm{pl}} \ln\left(\sqrt{\frac{V_0}{p(3p-1)}}\frac{t}{M_{\mathrm{pl}}}\right). \tag{5.104}
$$

所以标量场相当于物态方程参数 $w=-1+2/3p$ 的理想流体. 慢滚参数 $\epsilon = 1/p$, $\eta = 2/p$. 如果 $p>1$，则慢滚条件得到满足. 在这个模型中，暴涨不会结束. 把这个结果代入方程 (5.78) 及 (5.101) 得到

$$
n_s = 1 - \frac{2}{p}, \quad r = \frac{16}{p} = 8(1-n_s). \tag{5.105}
$$

微波背景辐射观测 WMAP7 年数据对于谱指数结果要求 $45.5 \leqslant p \leqslant 100$[42]. WMAP7 年数据给出在 95% 置信度下 $r<0.24$，这要求 $p>66.67$，所以 $66.67 \leqslant p \leqslant 100$.

5.5.2 幂次势

首先讨论最简单的幂次势形式

$$V(\phi)=\frac{\lambda}{p}m_{\rm pl}^4\left(\frac{\phi}{m_{\rm pl}}\right)^p. \tag{5.106}$$

这里 $m_{\rm pl}^2=1/G=8\pi M_{\rm pl}^2$. 该模型是典型的大场暴涨 ($\phi$ 取值大于 $M_{\rm pl}$)，其势能形式见图 5.3. 这个模型最早由林德 (Linde)[125] 提出，也称为混沌暴涨模型. 这个模型中的慢滚参数为

$$\epsilon=\frac{p^2}{16\pi}\left(\frac{m_{\rm pl}}{\phi}\right)^2,\quad \eta=\frac{p(p-1)}{8\pi}\left(\frac{m_{\rm pl}}{\phi}\right)^2. \tag{5.107}$$

当 $\phi\gg m_{\rm pl}$ 时，慢滚条件 $\epsilon\ll 1$ 及 $\eta\ll 1$ 成立. 当 $\phi_e\sim pm_{\rm pl}/\sqrt{16\pi}$ 时，$\epsilon\sim 1$，暴涨结束，暴涨子趋向于它的真空期望值，通常暴涨子在取其真空期望值之前要发生多次振荡，即进入重加热过程. 当 $p\geqslant 2$ 时，$\epsilon(\phi)\leqslant\eta(\phi)$，所以暴涨结束条件为当 $0<p<2$ 时，$\epsilon(\phi_e)=1$；当 $p\geqslant 2$ 时，$\eta(\phi_e)=1$，即

$$\frac{\phi_e}{m_{\rm pl}}=\begin{cases}p/\sqrt{16\pi}, & 0<p<2,\\ \sqrt{p(p-1)/8\pi}, & p\geqslant 2.\end{cases} \tag{5.108}$$

暴涨期间的 e-指数数目为

$$N=-\frac{8\pi}{pm_{\rm pl}^2}\int_{\phi_i}^{\phi_e}\phi{\rm d}\phi=\frac{4\pi}{p}\left[\frac{\phi_i^2}{m_{\rm pl}^2}-\frac{\phi_e^2}{m_{\rm pl}^2}\right]\approx\frac{4\pi}{p}\frac{\phi_i^2}{m_{\rm pl}^2}-\tilde{n}, \tag{5.109}$$

式中, 当 $0<p<2$ 时, $\tilde{n}=p/4$; 当 $p\geqslant 2$ 时，$\tilde{n}=(p-1)/2$. 暴涨结束前标度因子增长的 e-指数数目为

$$N_*+\tilde{n}\approx\frac{4\pi}{p}\frac{\phi_*^2}{m_{\rm pl}^2}. \tag{5.110}$$

所以

$$\epsilon(\phi_*)=\frac{p}{4(N_*+\tilde{n})},\quad \eta(\phi_*)=\frac{p-1}{2(N_*+\tilde{n})}. \tag{5.111}$$

把这个结果代入方程 (5.78) 及 (5.101) 得到

$$n_s=1-\frac{p+2}{2(N_*+\tilde{n})},\quad r=\frac{4p}{N_*+\tilde{n}}=\frac{8p(1-n_s)}{p+2}. \tag{5.112}$$

谱指数结果要求 $(p+2)/(N_*+\tilde{n})=0.064\pm 0.024$[42]. 而张标比要求 $p/(N_*+\tilde{n})<0.06$[42]. 如果取 $N_*=50$ 或者 $N_*=60$，则 $\lambda\phi^4$ 模型 ($p=4$) 不能满足这个要求. 结合 Planck 卫星在 2015 年公布的数据，幂次势函数计算出来的 n_s 及 r 的结果与 Planck 的结果一起显示在图 5.4 中.

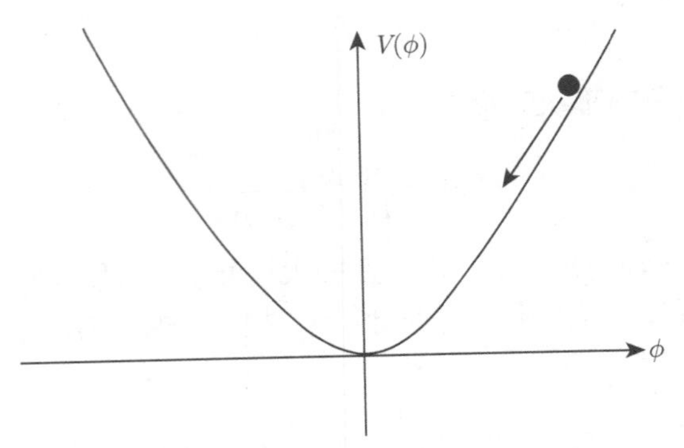

图 5.3　大暴涨势示意图

暴涨过程中标量场 ϕ 在减小

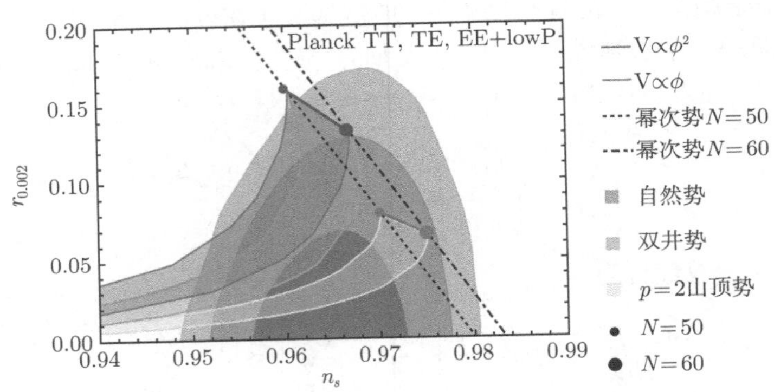

图 5.4　图中的灰色阴影区域是 Planck 卫星 2015 年公布的 $n_s - r_{0.002}$ 对应 68%，95% 和 99.8% 置信度的圈图

本节中讨论的不同理论模型对于 $N_* = 50$ 及 $N_* = 60$ 的计算结果也显示在图中. 虚线对应幂次势，其他阴影区域分别对应 $p = 2$ 山顶势，双井势及自然暴涨模型

5.5.3　山顶势

这种形式的势最早是由大统一理论中的自发对称性破缺得到的寇曼-温伯格 (Coleman-Weinberg) 势[126]

$$V(\phi) = \frac{B\sigma^4}{2} + B\phi^4 \left[\ln(\phi^2/\sigma^2) - \frac{1}{2}\right]. \tag{5.113}$$

在 $\phi \sim 0$ 附近，该势非常平坦，见图 5.5. 当 $\phi \ll \sigma$ 时，上述势可以近似为

$$V(\phi) = \frac{B\sigma^4}{2} - \frac{\lambda\phi^4}{4}. \tag{5.114}$$

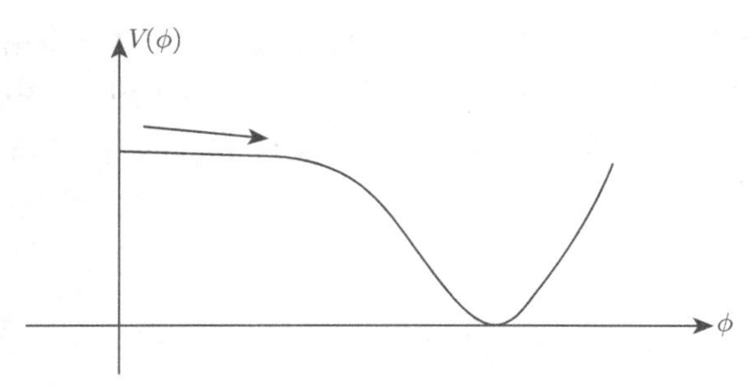

图 5.5 山顶势示意图

标量场 ϕ 从势能局域最大 $(\phi=0)$ 向势能最小滚动

更一般地，可以考虑如下形式的所谓山顶势[127]

$$V(\phi)=V_0\left[1-\left(\frac{\phi}{\mu}\right)^p\right]. \tag{5.115}$$

这个势函数要求 $\phi\leqslant\mu$. 如果 $\phi\sim\mu$，则这个势函数可近似为线性函数. 这个模型中的慢滚参数为

$$\epsilon(\phi)=\frac{p^2M_{\rm pl}^2(\phi/\mu)^{2p-2}}{2\mu^2\left[1-(\phi/\mu)^p\right]^2},\quad \eta(\phi)=-\frac{p(p-1)M_{\rm pl}^2(\phi/\mu)^{p-2}}{\mu^2\left[1-(\phi/\mu)^p\right]}. \tag{5.116}$$

在 $\phi\sim 0$ 附近，慢滚条件能否得到满足, 取决于 $\mu/M_{\rm pl}$ 及 ϕ/μ 的值. 暴涨结束条件由 $\epsilon(\phi_e)=1$ 或 $\eta(\phi_e)=1$ 确定. 暴涨结束前标度因子增长的 e-指数数目为

$$N_*=\frac{\mu^2}{pM_{\rm pl}^2}\left[f(\phi_e/\mu)-f(\phi_*/\mu)\right]. \tag{5.117}$$

当 $p\neq 2$ 时，式中函数 $f(x)$ 为

$$f(x)=\frac{x^{2-p}}{2-p}-\frac{1}{2}x^2. \tag{5.118}$$

若 $p>2$, 则可实现小场暴涨, 且条件 $\mu/M_{\rm pl}<1$ 得到满足. 暴涨结束由条件 $\eta(\phi_e)=1$ 确定, $\phi_e\approx[p(p-1)]^{1/(2-p)}\mu^{p/(p-2)}$. 利用方程 (5.117) 及 (5.118) 得到

$$n_s\approx 1-\frac{2(p-1)}{(p-2)N}, \tag{5.119}$$

$$r\approx\frac{8p^2}{\mu^2}\left[\frac{\mu^2}{p(p-2)N}\right]^{(2p-2)/(p-2)}. \tag{5.120}$$

当 $p=2$ 时，函数 $f(x)$ 为

$$f(x)=\ln x-\frac{1}{2}x^2. \tag{5.121}$$

利用暴涨结束条件可求出 ϕ_e，代入方程 (5.117) 可以解得某尺度出视界时刻的标量场取值 ϕ_*，代入方程 (5.116) 便可以计算出 n_s 及 r，在图 5.4 中我们显示了对于 $p=2$ 的结果. 取 $N_*=60$，则对于 $p=2$ 我们发现 Planck 于 2015 年公布的结果要求 $\mu \geqslant 9M_{\mathrm{pl}}$, $\phi_*/\mu \geqslant 0.138$.

5.5.4 双井势

对于来自对称性破缺的双井势函数，

$$V(\phi)=V_0\left(1-\frac{\phi^2}{\mu^2}\right)^2, \tag{5.122}$$

当 $\phi/\mu \gg 1$ 时，它可以近似为 $p=4$ 的幂次势；当 $\phi/\mu \ll 1$，它可以近似为 $p=2$ 的山顶势. 对于双井势，我们计算其慢滚参数为

$$\epsilon(\phi)=\frac{8M_{\mathrm{pl}}^2(\phi/\mu)^2}{\mu^2[1-\phi^2/\mu^2]^2}, \quad \eta(\phi)=-\frac{4M_{\mathrm{pl}}^2(1-3\phi^2/\mu^2)}{\mu^2[1-\phi^2/\mu^2]^2}. \tag{5.123}$$

利用暴涨结束条件，通过比较 $\epsilon(\phi_e)=1$ 和 $\eta(\phi_e)=1$ 及数值求解方法可得到暴涨结束时刻的 ϕ_e. 利用这些结果及暴涨结束前标度因子需要增长的 e-指数数目

$$N_*=\frac{\mu^2}{4M_{\mathrm{pl}}^2}\left(\ln x-\frac{1}{2}x^2\right)\Bigg|_{x_*}^{x_e}, \tag{5.124}$$

我们可以求得某个尺度出视界时刻的标量场取值 ϕ_*，式中, $x_e=\phi_e/\mu$，$x_*=\phi_*/\mu$. 把解出的 ϕ_* 代入慢滚参数表达式 (5.123) 可计算出 n_s 和 r. 当参数 μ 取不同的数值时，按照上面的方法我们便得到图 5.4 中的结果. 如果我们取 $N_*=60$，则与 2015 年 Planck 的结果相吻合的参数为 $\mu \geqslant 13M_{\mathrm{pl}}$，且 $\phi_*/\mu \geqslant 0.146$.

如果 $\phi_e \sim \mu$ 且 $\phi_* \ll \mu$，则由方程 (5.124) 可知

$$\frac{\phi_*}{\mu} \approx \exp\left(-\frac{4N_*M_{\mathrm{pl}}^2}{\mu^2}\right). \tag{5.125}$$

代入慢滚参数的表达式，便得到

$$\begin{aligned} n_s-1 &\approx -\frac{8M_{\mathrm{pl}}^2+24M_{\mathrm{pl}}^2\exp\left(-8N_*M_{\mathrm{pl}}^2/\mu^2\right)}{\mu^2\left[1-\exp\left(-8N_*M_{\mathrm{pl}}^2/\mu^2\right)\right]^2}, \\ r &\approx \frac{128M_{\mathrm{pl}}^2\exp(-8N_*M_{\mathrm{pl}}^2/\mu^2)}{\mu^2\left[1-\exp\left(-8N_*M_{\mathrm{pl}}^2/\mu^2\right)\right]^2}. \end{aligned} \tag{5.126}$$

5.5.5 自然暴涨模型

对于自然暴涨模型，$V(\phi)=V_0[1+\cos(\phi/f)]$[128]. 当 $\phi/f\sim 2\pi$ 时，该势函数可近似为 $p=2$ 的幂次势. 自然暴涨模型的慢滚参数为

$$\epsilon(\phi)=\frac{M_{\rm pl}^2}{2f^2}\left[\frac{\sin(\phi/f)}{1+\cos(\phi/f)}\right]^2, \tag{5.127}$$

$$\eta(\phi)=-\frac{M_{\rm pl}^2}{f^2}\frac{\cos(\phi/f)}{1+\cos(\phi/f)}, \tag{5.128}$$

$$\xi(\phi)=-\frac{M_{\rm pl}^4}{f^4}\left[\frac{\sin(\phi/f)}{1+\cos(\phi/f)}\right]^2=-\frac{2M_{\rm pl}^2}{f^2}\epsilon(\phi). \tag{5.129}$$

利用暴涨结束条件 $\epsilon(\phi_e)\sim 1$ 可得[129]

$$\frac{\phi_e}{f}=\arccos\left[\frac{1-2(f/M_{\rm pl})^2}{1+2(f/M_{\rm pl})^2}\right]. \tag{5.130}$$

利用这些结果及暴涨结束前标度因子需要增长的 e-指数数目

$$N_*=\frac{2f^2}{M_{\rm pl}^2}\ln\left[\frac{\sin(\phi_e/2f)}{\sin(\phi_*/2f)}\right], \tag{5.131}$$

我们可以得到对应某个尺度出视界时刻的标量场值 ϕ_*，把这个值代入慢滚参数便可以计算谱指数 n_s 及 n_T, 张标比 r 等可观测量. 取不同的参数 f，会有不同的结果, 我们把这些结果显示在图 5.4 及图 5.6 中.

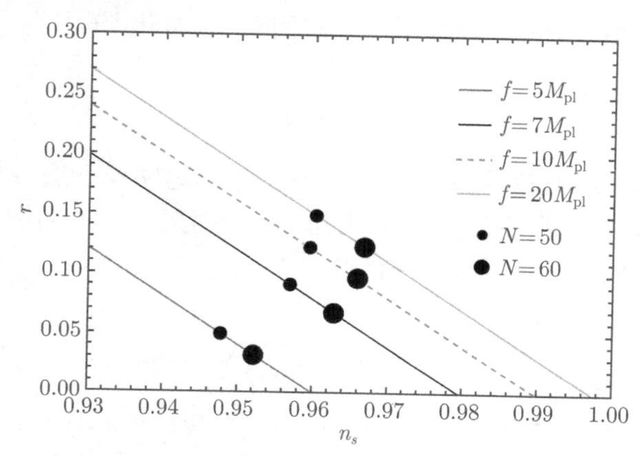

图 5.6 取不同参数 f 的自然暴涨模型的 n_s-r 结果

图中大点代表 $N_*=60$，小点代表 $N_*=50$

5.5.6　谱指数参数化及势重构

由方程 (5.79) 可知，

$$\frac{\mathrm{d}\ln\epsilon}{\mathrm{d}N}=2\eta-4\epsilon, \tag{5.132}$$

则近似到一阶，标量谱指数可以表达为

$$n_s-1=-2\epsilon+\frac{\mathrm{d}\ln\epsilon}{\mathrm{d}N}. \tag{5.133}$$

由方程 (5.39) 可知，

$$\mathrm{d}\phi=M_{\mathrm{pl}}^2\frac{V'(\phi)}{V(\phi)}\mathrm{d}N=\pm M_{\mathrm{pl}}\sqrt{2\epsilon}\,\mathrm{d}N, \tag{5.134}$$

所以

$$\epsilon=\frac{M_{\mathrm{pl}}^2}{2}\left(\frac{V'}{V}\right)^2=\frac{1}{2}\frac{V'}{V}\frac{\mathrm{d}\phi}{\mathrm{d}N}=\frac{1}{2}\frac{\mathrm{d}\ln V}{\mathrm{d}N}>0, \tag{5.135}$$

把这个结果代入方程 (5.133)，则标量谱指数也可以表达为势函数的导数[130]

$$n_s-1\approx-(\ln V)_{,N}+\left(\ln\frac{V_{,N}}{V}\right)_{,N}=\left(\ln\frac{V_{,N}}{V^2}\right)_{,N}, \tag{5.136}$$

式 (5.136) 中 $V_{,N}=\mathrm{d}V/\mathrm{d}N$. 从上述方程组 (5.133)，(5.134)，(5.135) 及 (5.136) 可知，只要知道函数 $\epsilon(N)$，$n_s(N)$，$\phi(N)$ 或 $V(N)$ 中的任何一个，则可以利用上述方程组求出其他函数及标量场的势函数 $V(\phi)$[131]. Planck 卫星 2015 年的数据告诉我们如果取 $N=60$，则标量谱指数 n_s 可以近似为 $1-2/N$. 因此我们可以通过参数化 ϵ 或 n_s 而找到相应的标量场模型，以如下简单参数化[132, 133]

$$n_s-1\approx-\frac{p}{N+\alpha}, \tag{5.137}$$

为例我们详细讨论重构与观测数据相符的势函数的思路及方法，式中参数 p 及 α 都为正数. 由于观测结果支持 $p>1$，我们下面只考虑 $p>1$ 的情况. 把上述参数化 (5.137) 代入方程 (5.133) 可以解得

$$\epsilon(N)=\frac{p-1}{2(N+\alpha)+C(N+\alpha)^p}, \tag{5.138}$$

式中, 积分常数 $C\geqslant 0$. 暴涨结束对应于 $N=0$，所以 $\epsilon(N=0)\approx 1$ 给出 $2\alpha+C\alpha^p\approx p-1$，即积分常数可以用模型参数表达成如下形式

$$C\approx\frac{p-1-2\alpha}{\alpha^p}. \tag{5.139}$$

把 $\epsilon(N)$ 的结果 (5.138) 代入方程 (5.132) 可解得

$$\eta(N) = \frac{3(p-1)}{2(N+\alpha)+C(N+\alpha)^p} - \frac{p}{2(N+\alpha)}. \tag{5.140}$$

把参数化 (5.137) 代入方程 (5.136) 可以得到势函数

$$V(N) = \frac{p-1}{A}\left[\frac{1}{(N+\alpha)^{p-1}}+\frac{C}{2}\right]^{-1}, \tag{5.141}$$

式中, A 为积分常数. 为了求解出 $\phi(N)$ 及 $V(\phi)$ 的具体形式，我们先讨论几种特殊情况.

对于 $C=0$，则

$$\epsilon(N) = \frac{p-1}{2(N+\alpha)}, \tag{5.142}$$

$$\eta(N) = \frac{2p-3}{2(N+\alpha)}, \tag{5.143}$$

$$r = \frac{8(p-1)}{p}(1-n_s). \tag{5.144}$$

把方程 (5.142) 代入方程 (5.134)，则得到

$$\phi-\phi_e = \pm 2\sqrt{p-1}(\sqrt{N+\alpha}-\sqrt{\alpha}), \tag{5.145}$$

即

$$\phi(N) = \pm 2\sqrt{(p-1)(N+\alpha)}+\phi_0, \tag{5.146}$$

式中, ϕ_0 为积分常数，$\phi_e = \pm 2\sqrt{(p-1)\alpha}+\phi_0$. 联立方程 (5.146) 与 (5.141)，则得到前面讨论过的幂次势函数

$$V(\phi) = \frac{p-1}{A(p-1)^{p-1}}\left(\frac{\phi-\phi_0}{2}\right)^{2(p-1)} = V_0(\phi-\phi_0)^{2(p-1)}. \tag{5.147}$$

对于 $p=2$，求解方程 (5.134) 则得到

$$\phi(N) = \pm\frac{2\sqrt{2}}{\sqrt{C}}\operatorname{arcsinh}\sqrt{C(N+\alpha)/2}+\phi_0, \tag{5.148}$$

$$\phi_e = \pm\frac{2\sqrt{2}}{\sqrt{C}}\operatorname{arcsinh}\sqrt{C\alpha/2}+\phi_0, \tag{5.149}$$

式中, ϕ_0 为积分常数. 代入方程 (5.141) 则得到 T 模型[134]

$$V(\phi) = \frac{2}{AC}\tanh^2\left[\frac{\sqrt{C}}{2\sqrt{2}}(\phi-\phi_0)\right] = V_0\tanh^2[\gamma(\phi-\phi_0)], \tag{5.150}$$

式中, $\gamma=\sqrt{C/8}$. 如果 $\gamma\phi\ll 1$，则这个势函数退化为平方势. 如果 $\gamma\phi\gg 1$，则这个势可以近似为

$$\begin{aligned} V(\phi) &\approx V_0\left\{1-2\exp\left[-\sqrt{C/2}\,(\phi-\phi_0)\right]\right\}^2 \\ &\approx V_0\left\{1-4\exp\left[-\sqrt{C/2}\,(\phi-\phi_0)\right]\right\}. \end{aligned} \tag{5.151}$$

最早的修改引力理论给出的暴涨模型，即 R^2 引力暴涨对应于 $C=4/3$ 的情况[135]，即这个模型包括 R^2 暴涨的情况.

对于更一般的情况 $C>0$ 及 $p\neq 2$，联立方程 (5.134) 及 (5.138) 可以得到

$$\phi(N)=\phi_0\pm\frac{2}{2-p}\sqrt{\frac{2(p-1)}{C}}(N+\alpha)^{1-p/2}\,{}_2F_1\left[\frac{1}{2},\frac{p-2}{2(p-1)},\frac{4-3p}{2-2p},-\frac{2(N+\alpha)^{1-p}}{C}\right]. \tag{5.152}$$

原则上结合 $\phi(N)$ 及 $V(N)$ 我们可以得到势函数 $V(\phi)$. 这里我们只讨论了一个简单的参数化 (5.137)，当然我们可以利用更一般的参数化来重构实现暴涨的标量场.

第 6 章　宇宙微波背景辐射

宇宙微波背景辐射中的小的各向异性是由于宇宙原初密度扰动而形成的，这些原初密度扰动构成了宇宙大尺度结构形成的种子. 研究宇宙微波背景辐射中的各向异性是理解宇宙早期演化的窗口，本章主要介绍宇宙微波背景辐射的理论及其计算方法.

6.1　温度各向异性

温度的扰动 $\Delta T/T$ 是位置 $\boldsymbol{x}$ 及光子传播方向 $\boldsymbol{n}$ 的函数，通常用球谐函数 $Y_{\rm lm}$ 把它展开，

$$\epsilon(\boldsymbol{x},\boldsymbol{n})=\frac{\delta T(\boldsymbol{n})}{T}=\sum_{lm}a_{lm}(\boldsymbol{x})Y_{lm}(\boldsymbol{n}). \tag{6.1}$$

展开系数

$$a_{lm}(\boldsymbol{x})=\int\epsilon(\boldsymbol{x},\boldsymbol{n})Y^*_{lm}(\boldsymbol{n})\mathrm{d}\Omega. \tag{6.2}$$

单极子 a_{00} 不可观测. 而 $l=1$ 的项对应于偶极矩，是由于观测者相对于微波背景辐射的参考系运动而引起的. 转动不变性要求

$$\langle a_{lm}a^*_{l'm'}\rangle=C_l\delta_{ll'}\delta_{mm'}. \tag{6.3}$$

从而得到 C_l 的表达式，

$$C_l=\sum_m\frac{\langle|a_{lm}|^2\rangle}{2l+1}. \tag{6.4}$$

另一方面，对空间坐标做傅里叶变换得到

$$\begin{aligned}\epsilon(\boldsymbol{x})&=\frac{1}{(2\pi)^{3/2}}\int\mathrm{d}^3k\epsilon_k\exp(\mathrm{i}\boldsymbol{k}\cdot\boldsymbol{x})\\&=\frac{1}{(2\pi)^{3/2}}\int\mathrm{d}^3k\epsilon_k\sum_l(2l+1)\mathrm{i}^lj_l(kr)P_l(\hat{k}\cdot\hat{x}),\end{aligned} \tag{6.5}$$

式中，$j_l(x)$ 是球贝塞尔函数，$P_l(x)$ 是勒让德多项式，其满足下列关系式，

$$P_l(\cos\theta)=\sqrt{\frac{4\pi}{2l+1}}Y_{l0}(\theta),\quad P_{l+1}(x)=\frac{1}{l+1}[(2l+1)xP_l(x)-lP_{l-1}(x)]. \tag{6.6}$$

转动不变性要求

$$\langle \epsilon_{k_1}\epsilon^*_{k_2}\rangle = \frac{2\pi^2}{k^3}\delta^3(\boldsymbol{k}_1-\boldsymbol{k}_2)\mathscr{P}_\epsilon(k_1). \tag{6.7}$$

利用方程 (6.1)，(6.3)，(6.5) 与 (6.7) 可得

$$\begin{aligned}\langle \epsilon(\boldsymbol{x}_1)\epsilon^*(\boldsymbol{x}_2)\rangle &= \int_0^\infty \frac{\mathrm{d}k}{k}\mathscr{P}_\epsilon(k)\sum_l (2l+1)j_l(kr_1)j_l(kr_2)P_l(\cos\theta)\\ &= \sum_l \frac{2l+1}{4\pi}C_l P_l(\cos\theta),\end{aligned} \tag{6.8}$$

式中，$\cos\theta = \hat{x}_1\cdot\hat{x}_2 = \boldsymbol{n}_1\cdot\boldsymbol{n}_2$. 在上式的推导过程中，用到了这些关系，

$$\sum_m Y^*_{lm}(\boldsymbol{n}_1)Y_{lm}(\boldsymbol{n}_2) = \frac{2l+1}{4\pi}P_l(\cos\theta), \tag{6.9}$$

$$\int \mathrm{d}\Omega_q P_l(\hat{n}\cdot\hat{q})P_{l'}(\hat{n}'\cdot\hat{q}) = \frac{4\pi}{2l+1}\delta_{ll'}P_l(\hat{n}\cdot\hat{n}'). \tag{6.10}$$

从方程 (6.8) 可得

$$C_l = 4\pi\int_0^\infty \frac{\mathrm{d}k}{k}\mathscr{P}_\epsilon(k)j_l(kr_1)j_l(kr_2). \tag{6.11}$$

在实际观测中，测量的是

$$C_l^{obs} \equiv \frac{1}{2l+1}\sum_m |a_{lm}|^2. \tag{6.12}$$

利用上述结果，可以估计观测值和理论值的误差

$$\left\langle \left(\frac{C_l - C_l^{obs}}{C_l}\right)^2 \right\rangle = \frac{2}{2l+1}. \tag{6.13}$$

即对于小 l，或大尺度，这个误差要大些；而对于小尺度，或大 l，这个误差很小.

6.1.1 偶极矩

温度各向异性的观测是在地球或银河系中进行的，而地球或银河系相对于微波背景辐射运动，所以需要考虑地球的运动对观测结果的影响. 考虑相空间中的动量为 $\boldsymbol{p}$ 的光子数密度

$$n(\boldsymbol{p}) = \frac{1}{h^3}\frac{1}{\exp(|\boldsymbol{p}|c/kT)-1}. \tag{6.14}$$

由于相空间体积是洛伦兹 (Lorentz) 不变的，所以相空间的光子数密度 $n(\boldsymbol{p})$ 也是 Lorentz 不变的，$n(\boldsymbol{p}) = n(\boldsymbol{p}')$. 假如地球沿微波背景辐射的 z 方向以速度 βc 运动，

则地球上测量到的光子动量 $\boldsymbol{p}'$ 与相对微波背景辐射静止坐标系测量到的光子动量 $\boldsymbol{p}$ 之间的关系为

$$\begin{pmatrix} p_1 \\ p_2 \\ p_3 \\ |\boldsymbol{p}| \end{pmatrix} = \begin{pmatrix} 1 & 0 & 0 & 0 \\ 0 & 1 & 0 & 0 \\ 0 & 0 & \gamma & \beta\gamma \\ 0 & 0 & \beta\gamma & \gamma \end{pmatrix} \begin{pmatrix} p_1' \\ p_2' \\ p_3' \\ |\boldsymbol{p}'| \end{pmatrix}, \tag{6.15}$$

式中，$\gamma = (1-\beta^2)^{-1/2}$. 所以

$$|\boldsymbol{p}| = \gamma(1+\beta\cos\theta)|\boldsymbol{p}'|, \tag{6.16}$$

式中，θ 是 $\boldsymbol{p}'$ 与 z 轴的夹角. 从而

$$n(\boldsymbol{p}') = \frac{1}{h^3}\frac{1}{\exp(|\boldsymbol{p}'|c/kT')-1}. \tag{6.17}$$

所以地球上测量到的温度为

$$T' = \frac{T}{\gamma(1+\beta\cos\theta)}. \tag{6.18}$$

因为地球相对于微波背景辐射的运动速度 $\boldsymbol{v}_{\oplus} = 370\text{km/s}$，所以由于地球的运动而产生的微波背景辐射各向异性为

$$\Delta T = T' - T = T\left[-\beta P_1(\cos\theta) + \frac{2}{3}\beta^2 P_2(\cos\theta) - \frac{\beta^2}{6} + \cdots\right], \tag{6.19}$$

式中，$-\beta P_1(\cos\theta)$ 即温度各向异性的偶极矩. 把式 (6.19) 和 (6.1) 比较便知 $a_{10} = \beta \approx 0.00123$.

6.1.2 萨克斯-沃尔夫效应

在大尺度上，萨克斯-沃尔夫 (Sachs-Wolfe) 效应对温度的各向异性贡献最大. 它主要来源于在最后散射面上引力势的扰动. 引力势扰动 $\varPhi$ 有两个效应[136]：①引力势扰动引起引力红移效应. 当光子经过引力势阱时，光子要损失能量，从而光子的温度要降低，$\delta T/T = \varPhi$；②引力势引起度规及时间变化，从而改变标度因子随时间的演化率. 引力势扰动引起的时间膨胀为 $\delta t/t = \varPhi$，而温度 $T \propto 1/a$，在物质为主时期 $a(t) \propto t^{2/3}$，所以

$$\frac{\delta T}{T} = -\frac{\delta a}{a} = -\frac{2}{3}\frac{\delta t}{t} = -\frac{2}{3}\varPhi. \tag{6.20}$$

从而引力势扰动 $\varPhi$ 对温度扰动的总效应为[136]

$$\frac{\delta T}{T} = \frac{1}{3}\varPhi. \tag{6.21}$$

另一方面，引力势扰动与密度扰动通过泊松方程 $\nabla^2\Phi=4\pi G\rho\delta$ 联系，

$$\delta_k=-\frac{2}{3}\left(\frac{k}{aH}\right)^2\Phi_k. \tag{6.22}$$

引力势扰动和曲率扰动 $\mathscr{R}$ 的关系为 $\Phi_k=-(3+3w)\mathscr{R}/(5+3w)$，在物质为主时期，$\Phi_k=-3\mathscr{R}/5$. 从而

$$\delta_k=\frac{2}{5}\left(\frac{k}{aH}\right)^2\mathscr{R},\quad \delta_H^2=\frac{4}{25}\mathscr{P}_{\mathscr{R}}=\frac{4}{9}\mathscr{P}_{\Phi}, \tag{6.23}$$

式中，下标 H 表示取进入视界时刻 $k=aH$ 的值. 把公式 (6.21) 代入公式 (6.11) 便得到 Sachs-Wolfe 效应引起的 C_l，

$$(C_l)_{\mathrm{SW}}=\frac{4\pi}{9}\int_0^\infty\frac{\mathrm{d}k}{k}\mathscr{P}_{\Phi}(k)j_l^2(kr_L)=\pi\int_0^\infty\frac{\mathrm{d}k}{k}\delta_H^2(k)j_l^2(kr_L), \tag{6.24}$$

式中，r_L 是从现在的观测者到最后散射面的距离. 最后散射面的红移很大，所以物质为主时期 $r_L\approx 2H_0^{-1}$. 由于感兴趣的扰动在最后散射面所在时刻进入视界，所以 δ_H^2 来自于原初扰动，$\delta_H^2\propto k^{n-1}$，利用积分关系

$$\int_0^\infty j_l^2(s)s^{n-2}\mathrm{d}s=\frac{2^{n-4}\pi\Gamma(3-n)\Gamma(l+(n-1)/2)}{\Gamma^2((4-n)/2)\Gamma(l+2-(n-1)/2)}, \tag{6.25}$$

则得到由 Sachs-Wolfe(SW) 效应引起的温度扰动的功率谱

$$\begin{aligned}(C_l)_{\mathrm{SW}}&=\frac{2^{n-4}\pi^2\Gamma(3-n)\Gamma[l+(n-1)/2]}{\Gamma^2[(4-n)/2]\Gamma[l+(5-n)/2]}\delta_H^2(r_L^{-1})\\&\approx\frac{\pi^{3/2}}{4}\frac{\Gamma[(3-n)/2]\Gamma[l+(n-1)/2]}{\Gamma[(4-n)/2]\Gamma[l+(5-n)/2]}\delta_H^2(H_0/2),\end{aligned} \tag{6.26}$$

式中，δ_H 是一个常数，COBE 测量结果给出：如果 $\Omega_{m0}=1$，则 $\delta_H=1.91\times10^{-5}$；如果 $\Omega_{m0}=0.3$，$\Omega_{\Lambda0}=0.7$，则 $\delta_H=4.6\times10^{-5}$[137]. 如果原初谱是标度不变的 Harrison-Zel'dovich (HZ) 谱，$n=1$，则

$$(C_l)_{\mathrm{SW}}=\frac{\pi}{2}\frac{1}{l(l+1)}\delta_H^2. \tag{6.27}$$

6.1.3 非高斯性

对于高斯谱，三点相关函数为 0，四点相关函数为

$$\langle\Phi_{k_1}\Phi_{k_2}\Phi_{k_3}\Phi_{k_4}\rangle=\langle\Phi_{k_1}\Phi_{k_2}\rangle\langle\Phi_{k_3}\Phi_{k_4}\rangle+\langle\Phi_{k_1}\Phi_{k_3}\rangle\langle\Phi_{k_2}\Phi_{k_4}\rangle+\langle\Phi_{k_1}\Phi_{k_4}\rangle\langle\Phi_{k_2}\Phi_{k_3}\rangle, \tag{6.28}$$

对于非高斯谱，三点相关函数为

$$\langle \Phi_{k_1}\Phi_{k_2}\Phi_{k_3}\rangle = (2\pi)^3\delta^3_{k_1+k_2+k_3}B_\Phi(k_1,k_2,k_3), \tag{6.29}$$

式中，B_Φ 称为双谱 (bispectrum).δ 函数对应于平移不变性，转动不变性要求 B_Φ 只依赖于动量大小. 局域 (local) 双谱可以用约化的双谱 $\mathscr{B}_\Phi$ 来表达[138−140]，

$$B_\Phi(k_1,k_2,k_3) = \mathscr{B}_\Phi(k_1,k_2,k_3)[P_\Phi(k_1)P_\Phi(k_2)+P_\Phi(k_2)P_\Phi(k_3)+P_\Phi(k_3)P_\Phi(k_1)], \tag{6.30}$$

式中，$P_\Phi=(2\pi^2/k^3)\mathscr{P}_\Phi=A/k^{4-n_s}$，$A$ 是归一化因子. 为了方便地描述非高斯性，把度规扰动 Φ 在高斯性微扰 Φ_L 附近做泰勒展开，

$$\Phi = \Phi_L + f_{\rm NL}^{\rm local}\Phi_L^2, \tag{6.31}$$

式中，$f_{\rm NL}^{local}$ 表征了非高斯性程度. 把上述定义 (6.31) 代入方程 (6.29)，并利用方程 (6.30) 可得

$$\mathscr{B}_\Phi = 2f_{\rm NL}^{\rm local}. \tag{6.32}$$

在所谓的“挤压 (squeezed)”三角极限下，$k_3 \ll k_1 \approx k_2$[141]，

$$B_\Phi = 4f_{\rm NL}^{\rm local}P_\Phi(k_1)P_\Phi(k_3). \tag{6.33}$$

对于标量场暴涨模型，共动曲率扰动满足[114]，

$$\mathscr{R} = -[H(\phi)/\dot{\phi}_0]\delta\phi = \frac{{\rm d}N}{{\rm d}\phi}\delta\phi = \delta N, \tag{6.34}$$

式中，N 是暴涨结束前暴涨的 e-foldings 数. 把上述关系作非线性推广并展开到 $\delta\phi^2$ 项，我们得到

$$\mathscr{R} = \frac{{\rm d}N}{{\rm d}\phi}\delta\phi + \frac{1}{2}\frac{{\rm d}^2N}{{\rm d}\phi^2}\delta\phi^2 = \mathscr{R}_L + \frac{1}{2}\left[\frac{{\rm d}^2N/{\rm d}\phi^2}{({\rm d}N/{\rm d}\phi)^2}\right]\mathscr{R}_L^2, \tag{6.35}$$

由于 $\Phi = 3\mathscr{R}/5$，所以

$$f_{\rm NL}^{\rm local} = \frac{5}{6}\left[\frac{{\rm d}^2N/{\rm d}\phi^2}{({\rm d}N/{\rm d}\phi)^2}\right] = -\frac{5}{24\pi G}\frac{\partial^2\ln H}{\partial\phi^2} = \frac{5}{6}(\epsilon_H-\eta_H). \tag{6.36}$$

另外，双谱的描述也可用等边 (equilateral) 形式[142]

$$B_\Phi^{\rm equil} = 6A^2f_{\rm NL}^{\rm equil}\left\{-\frac{1}{k_1^{4-n_s}k_2^{4-n_s}} - \frac{1}{k_2^{4-n_s}k_3^{4-n_s}} - \frac{1}{k_3^{4-n_s}k_1^{4-n_s}} - \frac{2}{(k_1k_2k_3)^{2(4-n_s)/3}} + \left[\frac{1}{k_1^{(4-n_s)/3}k_2^{2(4-n_s)/3}k_3^{4-n_s}} + (5\ \text{项置换项})\right]\right\}, \tag{6.37}$$

几乎和局域及等边形式正交的双谱正交 (orthogonal) 形式为[143]

$$B_{\Phi}^{\text{orthog}} = 6A^2 f_{\text{NL}}^{\text{orthog}} \left\{ -\frac{3}{k_1^{4-n_s} k_2^{4-n_s}} - \frac{3}{k_2^{4-n_s} k_3^{4-n_s}} - \frac{3}{k_3^{4-n_s} k_1^{4-n_s}} \right.$$
$$\left. - \frac{8}{(k_1 k_2 k_3)^{2(4-n_s)/3}} + \left[\frac{3}{k_1^{(4-n_s)/3} k_2^{2(4-n_s)/3} k_3^{4-n_s}} + (5\ \text{项置换项}) \right] \right\}, \tag{6.38}$$

WMAP7 年数据给出在 95% 置信度下，$-10 < f_{\text{NL}}^{\text{local}} < 74$，$-214 < f_{\text{NL}}^{\text{equil}} < 266$，$-410 < f_{\text{NL}}^{\text{orthog}} < 6$[42]. 而 PLANCK 数据得到 1σ 置信度下的非高斯性限制为 $f_{\text{NL}}^{\text{local}} = 2.7 \pm 5.8$，$f_{\text{NL}}^{\text{equil}} < -42 \pm 75$，$f_{\text{NL}}^{\text{orthog}} = -25 \pm 39$[44].

对于高斯分布，四点相关函数可以用两点相关函数来表达. 而对于非高斯分布，除了方程 (6.28) 给出的两点相关函数乘积外，还有下面的附加项，

$$\langle \Phi_{k_1} \Phi_{k_2} \Phi_{k_3} \Phi_{k_4} \rangle = (2\pi)^3 \delta^3_{k_1+k_2+k_3+k_4} T_{\Phi}, \tag{6.39}$$

T_{Φ} 称为三谱 (trispectrum).

6.2　玻尔兹曼方程

在第 5 章中，已经讨论了作为理想流体的各种粒子密度及速度扰动所满足的方程，而数密度是分布函数对所有动量的积分. 本节要详细讨论分布函数 $f(x^\mu, p^\mu)$ 在相空间 (x^μ, p^μ) 中的演化. 相空间的不变测度为 $2\delta(g_{\mu\nu}p^\mu p^\nu + m^2)|g|\text{d}^4p\text{d}^4x$，$g = \det(g_{\mu\nu})$ 是度规 $g_{\mu\nu}$ 的行列式. 如果把 p^0 积掉，则 δ 函数消失了，这样动量空间 $\boldsymbol{p}$ 的测度为 $\text{d}\mu = \sqrt{|g|}\text{d}^3p/E$. 这里 $E = \sqrt{p^2 + m^2}$ 是粒子的能量，$p = \sqrt{g_{ij}p^ip^j}$ 是粒子动量的幅度. 在共形规范下，准确到一阶，粒子的四动量可以写成 $p^\mu = [(1-\Psi)E, a^{-1}(1+\Phi)pn^i]$，动量空间的测度可以写成 $\text{d}\mu = p^2\text{d}p\text{d}\Omega/E$. 利用分布函数可以得到粒子能量-动量张量

$$T^{\mu\nu}(x) = \int \frac{p^\mu p^\nu}{E} f(x,p) p^2 \text{d}p\text{d}\Omega. \tag{6.40}$$

它的各个分量为

$$T_0^0(x) = -\int E f(x,p) p^2 \text{d}p\text{d}\Omega, \tag{6.41}$$

$$T_i^0(x) = \int n_i f(x,p) p^3 \text{d}p\text{d}\Omega, \tag{6.42}$$

$$T_j^i(x) = \int n^i n_j \frac{p^4}{E} f(x,p) \text{d}p\text{d}\Omega. \tag{6.43}$$

注意，$\int \text{d}\Omega n_i = 0$ 以及 $\int \text{d}\Omega n^i n^j = \gamma^{ij} 4\pi/3$.

6.2.1 光子的玻尔兹曼方程

宇宙微波背景辐射光子由每个量子态上的光子数，即占有数来表征. 忽略微扰，占有数是光子动量绝对值 (能量) 的函数 $f_0(q)$. 准确到很高的精度时，该函数服从黑体辐射分布

$$f_0(q) = \frac{1}{\exp(q/T) - 1}, \tag{6.44}$$

式中，宇宙微波背景辐射温度 $T = aT_0$，$T_0 = 2.728\text{K}$. 微扰 $\delta f(\boldsymbol{q})$ 依赖于光子的动量大小及方向，即 $f(\boldsymbol{q}) = f_0(q) + \delta f(\boldsymbol{q})$. 近似到一阶，$f(\boldsymbol{q})$ 服从温度为 $T + \delta T$ 的黑体辐射分布. 其温度与光子的动量大小 q 无关，但与光子动量的方向 $\boldsymbol{n}$ 有关. 所以

$$f(q) = \frac{1}{\exp(q/(T+\delta T)) - 1}. \tag{6.45}$$

定义亮度函数

$$\Theta \equiv \frac{\delta T(\tau, \boldsymbol{x}, \boldsymbol{n})}{T(\tau)}, \tag{6.46}$$

近似到一阶得到

$$\delta f = -\Theta q \frac{\mathrm{d}f_0}{\mathrm{d}q}. \tag{6.47}$$

另一方面，因为 $\int_0^\infty f_0 q^3 \mathrm{d}q \propto T^4$，也可定义

$$4\Theta = \frac{\displaystyle\int_0^\infty \delta f q^3 \mathrm{d}q}{\displaystyle\int_0^\infty f_0 q^3 \mathrm{d}q}. \tag{6.48}$$

要推导出玻尔兹曼方程，首先要求出光子动量 $p^\mu = m\mathrm{d}x^\mu/\mathrm{d}s$ 的运动方程. 从光子动量的定义得到

$$\frac{p^i}{p^0} = \frac{\mathrm{d}x^i}{\mathrm{d}x^0} = \frac{n^i}{a}. \tag{6.49}$$

利用光子动量 p^μ 及测地线方程 $\mathrm{d}U^\mu/\mathrm{d}\lambda + \Gamma^\mu_{\alpha\beta}U^\alpha U^\beta = 0$ 可得到

$$\frac{\mathrm{d}p^\mu}{\mathrm{d}x^0} + \Gamma^\mu_{\alpha\beta}\frac{p^\alpha p^\beta}{p^0} = 0. \tag{6.50}$$

在共形牛顿规范中，度规的标量扰动为

$$\mathrm{d}s^2 = -(1 + 2\Psi)\mathrm{d}t^2 + a^2(1 - 2\Phi)\gamma_{ij}\mathrm{d}x^i\mathrm{d}x^j, \tag{6.51}$$

关系式 $g_{\mu\nu}p^\mu p^\nu = 0$ 导致 $p = (g_{ij}p^ip^j)^{1/2} = (1+\Psi)p^0$. 测地线方程 (6.50) 给出

$$\frac{1}{p}\frac{\mathrm{d}p^0}{\mathrm{d}t} = -\frac{\partial\Psi}{\partial t} - H(1-\Psi) + \frac{\partial\Phi}{\partial t} - 2\frac{\partial\Psi}{\partial x^i}\frac{n^i}{a}, \tag{6.52}$$

$$\frac{1}{p}\frac{\mathrm{d}p}{\mathrm{d}t} = \frac{1}{p}\frac{\mathrm{d}p^0}{\mathrm{d}t}(1+\Psi) + \frac{\mathrm{d}\Psi}{\mathrm{d}t} = -H + \frac{\partial\Phi}{\partial t} - \frac{\partial\Psi}{\partial x^i}\frac{n^i}{a}, \tag{6.53}$$

$$\frac{1}{q}\frac{\mathrm{d}q}{\mathrm{d}\tau} = \frac{\partial\Phi}{\partial\tau} - \frac{\partial\Psi}{\partial x^i}n^i, \tag{6.54}$$

式中，$q = ap$ 且 $\mathrm{d}t = a\mathrm{d}\tau$. 方程 (6.53) 描述了在加了扰动的时空中运动的光子动量的变化. 在物质聚集区域，$\Psi < 0$ 以及 $\Phi < 0$. 方程第二项代表在更深的势阱中 $(\partial\Phi/\partial t < 0)$ 的光子要失去能量，即光子需要失去能量以克服引力势阱的束缚. 利用这些测地线方程，可得到玻尔兹曼方程

$$\frac{\mathrm{d}f(\tau,x^i,q,n^i)}{\mathrm{d}\tau} = \frac{\partial f}{\partial\tau} + \frac{\mathrm{d}x^i}{\mathrm{d}\tau}\frac{\partial f}{\partial x^i} + \frac{\mathrm{d}q}{\mathrm{d}\tau}\frac{\partial f}{\partial q} + \frac{\mathrm{d}n^i}{\mathrm{d}\tau}\frac{\partial f}{\partial n^i} = \left(\frac{\partial f}{\partial\tau}\right)_C, \tag{6.55}$$

式 (6.55) 中右边来自于碰撞项，近似到一阶，$(\mathrm{d}n^i/\mathrm{d}\tau)(\partial f/\partial n^i)$ 可以被忽略. 把方程 (6.54) 代入方程 (6.55)，我们得到

$$\frac{\partial\delta f}{\partial\tau} + n^i\frac{\partial\delta f}{\partial x^i} + \left(\frac{\partial\Phi}{\partial\tau} - n^i\frac{\partial\Psi}{\partial x^i}\right)\frac{\mathrm{d}f_0(q)}{\mathrm{d}\ln q} = \left(\frac{\partial\delta f}{\partial\tau}\right)_C. \tag{6.56}$$

由光子的康普顿散射可知等式右边的碰撞项为 $-an_e\sigma_T(\Theta_0-\Theta+\boldsymbol{n}\cdot\boldsymbol{v}_b+n_in_j\Pi_\gamma^{ij}/16)$ $\mathrm{d}f_0(q)/\mathrm{d}\ln q$，其中汤姆孙 (Thomson) 散射截面 $\sigma_T = 0.6652\times10^{-24}\mathrm{cm}^2$. 从能量-动量张量的定义 (4.114) 及 (6.41) 可得到光子能量分布单极子

$$\Theta_0(\eta,\boldsymbol{x}) = \frac{1}{4\pi}\int\mathrm{d}\Omega\Theta(\eta,\boldsymbol{x},\boldsymbol{n}) = \frac{1}{4}\delta_\gamma. \tag{6.57}$$

从能量-动量张量的定义 (4.115) 及 (6.42) 可知光子能量分布的偶极矩

$$v_\gamma^i = 3\int\frac{\mathrm{d}\Omega}{4\pi}n^i\Theta(\eta,\boldsymbol{x},\boldsymbol{n}), \tag{6.58}$$

光子能量分布的四极矩可以从能量-动量张量的定义 (4.117) 及 (6.43) 得到

$$\Pi_\gamma^{ij} = \int\frac{\mathrm{d}\Omega}{4\pi}(3n^in^j - \gamma^{ij})4\Theta(\eta,\boldsymbol{x},\boldsymbol{n}). \tag{6.59}$$

更一般地，对于来自度规标量扰动的温度微扰，可以用勒让德多项式 $P_l(\mu)$ 展开亮度函数，

$$\Theta(\boldsymbol{k},\boldsymbol{n},\tau) = \sum_{lm}a_{lm}(\boldsymbol{k})Y_{lm}(\boldsymbol{n}) = \sum_{l=0}^{\infty}(-\mathrm{i})^l(2l+1)P_l(\hat{k}\cdot\boldsymbol{n})\Theta_l(k,\tau), \tag{6.60}$$

其中，展开系数 Θ_l 为

$$\Theta_l = \mathrm{i}^l \int_{-1}^{1} \mathrm{d}\mu \frac{1}{2} P_l(\mu) \Theta(\mu), \tag{6.61}$$

式中，$\mu = \cos\theta = \hat{k} \cdot \boldsymbol{n}$，而且勒让德多项式满足正交关系 $\int_{-1}^{1} P_n(\mu) P_l(\mu) \mathrm{d}\mu = 2/(2l+1)\delta_{nl}$. 对于标量扰动，利用方程 (6.57)~(6.59) 及 (6.61) 则得到如下关系，

$$\Theta_0 = \frac{1}{4}\delta_\gamma, \quad \Theta_1 = \frac{\theta_\gamma}{3k} = \frac{1}{3}V_\gamma, \quad \Theta_2 = \frac{1}{2}\sigma_\gamma = \frac{1}{12}\Pi_\gamma. \tag{6.62}$$

利用亮度函数的定义 (6.46)，最终得到

$$\frac{\partial(\Theta - \Phi)}{\partial \tau} + n^i \frac{\partial(\Theta + \Psi)}{\partial x^i} = a n_e \sigma_T (\Theta_0 - \Theta + \boldsymbol{n} \cdot \boldsymbol{v}_b - \frac{1}{2} P_2(\mu) A). \tag{6.63}$$

式 (6.63) 中利用了关系式 $n_i n_j \Pi^{ij}/16 = -P_2(\mu)\Pi/24 = -P_2(\mu)A/2$，这里 $A = \Theta_2 - \sqrt{6}E_2$，$E_2$ 为光子极化的 E 模的四极矩. 在 k-空间，上述方程成为

$$\frac{\partial(\Theta - \Phi)}{\partial \tau} + \mathrm{i}\boldsymbol{k} \cdot \boldsymbol{n}(\Theta + \Psi) = \kappa' [\Theta_0 - \Theta + \boldsymbol{n} \cdot \boldsymbol{v}_b - \frac{1}{2} P_2(\mu) A]. \tag{6.64}$$

式中，光学深度 (optical depth)$\kappa(\tau) = \int_\tau^{\tau_0} \mathrm{d}\eta \, a n_e \sigma_T$. 上述方程告诉我们每一个傅里叶模式都独立地演化，它们之间没有耦合. 注意，光子的传播方向矢量 $n^i = \mathrm{d}x^i/\mathrm{d}\tau$ 为单位矢量，$g_{ij} n^i n^j = 1$. 如果不考虑康普顿散射，由于光子的方向 $n^i = \mathrm{d}x^i/\mathrm{d}\tau$，方程 (6.63) 可以简化为

$$\frac{\mathrm{d}(\Theta + \Psi)}{\mathrm{d}\tau} = \Psi' + \Phi'. \tag{6.65}$$

若势 Φ 和 Ψ 为静态的，即 $\Phi' = \Psi' = 0$，则 $\Theta + \Psi$ 是守恒的，

$$\Theta(\tau_0, \boldsymbol{x}_0, \boldsymbol{n}_0) = \Theta(\tau_1, \boldsymbol{x}_1, \boldsymbol{n}_1) + [\Psi(\boldsymbol{x}_1) - \Psi(\boldsymbol{x}_0)]. \tag{6.66}$$

此即 Sachs-Wolfe 效应的最简单形式.

在同步规范中，度规的标量扰动为

$$\mathrm{d}s^2 = a^2(\tau)[-\mathrm{d}\tau^2 + (\delta_{ij} + h_{ij})\mathrm{d}x^i \mathrm{d}x^j],$$

所以 $p = p^0$，测地线方程 (6.50) 可以写成

$$\frac{1}{p}\frac{\mathrm{d}p}{\mathrm{d}t} = -\frac{1}{a}\frac{\mathrm{d}a}{\mathrm{d}t} - \frac{1}{2}\frac{\partial h_{ij}}{\partial t} n^i n^j, \tag{6.67}$$

$$\frac{1}{q}\frac{\mathrm{d}q}{\mathrm{d}\tau} = -\frac{1}{2}\frac{\partial h_{ij}}{\partial \tau} n^i n^j. \tag{6.68}$$

玻尔兹曼方程为

$$\frac{\partial \Theta}{\partial \tau}+n^i\frac{\partial \Theta}{\partial x^i}+\frac{1}{2}\frac{\partial h_{ij}}{\partial \tau}n^in^j=\kappa'\left(\Theta_0-\Theta+\boldsymbol{n}\cdot\boldsymbol{v}_b-\frac{1}{2}P_2(\mu)A\right). \tag{6.69}$$

对于度规的标量扰动，把方程 (4.90) 代入上述方程，便得到同步规范下的玻尔兹曼方程

$$\begin{aligned}\frac{\partial \Theta}{\partial \tau}+\mathrm{i}\boldsymbol{k}\cdot\boldsymbol{n}\Theta-\frac{\partial \eta}{\partial \tau}+\left(\frac{\partial h}{\partial \tau}+6\frac{\partial \eta}{\partial \tau}\right)\frac{(\hat{\boldsymbol{k}}\cdot\boldsymbol{n})^2}{2}\\ =\kappa'\left[\Theta_0-\Theta+\boldsymbol{n}\cdot\boldsymbol{v}_b-\frac{1}{2}P_2(\mu)A\right].\end{aligned} \tag{6.70}$$

6.2.2　张量微扰

对于张量微扰，

$$\mathrm{d}s^2=a^2(\tau)[-\mathrm{d}\tau^2+(\delta_{ij}+h_{ij}^T)\mathrm{d}x^i\mathrm{d}x^j],$$

由方程 (6.68) 可知

$$\frac{1}{q}\frac{\mathrm{d}q}{\mathrm{d}\tau}=-\frac{1}{2}\frac{\partial h_{ij}^{\mathrm{T}}}{\partial \tau}n^in^j=-\frac{1}{2}n^in^jh_{ij}^{T\prime}. \tag{6.71}$$

代入方程 (6.56)，便得到张量微扰的玻尔兹曼方程

$$\frac{\partial \delta f}{\partial \tau}+n^i\frac{\partial \delta f}{\partial x^i}-\frac{1}{2}n^in^jh_{ij}^{T\prime}\frac{\mathrm{d}f_0(q)}{\mathrm{d}\ln q}=\left(\frac{\partial \delta f}{\partial \tau}\right)_C. \tag{6.72}$$

利用亮度函数得到

$$\frac{\partial \Theta}{\partial \tau}+n^i\frac{\partial \Theta}{\partial x^i}+\frac{1}{2}n^in^jh_{ij}^{T\prime}=C[\Theta]. \tag{6.73}$$

6.2.3　中微子玻尔兹曼方程

中微子满足的玻尔兹曼方程应该和光子的类似. 它们的主要区别在于中微子没有康普顿散射项，即碰撞项为 0. 定义中微子的扰动

$$\mathcal{N}=\frac{\displaystyle\int_0^\infty \delta f_\nu p^3\mathrm{d}p}{\displaystyle\int_0^\infty f_{\nu 0}p^3\mathrm{d}p}, \tag{6.74}$$

则得到共形规范下中微子所满足的玻尔兹曼方程，

$$\mathcal{N}'-4\Phi'+\mathrm{i}k\mu(\mathcal{N}+4\Psi)=0. \tag{6.75}$$

在同步规范下，中微子所满足的玻尔兹曼方程为

$$\frac{\partial \mathcal{N}}{\partial \tau}+\mathrm{i}k\mu\mathcal{N}-4\frac{\partial \eta}{\partial \tau}+2\left(\frac{\partial h}{\partial \tau}+6\frac{\partial \eta}{\partial \tau}\right)\mu^2=0. \tag{6.76}$$

因为 $P_2(\mu)=(3\mu^2-1)/2$，所以上述方程可以写成

$$\mathcal{N}'+\mathrm{i}k\mu\mathcal{N}=-\frac{2}{3}h'-\frac{4}{3}(h'+6\eta')P_2(\mu). \tag{6.77}$$

6.2.4 递推方程

把方程 (6.60) 代入方程 (6.64)，并利用递推关系 (6.6)，可以得到共形规范下每个分量 Θ_l 所满足的方程

$$\Theta_0'=\Phi'-k\Theta_1, \tag{6.78}$$

$$\Theta_1'=\frac{1}{3}k(\Psi+\Theta_0-2\Theta_2)+an_e\sigma_T\left[\frac{V_b}{3}-\Theta_1\right], \tag{6.79}$$

$$\Theta_2'=\frac{2}{5}k\Theta_1-\frac{3}{5}k\Theta_3-an_e\sigma_T(\Theta_2-A/10), \tag{6.80}$$

$$\Theta_l'=\frac{k}{2l+1}[l\Theta_{l-1}-(l+1)\Theta_{l+1}]-an_e\sigma_T\Theta_l,\quad l\geqslant 3. \tag{6.81}$$

从式 (6.62) 可知光子的能量密度扰动 $\delta_\gamma=4\Theta_0$，速度的标量扰动 $\Theta_1=\theta_\gamma/3k$，各向异性张量的标量迹 $\Theta_2=\sigma_\gamma/2$. 利用这些新变量，方程 (6.78) 给出了密度扰动所满足的方程

$$\delta_\gamma'=4\Phi'-\frac{4}{3}\theta_\gamma. \tag{6.82}$$

方程 (6.79) 给出了速度的标量扰动所满足的方程 (4.127)，

$$\theta_\gamma'=k^2\Psi+k^2\left(\frac{1}{4}\delta_\gamma-\sigma_\gamma\right)+an_e\sigma_T(\theta_b-\theta_\gamma). \tag{6.83}$$

同样的道理，从方程 (6.75) 出发，我们可以得到中微子的各个分量 $\mathcal{N}_l$ 所满足的递推关系

$$\mathcal{N}_0'=4\Phi'-k\mathcal{N}_1, \tag{6.84}$$

$$\mathcal{N}_1'=\frac{1}{3}k(4\Psi+\mathcal{N}_0-2\mathcal{N}_2), \tag{6.85}$$

$$\mathcal{N}_l'=\frac{k}{2l+1}[l\mathcal{N}_{l-1}-(l+1)\mathcal{N}_{l+1}],\quad l\geqslant 2. \tag{6.86}$$

由于，$\delta_\nu = \mathscr{N}_0$，$\theta_\nu = 3k\mathscr{N}_1/4$ 以及 $\sigma_\nu = \mathscr{N}_2/2$，所以方程 (6.84) 及 (6.85) 可以改写成

$$\delta'_\nu = 4\Phi' - \frac{4}{3}\theta_\nu, \tag{6.87}$$

$$\theta'_\nu = k^2(\Psi + \frac{1}{4}\delta_\nu - \sigma_\nu). \tag{6.88}$$

在同步规范下，Θ_l 所满足的递推关系为

$$\delta'_\gamma = -\frac{4}{3}\theta_\gamma - \frac{2}{3}h', \tag{6.89}$$

$$\theta'_\gamma = k^2\left(\frac{1}{4}\delta_\gamma - \sigma_\gamma\right) + an_e\sigma_T(\theta_b - \theta_\gamma), \tag{6.90}$$

$$\Theta'_2 = \frac{2}{5}k\Theta_1 - \frac{3}{5}k\Theta_3 + \frac{1}{15}h' + \frac{2}{5}\eta' - an_e\sigma_T(\Theta_2 - A/10), \tag{6.91}$$

$$\Theta'_l = \frac{k}{2l+1}[l\Theta_{l-1} - (l+1)\Theta_{l+1}] - an_e\sigma_T\Theta_l, \quad l \geqslant 3. \tag{6.92}$$

6.2.5　冷暗物质的玻尔兹曼方程

冷暗物质与宇宙中其他组分没有相互作用，所以它没有碰撞项. 另外，冷暗物质是非相对论性的，所以冷暗物质所满足的方程与光子及中微子的不同. 对于冷暗物质，把粒子的能量 $E = \sqrt{p^2 + m^2}$ 作为一个自由变量，则冷暗物质的分布函数 $f_{\rm dm}$ 对时间的全微分为

$$\frac{{\rm d}f_{\rm dm}}{{\rm d}t} = \frac{\partial f_{\rm dm}}{\partial t} + \frac{\partial f_{\rm dm}}{\partial x^i}\frac{{\rm d}x^i}{{\rm d}t} + \frac{\partial f_{\rm dm}}{\partial E}\frac{{\rm d}E}{{\rm d}t} + \frac{\partial f_{\rm dm}}{\partial \hat{p}^i}\frac{{\rm d}\hat{p}^i}{{\rm d}t}. \tag{6.93}$$

上述等式右边最后一项为二阶小量. 准确到一阶，最后一项可以忽略掉. 利用粒子的测地线方程，共形规范下上述方程可以写成

$$\frac{\partial f_{\rm dm}}{\partial t} + \frac{p\hat{p}^i}{aE}\frac{\partial f_{\rm dm}}{\partial x^i} - \frac{\partial f_{\rm dm}}{\partial E}\left[H\frac{p^2}{E} - \frac{p^2}{E}\frac{\partial \Phi}{\partial t} + \frac{p\hat{p}^i}{a}\frac{\partial \Psi}{\partial x^i}\right] = 0. \tag{6.94}$$

这个方程与光子或中微子方程的主要区别在于因子 p/E 的出现. 对于冷暗物质，我们总可以用理想流体来描述. 由于 $p/E \ll 1$，所以我们忽略了 $(p/E)^2$ 及更高幂次项，即我们忽略高极矩项. 和推导光子的玻尔兹曼方程类似，得到共形规范下冷暗物质的密度扰动及速度的标量扰动所满足的方程 (4.122) 及 (4.123)，

$$\delta'_c = -\theta_c + 3\Phi', \tag{6.95}$$

$$\theta'_c = -\mathscr{H}\theta_c + k^2\Psi. \tag{6.96}$$

6.3 超视界密度扰动与初始条件

一旦给定了初始条件，密度扰动的演化方程可以通过数值方法求解. 目前的数值求解程序有 CMBFAST[144−146] 以及基于 CMBFAST 的 CAMB 程序和 COSMOMC 程序[147] 等. 为了找出初始条件，要从宇宙的早期，即辐射为主时期开始. 在宇宙的早期，物质的能量密度主要由光子及中微子贡献. 一个给定的具有波数 k 的微扰模式一般在视界之外，$k\tau \ll 1$，这些扰动不会影响视界内有因果关系的区域. 来自视界内因果相关区域的光子的温度相同，所以初始条件只依赖于引力势函数 Φ. 由于 $\Theta_l' \sim \Theta_l/\tau$，$\mathscr{N}' \sim \mathscr{N}/\tau$，由方程 (6.86) 可知，$\mathscr{N}_l \sim (k\tau)\mathscr{N}_{l-1}$，所以 l 模比 $l-1$ 模小 $k\tau$ 倍. 对于中微子的扰动，只保留到二阶模 σ_ν，而忽略所有 $l \geqslant 3$ 的高阶模 $\mathscr{N}_l$. 对于光子的密度扰动，由方程 (6.80) 及 (6.81) 可得对于模 $l \geqslant 2$ 时，$\Theta_l \sim (k/\dot{\kappa})\Theta_{l-1} \ll (k\tau)\Theta_{l-1}$. 因为光子-电子的康普顿散射很强，所以可以忽略所有 $l \geqslant 2$ 的高阶模 Θ_l. 另一方面，强散射导致 $\theta_b = \theta_\gamma$. 在长波近似下，$k\tau \ll 1$，可以忽略演化方程中与 k 相关的项. 方程 (6.82) 及 (6.87) 近似为

$$\delta_\gamma' = \delta_\nu' = 4\Phi'. \tag{6.97}$$

方程 (6.95) 及 (4.124) 近似为 $\delta_c' = \delta_b' = 3\Phi'$. 所以 $\delta_\gamma = \delta_\nu = 4\delta_b/3 = 4\delta_c/3$. 方程 (4.128) 变为

$$\delta_\gamma = -2(\mathscr{H}^{-1}\Phi' + \Psi) = -2(\tau\Phi' + \Psi), \tag{6.98}$$

上式中用了辐射为主时期的背景时空演化方程 $\mathscr{H} = 1/\tau$. 方程 (4.129) 变为

$$\theta_\gamma = \frac{k^2}{2\mathscr{H}^2}(\Phi' + \mathscr{H}\Psi) = \frac{1}{2}k^2\tau(\tau\Phi' + \Psi) = -\frac{1}{4}k^2\tau\delta_\gamma. \tag{6.99}$$

方程 (4.131) 变为

$$\sigma_\nu = \frac{k^2}{6R_\nu\mathscr{H}^2}(\Phi - \Psi) = \frac{(k\tau)^2}{6R_\nu}(\Phi - \Psi), \tag{6.100}$$

式中，中微子能量密度比 $R_\nu = \bar{\rho}_\nu/(\bar{\rho}_\nu + \bar{\rho}_\gamma) = 0.68$. 注意上式中用到了 $\sigma_\gamma = 0$. 联立方程 (6.97) 及 (6.98) 并消除 δ_γ 后得到

$$\Psi' = -3\Phi' - \tau\Phi''. \tag{6.101}$$

由方程 (6.83) 可得

$$\theta_\gamma' = k^2(\Psi + \frac{1}{4}\delta_\gamma). \tag{6.102}$$

由方程 (6.88) 可得

$$\theta_\nu' = k^2(\Psi + \frac{1}{4}\delta_\nu). \tag{6.103}$$

由于 $\delta_\gamma=\delta_\nu$，所以 $\theta_\gamma=\theta_\nu$. 利用条件 $\theta_b=\theta_\gamma$，方程 (4.125) 近似为

$$\theta_b'=-\mathscr{H}\theta_b+k^2\Psi. \tag{6.104}$$

由于 $\theta_c'=-\mathscr{H}\theta_c+k^2\Psi$，联立方程 (6.102) 及 (6.104)，并再次利用条件 $\theta_b=\theta_\gamma$，则得到

$$\theta_b=\theta_c=\theta_\gamma=\theta_\nu=-\frac{k^2}{4\mathscr{H}}\delta_\gamma=-\frac{1}{4}k^2\tau\delta_\gamma. \tag{6.105}$$

利用上述关系式及方程 (6.100)，方程 (6.86) 可以近似为

$$\sigma_\nu'=\frac{4}{15}\theta_\nu=-\frac{1}{15}k^2\tau\delta_\gamma=\frac{1}{6R_\nu}[(k\tau)^2(\Phi-\Psi)]'. \tag{6.106}$$

把方程 (6.98) 代入方程 (6.106)，并利用方程 (6.101) 可推出

$$\left(1+\frac{2}{5}R_\nu\right)\Psi=\Phi+2\left(1-\frac{1}{5}R_\nu\right)\tau\Phi'+\frac{1}{2}\tau^2\Phi''. \tag{6.107}$$

再次利用方程 (6.101) 消除变量 Ψ 后得到引力势 Φ 所满足的微分方程

$$\tau^2\Phi'''+8\tau\Phi''+\left(12+\frac{8}{5}R_\nu\right)\Phi'=0. \tag{6.108}$$

方程 (6.108) 有幂次形式的解 $\Phi\sim\tau^p$，幂 p 满足方程

$$p\left(p^2+5p+6+\frac{8}{5}R_\nu\right)=0. \tag{6.109}$$

所以 $p=0$ 及 $p=(-5\pm\sqrt{1-32R_\nu/5})/2$. 由于 $p=(-5\pm\sqrt{1-32R_\nu/5})/2$ 的解为衰减解，所以只有常数解是我们感兴趣的解. 利用 $\Phi=\Phi(0)=$ 常数，最终得到共形规范下的初始条件

$$\delta_\gamma=\delta_\nu=\frac{4}{3}\delta_b=\frac{4}{3}\delta_c=-2\Psi, \tag{6.110}$$

$$\theta_\gamma=\theta_\nu=\theta_c=\theta_b=\frac{1}{2}(k^2\tau)\Psi, \tag{6.111}$$

$$\sigma_\nu=\frac{1}{15}(k\tau)^2\Psi,\quad \Phi=\left(1+\frac{2}{5}R_\nu\right)\Psi. \tag{6.112}$$

同理，利用同步规范结果 (4.165)~(4.178)，得到同步规范下的初始条件

$$\delta_\gamma=\delta_\nu=\frac{4}{3}\delta_b=\frac{4}{3}\delta_c=-\frac{2}{3}C(k\tau)^2, \tag{6.113}$$

$$\theta_c=0,\quad \theta_\gamma=\theta_b=-\frac{1}{18}C(k^4\tau^3),\quad \theta_\nu=\frac{23+4R_\nu}{15+4R_\nu}\theta_\gamma, \tag{6.114}$$

$$h=C(k\tau)^2,\quad \eta=2C-\frac{5+4R_\nu}{6(15+4R_\nu)}C(k\tau)^2,\quad \sigma_\nu=\frac{4C(k\tau)^2}{3(15+4R_\nu)}. \tag{6.115}$$

6.3.1 超视界冷暗物质的密度扰动

对于处在视界外的扰动模式 k，$k\tau \ll 1$，可以忽略演化方程中与 k 相关的项. 从而密度扰动 δ 与速度扰动 θ 无关，即速度扰动和密度扰动没有耦合. 这样只需要考虑下面的扰动方程

$$\delta_\gamma' = 4\Phi', \tag{6.116}$$

$$\delta_c' = 3\Phi', \tag{6.117}$$

$$3\mathscr{H}(\Phi' + \mathscr{H}\Phi) = -4\pi G a^2(\bar{\rho}_{\rm dm}\delta_c + \bar{\rho}_r\delta_r), \tag{6.118}$$

这里把光子与中微子合并成辐射 δ_r，$\bar{\rho}_r\delta_r = \bar{\rho}_\gamma\delta_\gamma + \bar{\rho}_\nu\delta_\nu$，而且我们忽略重子物质. 由方程 (6.116) 及 (6.117) 和初始条件 (6.110) 可知 $\delta_r = 4\delta_c/3$. 所以方程 (6.118) 可以写成

$$3\mathscr{H}(\Phi' + \mathscr{H}\Phi) = -4\pi G a^2\bar{\rho}_{\rm dm}\left(1 + \frac{4}{3y}\right)\delta_c, \tag{6.119}$$

式中，暗物质能量密度与辐射能量密度之比 $y = a/a_{\rm eq} = \bar{\rho}_{\rm dm}/\bar{\rho}_r$. 以 y 作为变量，则方程 (6.119) 可以改写成

$$y\frac{{\rm d}\Phi}{{\rm d}y} + \Phi = -\frac{3y+4}{6(y+1)}\delta_c. \tag{6.120}$$

联立方程 (6.117) 与 (6.120)，并消除变量 δ_c 后便得到前面讨论过的超视界巴丁方程 (4.155)，其解为[108]

$$\Phi = \frac{\Phi_p}{10}\frac{1}{y^3}\left(16\sqrt{1+y} + 9y^3 + 2y^2 - 8y - 16\right). \tag{6.121}$$

在辐射为主时期，$\Phi \approx \Phi_p(1 - y/16)$. 在物质为主时期，$\Phi \approx 9\Phi_p/10$. 所以超视界的引力势在辐射及物质为主时期都为常数，且宇宙从辐射为主过渡到物质为主后，引力势下降了 10%. 这一结果和 (4.159) 一致，即忽略各向异性张力的绝热扰动在长波极限下为常数. 另外，为了完整性起见，方程 (4.155) 还有衰减解 $\Phi = \sqrt{1+y}/y^3$. 在短波极限下，辐射为主时期辐射的密度扰动是衰减的，而物质的密度扰动以对数增长，所以辐射为主后期视界内的密度扰动主要由物质的密度扰动贡献.

6.3.2 大尺度各向异性

对于超视界微扰，方程 (6.78) 告诉我们 $\Theta_0 = \Phi +$ 常数. 而由初始条件 (6.110) 可知 $\Theta_0(\tau_i) = \Phi_p +$ 常数 $= -\Phi_p/2$，所以这个常数为 $-3\Phi_p/2$，而且 $\Theta_0(\tau) = \Phi(\tau) - 3\Phi_p/2$. 在辐射为主时期，$\Phi(\tau) = \Phi_p$，$\Theta_0(\tau) = -\Phi(\tau)/2$. 如果重组合发生在物质-辐射相等很长时间后，则在重组合时刻 τ_*(物质为主时期)，$\Phi(\tau_*) = 9\Phi_p/10$，大尺度

光子扰动为

$$\Theta_0(k,\tau_*)=\Phi(k,\tau_*)-\frac{3}{2}\Phi_p(k)=-\frac{3}{5}\Phi_p(k)=-\frac{2}{3}\Phi(k,\tau_*). \tag{6.122}$$

因为光子需要克服重组合时的引力势阱 Ψ，所以观测到的温度各向异性 $\Theta_0+\Psi=\Theta_0+\Phi$ 为

$$(\Theta_0+\Psi)(k,\tau_*)=\frac{1}{3}\Psi(k,\tau_*). \tag{6.123}$$

此即 Sachs-Wolfe 效应. 另外可以用长波极限下物质的密度扰动 δ_c 来表达温度的各向异性. 由于 $\delta_c'=3\Phi'$，而且初始条件 $\delta_c=-3\Phi_p/2$，所以

$$\delta_c(\tau_*)=3[\Phi(\tau_*)-\Phi_p]-\frac{3}{2}\Phi_p=-2\Psi(\tau_*), \tag{6.124}$$

$$(\Theta_0+\Psi)(\tau_*)=-\frac{1}{6}\delta_c(\tau_*). \tag{6.125}$$

上述结果说明一个过密区域观测到的各向异性为负. 在重组合时刻，过密地方的光子温度比稀疏地方的光子温度高，即当 $\Psi<0$ 时，$\Theta_0>0$. 总之，我们现在观测到的大尺度上的热点地方，实际上是重组合时的稀疏区域.

6.4 紧耦合极限

在重组合前，所有电子都是电离的，光子的平均自由程远小于宇宙的视界，康普顿散射使得重子等离子体与光子紧紧地耦合. 紧耦合极限对应的散射率远大于膨胀率，光学深度 $\kappa\gg1$. 前面的讨论告诉我们在这个极限下高阶矩可以被忽略掉，只需考虑单极矩 Θ_0 及偶极矩 Θ_1，即光子可以看成是理想流体. 利用这个极限把方程 (4.125) 改写成

$$\theta_b=\theta_\gamma+\frac{R}{\kappa'}(k^2\Psi-\theta_b'-\mathscr{H}\theta_b), \tag{6.126}$$

式中，$R=3\bar{\rho}_b/4\bar{\rho}_\gamma$ 为归一化因子，是 3/4 的重子能量密度与光子能量密度之比[148]. 上式中第二项比第一项小一个因子 κ^{-1}，近似到最低阶，$\theta_b=\theta_\gamma$. 近似到一阶，得到

$$\theta_b-\theta_\gamma=\frac{R}{\kappa'}(k^2\Psi-\theta_\gamma'-\mathscr{H}\theta_\gamma). \tag{6.127}$$

把方程 (6.127) 代入方程 (6.83) 中得到

$$\theta_\gamma'+\mathscr{H}\frac{R}{R+1}\theta_\gamma-\frac{k^2}{R+1}\Theta_0=k^2\Psi. \tag{6.128}$$

联立方程 (6.78) 与方程 (6.128)，并消除 θ_γ 后得到[148, 149]

$$\Theta_0''+\frac{R'}{1+R}\Theta_0'+c_s^2k^2\Theta_0=-\frac{k^2}{3}\Psi+\frac{R'}{1+R}\Phi'+\Phi''=F(k,\tau), \tag{6.129}$$

式中，光子-重子流体声速 $c_s^2=1/3(R+1)$[148]，$R'=\mathscr{H}R$. 引力势 Ψ 提供了光子掉入势阱的有效加速度，$1+R$ 充当振子的有效质量. 由方程 (6.129) 可知，振子的零点从 $-\Psi$ 移到 $-(1+R)\Psi$. 这样对应处于压缩状态的波谷幅度增加了 $-R\Psi$，而对应处于拉伸状态的波峰幅度减小了 $-R\Psi$. 所以第奇数个峰的幅度要比第偶数个峰的幅度大，重子数比重越大，这种不对称也越大. 其产生的声波可以用图 6.1 形象说明. 若重子不出现，则 $c_s^2=1/3$. 重子使得流体变重，声速变小，方程 (6.129) 即为光子-重子流体的波动方程. 首先考虑所有的量都是常数的情况，则波动方程 (6.129) 给出平衡点的位置 $\Theta_0=-(1+R)\Psi$，即振子的零点从 $-\Psi$ 移到了 $-(1+R)\Psi$，有效温度 $\Theta_0+\Psi$ 的平衡点不是 0，而是 $-R\Psi$，此即第奇数个峰与第偶数个峰不对称的原因. 如果 R, Φ 与 Ψ 是常数，则波动方程 (6.129) 可以写成标准的谐振子方程

$$[\Theta_0+(1+R)\Psi]''+c_s^2k^2[\Theta_0+(1+R)\Psi]=0. \tag{6.130}$$

其解为

$$[\Theta_0+(1+R)\Psi]=[\Theta_0(0)+(1+R)\Psi]\cos(c_sk\tau)+\dot{\Theta}(0)\sin(c_sk\tau). \tag{6.131}$$

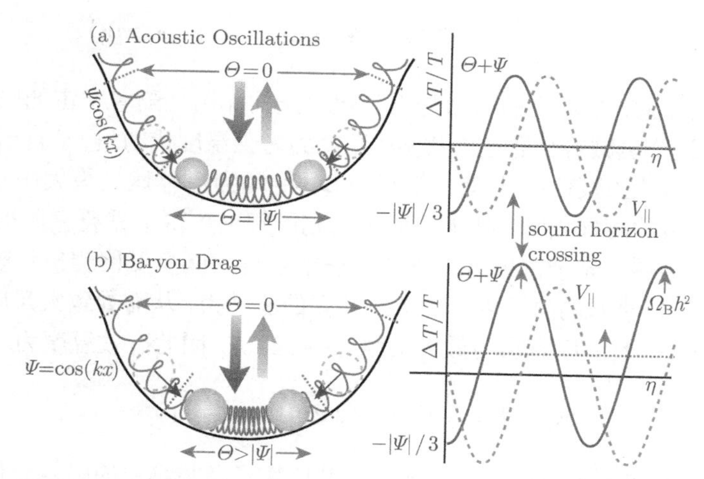

图 6.1 形成宇宙大尺度结构种子的引力势中的光子-重子流体[150]

引力作用会压缩流体，而辐射压会阻止这种声波振荡，图中弹簧形象地代表辐射压的作用，质量球形象地代表流体的惯性质量. (a) 纯光子气体的声波；(b) 光子-重子流体的声波

由于阻尼项 $R'\Theta_0'/(1+R)\sim R\Theta_0/\tau^2$ 比压强项 $c_s^2k^2\Theta_0$ 小很多，作为近似，可以忽略掉阻尼项. 忽略阻尼项后，方程 (6.129) 的齐次通解为

$$S_1(k,\tau)=\sin[kr_s(\tau)],\quad S_2(k,\tau)=\cos[kr_s(\tau)], \tag{6.132}$$

式中，声波视界 $r_s(\tau)=\int_0^\tau \mathrm{d}tc_s(t)$. 无阻尼项的非齐次方程 (6.129) 的通解为

$$\begin{aligned}(\Theta_0-\Phi)(\tau)=&c_1S_1(\tau)+c_2S_2(\tau)\\&-\frac{k}{\sqrt{3}}\int_0^\tau \mathrm{d}\eta(\Phi+\Psi)\sin\{k[r_s(\tau)-r_s(\eta)]\}.\end{aligned}\tag{6.133}$$

初始条件告诉我们 $(\Theta_0-\Phi)(0)=-3\Phi_p/2$ 为一常数，所以 $c_1=0$，$c_2=\Theta_0(0)-\Phi(0)=-3\Phi_p/2$. 除声波视界外，忽略 R 的贡献后，最终我们得到

$$\begin{aligned}(\Theta_0-\Phi)(\tau)=&[\Theta_0(0)-\Phi(0)]\cos[kr_s(\tau)]\\&-\frac{k}{\sqrt{3}}\int_0^\tau \mathrm{d}\eta(\Phi+\Psi)\sin\{k[r_s(\tau)-r_s(\eta)]\}.\end{aligned}\tag{6.134}$$

如果第一项占主导，则振动的波峰为 $k_p=n\pi/r_s$，此即功率谱中各个峰的位置. 另外，也可以得到偶极矩的解

$$\begin{aligned}\Theta_1(\tau)=&\frac{1}{\sqrt{3}}[\Theta_0(0)-\Phi(0)]\sin[kr_s(\tau)]\\&+\frac{k}{3}\int_0^\tau \mathrm{d}\eta(\Phi+\Psi)\cos\{k[r_s(\tau)-r_s(\eta)]\}.\end{aligned}\tag{6.135}$$

辐射为主时期，视界内的引力势由于辐射压的作用会随着宇宙的膨胀而衰减. 与直觉相反，这个衰减势会通过近共振的驱动力增强温度扰动. 由于自引力的作用，声子-重子流体会压缩自己，且有效温度会反号. 因为流体达到最大压缩态所需要的时间与势衰减的时标相同，处于压缩态的光子爬出势阱不需要克服很强的势能. 由于引力势的衰减，光子在掉进势阱的过程中获得的能量要比爬出势阱过程中失去的能量大，所以衰减的势提供了一个近共振的驱动力，从而导致大尺度功率谱的增强. 衰减势对有效温度附加的最大贡献为 $-2\Psi(0)$，因此有效温度为

$$\Theta_0+\Psi=\frac{1}{2}\Psi(0)-2\Psi(0)=-\frac{3}{2}\Psi(0).\tag{6.136}$$

这比大尺度的 $\Psi/3=3\Psi(0)/10$ 大 5 倍. 当然中微子及暗物质的引入会使 5 倍的因子减小. 暗物质占的比重越大，辐射为主时期结束的越早，上述共振效应越小，功率谱的第一个峰的幅度也越小.

6.5　光子扩散及阻尼振荡

光子与电子的频繁散射会把微扰抹平. 当光子与电子的散射率为有限值时，光子在发生散射过程中要扩散一定的距离，这个距离 $\lambda_{\mathrm{MFP}}=(n_e\sigma_T)^{-1}$ 也称为平均

自由程. 如果电子密度很大，则平均自由程很小，光子与重子等离子体紧密耦合. 在一个哈勃时间内，光子要碰撞约 $N = H^{-1}\lambda_{\text{MFP}}^{-1} = n_e\sigma_T H^{-1}$ 次. 光子与电子的每次散射都对光子的随机游走 (random walk) 有贡献，而随机游走过程中光子扩散的总路程为平均自由程与行走的总步数的平方根的乘积. 从而光子在一个哈勃时间内行走的平均路程为

$$\lambda_D \sim \lambda_{\text{MFP}}\sqrt{N} = \frac{1}{\sqrt{n_e\sigma_T H}}. \tag{6.137}$$

任何尺度小于 λ_D 的微扰都会被光子的散射过程抹平，在傅里叶空间对应于大 l 模的振幅衰减[151]. 若重子数密度 Ω_b 减小，则 n_e 变小，扩散平均路程 λ_D 变大，阻尼振荡发生在更大尺度上，即振幅衰减发生在更小的 l 模上. 对于宇宙早期小尺度 $k \gg \mathscr{H}$ 的现象，由于辐射压导致引力势衰减，因而可以忽略 Φ 及 Ψ 的影响. 另一方面，扩散过程中高阶矩比低一阶的极矩小一个 $1/\kappa'$ 的因子，所以只需要考虑到 $l = 2$ 的偶极矩，任何 $l \geqslant 3$ 的高阶模可以被忽略. 利用这些近似则光子递推方程组 (6.78)~(6.80) 变为

$$\Theta_0' = -k\Theta_1, \tag{6.138}$$

$$\Theta_1' = \frac{1}{3}k(\Theta_0 - 2\Theta_2) - \kappa'\left[\frac{\mathrm{i}v_b}{3} - \Theta_1\right], \tag{6.139}$$

$$\Theta_2' = \frac{2}{5}k\Theta_1 - \frac{9}{10}\kappa'\Theta_2, \tag{6.140}$$

这些方程组还需要联立重子的速度微扰方程

$$-3\mathrm{i}\Theta_1 - v_b = \frac{R}{\kappa'}(v_b' + \mathscr{H}v_b). \tag{6.141}$$

这里我们寻求上述方程组的高频阻尼振荡解，

$$(\Theta_0,\ \Theta_1,\ \Theta_2,\ v_b) \propto \exp(\mathrm{i}\int \omega \mathrm{d}\tau). \tag{6.142}$$

在 6.4 节讨论紧耦合极限时已经得到 $\omega = c_s k$. 这里我们主要关心阻尼振荡解，即求解 ω 的虚部. 对于小尺度上的高频振荡，频率 ω 的量级为 $k \gg \mathscr{H}$. $v_b' = \mathrm{i}\omega v_b \gg \mathscr{H}v_b$, 忽略方程 (6.141) 右边的第二项后得到

$$v_b = -3\mathrm{i}\Theta_1\left[1 + \frac{\mathrm{i}\omega R}{\kappa'}\right]^{-1} \approx -3\mathrm{i}\Theta_1\left[1 - \frac{\mathrm{i}\omega R}{\kappa'} - \left(\frac{\omega R}{\kappa'}\right)^2\right]. \tag{6.143}$$

由方程 (6.138) 得到

$$\mathrm{i}\omega\Theta_0 = -k\Theta_1 \tag{6.144}$$

由于 $\Theta_2' \ll \kappa'\Theta_2$, 方程 (6.140) 给出

$$\Theta_2 = \frac{4k}{9\kappa'}\Theta_1. \tag{6.145}$$

把解 (6.142)~(6.145) 代入方程 (6.139) 后得到色散关系[152]

$$\mathrm{i}\omega = \frac{1}{3}k\left(\frac{\mathrm{i}k}{\omega} - \frac{8k}{9\kappa'}\right) - \mathrm{i}\omega R - \frac{\omega^2 R^2}{\kappa'}. \tag{6.146}$$

虚部展开到 $1/\kappa'$ 阶，其解为

$$\omega = kc_s + \mathrm{i}\frac{k^2}{6\kappa'}\left[\frac{R^2}{(1+R)^2} + \frac{8}{9}\frac{1}{1+R}\right]. \tag{6.147}$$

微扰随时间的变化关系为

$$(\Theta_0,\ \Theta_1,\ \Theta_2,\ v_b) \propto \exp\left(\mathrm{i}k\int c_s \mathrm{d}\tau\right)\exp\left[-\left(\frac{k}{k_D}\right)^2\right], \tag{6.148}$$

式中，阻尼波数为

$$k_D^{-2} = \frac{1}{6}\int \mathrm{d}\tau\,\frac{1}{\kappa'}\frac{R^2 + 8(1+R)/9}{(1+R)^2}. \tag{6.149}$$

这和前面简单分析得到的结果 $k_D \sim (an_e\sigma_T/\tau)^{1/2}$ 一致. 这样就解释了功率谱中大 l 振幅的衰减[151, 152].

6.6　沿视线积分方法

微波背景辐射温度各向异性所满足的方程 (6.64) 可以写成

$$\Theta' + (\mathrm{i}k\mu + \kappa')\Theta = \Phi' - \mathrm{i}k\mu\Psi + \kappa'\left[\Theta_0 - \mathrm{i}\mu V_b - \frac{1}{2}P_2(\mu)A\right] = \tilde{S}. \tag{6.150}$$

为了求解这个方程，先回顾一般的非齐次一阶微分方程

$$\frac{\mathrm{d}x}{\mathrm{d}t} + p(t)x(t) = q(t). \tag{6.151}$$

其通解为

$$x(t) = \frac{\mu(t_0)x(t_0)}{\mu(t)} + \int_{t_0}^{t}\mathrm{d}z q(z)\exp\left[-\int_z^t p(y)\mathrm{d}y\right], \tag{6.152}$$

式中，$\mu(t) = \exp\left[\int_{t_0}^{t}\mathrm{d}y p(y)\right]$. 所以方程 (6.150) 的通解形式为

$$\Theta(\tau_0) = \Theta(\tau_i)\mathrm{e}^{\mathrm{i}k\mu(\tau_i-\tau_0)-\kappa(\tau_i)} + \int_{\tau_i}^{\tau_0}\tilde{S}(\tau)\mathrm{e}^{\mathrm{i}k\mu(\tau-\tau_0)-\kappa(\tau)}\mathrm{d}\tau. \tag{6.153}$$

在上式推导过程中，利用了 $\kappa(\tau_0)=0$. 若初始时刻 τ_i 足够早，则光学深度 $\kappa(\tau_i)$ 非常大. 这样一来方程 (6.153) 右边第一项为 0，这意味着任何初始的各向异性都被康普顿散射给抹掉了. 同理，因为 $\tau<\tau_i$ 的积分为 0，我们可以把积分下限 τ_i 取为 0，所以

$$\Theta(\tau_0)=\int_0^{\tau_0}\tilde{S}(\tau)\mathrm{e}^{\mathrm{i}k\mu(\tau-\tau_0)-\kappa(\tau)}\mathrm{d}\tau. \tag{6.154}$$

由于

$$\begin{aligned}-\mathrm{i}k\int_0^{\tau_0}\mathrm{d}\tau\mu\Psi\mathrm{e}^{\mathrm{i}k\mu(\tau-\tau_0)-\kappa(\tau)}&=-\int_0^{\tau_0}\mathrm{d}\tau\,\Psi\mathrm{e}^{-\kappa(\tau)}\frac{\mathrm{d}}{\mathrm{d}\tau}\mathrm{e}^{\mathrm{i}k\mu(\tau-\tau_0)}\\&=\int_0^{\tau_0}\mathrm{d}\tau\mathrm{e}^{\mathrm{i}k\mu(\tau-\tau_0)}\left[\Psi\mathrm{e}^{-\kappa(\tau)}\right]'.\end{aligned} \tag{6.155}$$

方程 (6.155) 的最后一步推导中作了分部积分. 注意 $\tau=\tau_0$ 时的表面项为 Ψ. 由于它和角度无关，只影响到不能被观测到的单极矩，所以可以不考虑. 同理可得

$$\int_0^{\tau_0}\mathrm{d}\tau\mu\kappa' v_b\mathrm{e}^{\mathrm{i}k\mu(\tau-\tau_0)-\kappa(\tau)}=\int_0^{\tau_0}\mathrm{d}\tau\mathrm{e}^{\mathrm{i}k\mu(\tau-\tau_0)}\left(-\frac{\mathrm{i}v_b\kappa'}{k}\mathrm{e}^{-\kappa(\tau)}\right)', \tag{6.156}$$

$$\begin{aligned}\frac{1}{2}\int_0^{\tau_0}\mathrm{d}\tau\kappa' P_2(\mu)A\mathrm{e}^{\mathrm{i}k\mu(\tau-\tau_0)-\kappa(\tau)}=&-\frac{3}{4k^2}\int_0^{\tau_0}\mathrm{d}\tau\mathrm{e}^{\mathrm{i}k\mu(\tau-\tau_0)}\left(\mathrm{e}^{-\kappa(\tau)}\kappa' A\right)''\\&-\frac{1}{4}\int_0^{\tau_0}\mathrm{d}\tau\kappa' A\mathrm{e}^{\mathrm{i}k\mu(\tau-\tau_0)-\kappa(\tau)}.\end{aligned} \tag{6.157}$$

所以方程 (6.154) 可以改写成[144]

$$\Theta(k,\mu,\tau_0)=\int_0^{\tau_0}S(k,\tau)\mathrm{e}^{\mathrm{i}k\mu(\tau-\tau_0)}\mathrm{d}\tau, \tag{6.158}$$

式中，非齐次的源

$$\begin{aligned}S(k,\tau)=\mathrm{e}^{-\kappa}&\left[\Phi'-\kappa'\left(\Theta_0+\frac{1}{4}A\right)\right]+\left[\mathrm{e}^{-\kappa}\left(\Psi-\frac{V_b\kappa'}{k}\right)\right]'\\&-\frac{3}{4k^2}(\mathrm{e}^{-\kappa}\kappa' A)''.\end{aligned} \tag{6.159}$$

把关系式

$$\mathrm{e}^{\mathrm{i}k\mu r}=\sum_l \mathrm{i}^l(2l+1)j_l(kr)P_l(\mu), \tag{6.160}$$

代入方程 (6.158), 并利用方程 (6.60) 可得[144]

$$\Theta_l(k,\tau_0)=\int_0^{\tau_0}\mathrm{d}\tau S(k,\tau)j_l[k(\tau_0-\tau)]. \tag{6.161}$$

由于源 S 不依赖于模 l，而几何项 j_l 和宇宙学模型无关，只需计算一次即可，这样可以极大地节约计算时间. 定义可见度 (visibility) 函数 $g(\tau) = -\kappa' \mathrm{e}^{-\kappa}$，则 $\int_0^{\tau_0} \mathrm{d}\tau g(\tau) = 1$. 可见度函数可以被理解成概率密度，它表示在时刻 τ 一个光子被最后散射的概率. 利用可见度函数 $g(\tau)$，最后得到[144]

$$\begin{aligned}\Theta_l(k,\tau_0) = &\int_0^{\tau_0} \mathrm{d}\tau g(\tau)\Big\{(\Theta_0+\Psi)j_l[k(\tau_0-\tau)] + V_b j_l'[k(\tau_0-\tau)] \\ &+ \frac{A(k,\tau)}{4}\big(j_l[k(\tau_0-\tau)] + 3j_l''[k(\tau_0-\tau)]\big)\Big\} \\ &+ \int_0^{\tau_0} \mathrm{d}\tau \mathrm{e}^{-\kappa(\tau)}[\Psi'(k,\tau)+\Phi'(k,\tau)]j_l[k(\tau_0-\tau)],\end{aligned} \tag{6.162}$$

式中，$j_l'(x) = \mathrm{d}j_l(x)/\mathrm{d}x$，$j_l''(x) = \mathrm{d}^2 j_l(x)/\mathrm{d}x^2$. 利用微分方程求出 Θ_0，Θ_1，Θ_2 以及势函数 Φ 及 Ψ 后，便可利用上述积分求出高阶矩. 即在多极矩递推耦合方程中，只需要计算前面几阶便可以利用积分方程得到高阶项，这样需要求解的耦合方程数极大地减小，从而计算时间也极大地减少. 在 CMBFAST 程序中，光子微分方程只计算到 $l_\gamma = 8$，中微子微分方程只计算到 $l_\nu = 7$，这样得到的误差小于 0.1%[144]. 另外，CMBFAST 并不是计算所有的 Θ_l. 对于 $l \leqslant 100$，只计算 15 个 Θ_l. 对于 $l > 100$，每 50 个 l 它只计算一次，到 $l_{\max} = 1500$ 时，它只计算了 45 个 l 模，其余的 l 模通过插值方法得到. 式 (6.162) 右边第一项为 SW 效应，最后一项为积分的 Sachs-Wolfe(ISW) 效应. 由于物质为主时期引力势是常数，ISW 效应主要由下面两部分构成：①来自辐射为主时期的早期 ISW 效应；②暗能量或曲率为主时期的晚期 ISW 效应.

因为可见度函数变化很快，它在 τ_* 附件有一个尖锐的峰，可以把它近似为 δ 函数，$g(\tau) \approx \delta(\tau_*)$，此即所谓的突然退耦近似. 利用这种近似，方程 (6.162) 可以写成

$$\begin{aligned}\Theta_l(k,\tau_0) \approx &(\Theta_0+\Psi)(k,\tau_*)j_l[k(\tau_0-\tau_*)] + V_b(k,\tau_*)j_l'[k(\tau_0-\tau_*)] \\ &+ \frac{A(k,\tau_*)}{4}\{j_l[k(\tau_0-\tau_*)] + 3j_l''[k(\tau_0-\tau_*)]\} \\ &+ \int_0^{\tau_0} \mathrm{d}\tau[\Psi'(k,\tau)+\Phi'(k,\tau)]j_l[k(\tau_0-\tau)],\end{aligned} \tag{6.163}$$

式中，右边第一项为 SW 效应，最后一项为 ISW 效应. 利用方程 (6.2)，(6.4) 及 (6.60) 可得

$$a_{lm}(\boldsymbol{x}) = \int \frac{\mathrm{d}^3 k}{(2\pi)^{3/2}} \exp(\mathrm{i}\boldsymbol{k}\cdot\boldsymbol{x}) \sum_{l=0}^{\infty} (-\mathrm{i})^l (2l+1) \Theta_l(k,\tau) \int \mathrm{d}\Omega P_l(\hat{k}\cdot\boldsymbol{n}) Y_{lm}^*(\boldsymbol{n}), \tag{6.164}$$

$$C_l^{TT} = 4\pi \int_0^\infty \frac{\mathrm{d}k}{k} \mathscr{P}_{\Theta_l} = 4\pi \int_0^\infty \frac{\mathrm{d}k}{k} \mathscr{P}_{\mathscr{R}} \left| \frac{\Theta_l(k)}{\mathscr{R}(k)} \right|^2. \tag{6.165}$$

把方程 (6.162) 计算出的矩 Θ_l 代入方程 (6.165) 便可得到如图 6.2 所示的温度功率谱. 对于 SW 效应，Θ_l 由方程 (6.163) 右边的第一项给出，

$$\begin{aligned}(\Theta_l)\mathrm{SW}(k,\tau_0) &= (\Theta_0 + \Psi)(k,\tau_*) j_l[k(\tau_0 - \tau_*)] \\ &= \frac{1}{3}\Psi(\tau_*) j_l[k(\tau_0-\tau_*)] = \frac{1}{5}\mathscr{R}(k) j_l[k(\tau_0-\tau_*)],\end{aligned} \tag{6.166}$$

代入方程 (6.164) 便得到方程 (6.24)，

$$\begin{aligned}(C_l^{TT})\mathrm{SW} &= \frac{4\pi}{25}\int_0^\infty \frac{\mathrm{d}k}{k} \mathscr{P}_{\mathscr{R}}(k) j_l^2[k(\tau_0-\tau_*)] \\ &= \pi \int_0^\infty \frac{\mathrm{d}k}{k} \delta_H^2(k) j_l^2[k(\tau_0-\tau_*)].\end{aligned} \tag{6.167}$$

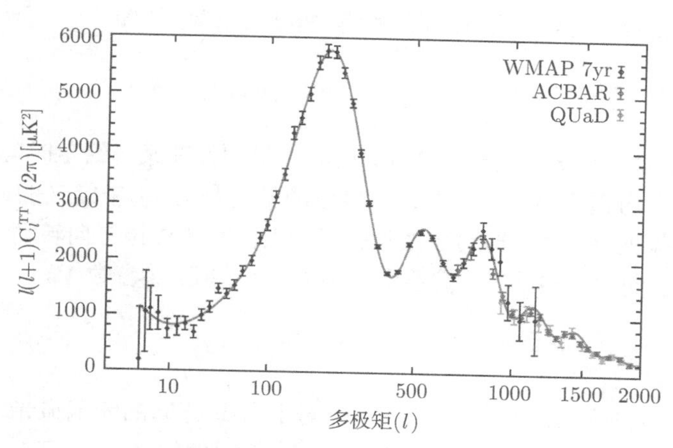

图 6.2 温度功率谱

图中点代表实验数据[42]

6.7 微波背景辐射的极化

在经典意义下，应该考虑平面电磁波，而非光子. 电磁波和电子的散射通常需要考虑电磁波的偏振，所以先讨论描述偏振特性的斯托克斯 (Stokes) 参数. 只有

当入射电磁波具有非零四极矩时，汤姆孙散射才会产生极化[153−156]. 而如果宇宙中电子和光子紧密耦合，则只可能出现单极子及偶极矩. 因此只有在最后散射面附近，当光子和电子开始退耦后，四极矩才会出现，从而产生极化. 由于此时大部分电子和原子核结合成了中性氢原子，可以与电磁波发生散射而产生极化的电子数大大减少，所以微波背景辐射的极化只有 10^{-6} 的量级，比温度扰动低一个数量级.

6.7.1 斯托克斯参数

首先考虑一个频率为 ω 的沿 $+z$ 方向传播的平面电磁波，其电场为

$$\boldsymbol{E}(t) = (\boldsymbol{e}_x A_x \mathrm{e}^{\mathrm{i}\delta_x} + \boldsymbol{e}_y A_y \mathrm{e}^{\mathrm{i}\delta_y})\mathrm{e}^{-\mathrm{i}\omega t}, \tag{6.168}$$

式中，$\boldsymbol{e}_x$ 与 $\boldsymbol{e}_y$ 分别为 x 及 y 方向的单位矢量，也称为线偏振的基矢，δ_x 及 δ_y 分别为相应的相位角. 定义辐射强度的 Stokes 参数 I，

$$I = \overline{|E_x|^2} + \overline{|E_y|^2} = \overline{A_x^2} + \overline{A_y^2}, \tag{6.169}$$

Stokes 参数 Q 为

$$Q = \overline{|E_x|^2} - \overline{|E_y|^2} = \overline{A_x^2} - \overline{A_y^2}, \tag{6.170}$$

它测量两个正交方向上的线偏振的亮度差. Stokes 参数 U 为

$$U = 2\mathrm{Re}(\overline{E_x^* E_y}) = 2\overline{A_x A_y}\cos(\delta_y - \delta_x), \tag{6.171}$$

式中，变量上面加横线表示对时间的平均值，这里假设在某一给定时间间隔 $\gg \omega^{-1}$ 内，电磁波的平均强度与时间无关. U 参数测量的是与 Q 中定义的线偏振成 45° 角的两个线偏振的亮度差，即对于线偏振光，坐标系绕传播方向转动 45° 角后，Q 转化成 U. 对于椭圆偏振波，还需要引进另外一个 Stokes 参数 V，

$$V = 2\mathrm{Im}(\overline{E_x^* E_y}) = 2\overline{A_x A_y}\sin(\delta_y - \delta_x). \tag{6.172}$$

对于没有极化的自然光，$Q = U = V = 0$；对于沿 x 方向的线偏振光，$U = V = 0$；对于沿 45° 角方向的线偏振光，$Q = V = 0$；对于圆偏振光，$Q = U = 0$. 当然对于微波背景辐射，由于极化是通过汤姆孙散射产生的，对称性告诉我们不需要这个参数 V. 参数 I 与 V 是独立于坐标系的物理可观测量，但是 Q 和 U 与坐标轴 x 和 y 的方向选取有关. 现在讨论在 x 和 y 轴绕 z 轴转动 ϕ 角后，Stokes 参数的变化情况. 由于 $|E|^2$ 在转动变换下是不变的，所以

$$\begin{pmatrix} Q \\ U \end{pmatrix} \to \begin{pmatrix} \cos(2\phi) & \sin(2\phi) \\ -\sin(2\phi) & \cos(2\phi) \end{pmatrix} \begin{pmatrix} Q \\ U \end{pmatrix}. \tag{6.173}$$

为了方便起见，选取 $Q_\pm = Q \pm \mathrm{i}U$，则在转动变换下，$Q_\pm \to \exp(\mp 2\mathrm{i}\phi)Q_\pm$，即极化是自旋为 2 的场. 从上述变换关系 (6.173) 可以看出，坐标系绕传播方向转动 90° 角后，Q 与 U 反号了；而坐标系绕传播方向转动 45° 角后，Q 与 U 相互转化，$Q \to U$，$U \to -Q$. 通过转动变换，可以在 $x-y$ 平面上选取一个特殊方向使得 $U=0$，这个特殊方向即为辐射的偏振面. 另外，$\sqrt{Q^2+U^2}$ 表征了极化强度，$\alpha = 0.5\tan^{-1}(U/Q)$ 为线偏振角，极化图通常画的是长度为 $\sqrt{Q^2+U^2}$，方向为 α 的无箭头线段.

因为引力势对于两种偏振的作用相同，$Q_\pm(\tau,\boldsymbol{k},\boldsymbol{n})$ 所满足的玻尔兹曼方程中不包含引力势，即满足如下方程

$$\frac{\partial Q_\pm}{\partial\tau} + \mathrm{i}k\mu Q_\pm = C[Q_\pm]. \tag{6.174}$$

上述等式右边为碰撞项.

6.7.2 E 模及 B 模

由于在绕传播方向的坐标转动变换下，极化 Q 与 U 不是一个标量，$Q_\pm = Q\pm\mathrm{i}U$ 具有自旋权重 ±2，可以用自旋权重为 2 的球谐函数 ${}_{\pm2}Y_{lm}$ 来展开. 自旋权重为 $s(|s|\leqslant l)$ 的球谐函数 ${}_sY_{lm}$ 为

$$\begin{aligned}{}_sY_{lm}(\theta,\phi) = \mathrm{e}^{\mathrm{i}m\phi}&\left[\frac{(l+m)!(l-m)!(2l+1)}{(l+s)!(l-s)!4\pi}\right]^{1/2}\sin^{2l}(\theta/2)\\ &\times\sum_r C^r_{l-s}C^{r+s-m}_{l+s}(-1)^{l-r-s+m}\cot^{2r+s-m}(\theta/2),\end{aligned} \tag{6.175}$$

式中，$C^k_n = n!/(n-k)!/k!$. 它满足和一般球谐函数相同的正交归一关系

$$\int_0^{2\pi}\mathrm{d}\phi\int_{-1}^{1}\mathrm{d}\cos\theta\ {}_sY^*_{l'm'}(\theta,\phi)\ {}_sY_{lm}(\theta,\phi) = \delta_{l'l}\delta_{m'm}, \tag{6.176}$$

$$\sum_{lm}\ {}_sY^*_{lm}(\theta,\phi)\ {}_sY_{lm}(\theta',\phi') = \delta(\phi-\phi')\delta(\cos\theta-\cos\theta'). \tag{6.177}$$

另外，也可以引入对称无迹极化张量[157]

$$P_{ab}(\boldsymbol{n}) = \begin{pmatrix} Q(\boldsymbol{n}) & U(\boldsymbol{n})\sin\theta \\ U(\boldsymbol{n})\sin\theta & -Q(\boldsymbol{n})\sin^2\theta\end{pmatrix}. \tag{6.178}$$

为书写方便，定义 ${}_{\pm2}Y_{lm} = Y^\pm_{lm}$，则[158]

$$Q_{\pm}(\boldsymbol{n}) = \sum_{l=2}^{\infty}\sum_{m=-l}^{l}(-1)^l Q_{lm}^{\pm} Y_{lm}^{\mp}(\boldsymbol{n}) = \sum_{l=2}^{\infty}\sum_{m=-l}^{l} Q_{lm}^{\pm} Y_{lm}^{\pm}(\boldsymbol{n}),$$
$$\eth_{\mp}^2 Q_{\pm}(\boldsymbol{n}) = \sum_{l=2}^{\infty}\sum_{m=-l}^{l}\sqrt{\frac{(l+2)!}{(l-2)!}} Q_{lm}^{\pm} Y_{lm}(\boldsymbol{n}). \tag{6.179}$$

展开系数

$$Q_{lm}^{\pm} = \int \mathrm{d}\Omega\, Y_{lm}^{\pm *}(\boldsymbol{n}) Q_{\pm}(\boldsymbol{n}) = \left[\frac{(l-2)!}{(l+2)!}\right]^{1/2} \int \mathrm{d}\Omega\, Y_{lm}^{*}(\boldsymbol{n}) \eth_{\mp}^2 Q_{\pm}(\boldsymbol{n}), \tag{6.180}$$

在转动变换下是不变的. 式 (6.180) 中我们引进了自旋升降算符 $\eth_+$ 及 $\eth_-$，它们作用在带自旋权重 s 的函数 ${}_sf$ 上得到

$$\eth_+\ {}_sf(\theta,\phi) = -\sin^s(\theta)\left[\frac{\partial}{\partial\theta} + \mathrm{i}\csc(\theta)\frac{\partial}{\partial\phi}\right]\sin^{-s}(\theta)\ {}_sf(\theta,\phi), \tag{6.181}$$

$$\eth_-\ {}_sf(\theta,\phi) = -\sin^{-s}(\theta)\left[\frac{\partial}{\partial\theta} - \mathrm{i}\csc(\theta)\frac{\partial}{\partial\phi}\right]\sin^{s}(\theta)\ {}_sf(\theta,\phi), \tag{6.182}$$

引入极化 E 模多极矩 E_{lm} 和 B 模多极矩 B_{lm}，

$$Q_{lm}^{\pm} = E_{lm} \pm \mathrm{i}B_{lm}, \tag{6.183}$$

则球面上极化 E 模及 B 模分量为[158]

$$\tilde{E}(\boldsymbol{n}) = P_{ab;}{}^{ab}(\boldsymbol{n}) = \sum_{lm}\left[\frac{(l+2)!}{(l-2)!}\right]^{1/2} E_{lm}Y_{lm}(\boldsymbol{n})$$
$$= \frac{1}{2}\left[\eth_-^2 Q_+(\boldsymbol{n}) + \eth_+^2 Q_-(\boldsymbol{n})\right],$$
$$\tilde{B}(\boldsymbol{n}) = P_{ab;}{}^{ac}(\boldsymbol{n})\epsilon_c{}^b = \sum_{lm}\left[\frac{(l+2)!}{(l-2)!}\right]^{1/2} B_{lm}Y_{lm}(\boldsymbol{n})$$
$$= -\frac{\mathrm{i}}{2}\left[\eth_-^2 Q_+(\boldsymbol{n}) - \eth_+^2 Q_-(\boldsymbol{n})\right], \tag{6.184}$$

虽然极化 Q 与 U 依赖于坐标系的选取，但是 E 模及 B 模分解并不依赖于坐标系，它们具有转动不变性.E 模是对称无迹极化张量 P_{ab} 的散度 $P_{ab;}{}^{ab}$ 部分，B 模是 P_{ab} 的旋度 $P_{ab;}{}^{ac}\epsilon^c_b$ 部分. 其中，E 模可以为径向，也可以为切向. 在宇称变换下，$a_{lm} \to (-1)^l a_{lm}$，$E_{lm} \to (-1)^l E_{lm}$，$B_{lm} \to (-1)^{l+1} B_{lm}$. 由于转动不变性，可以定义如下功率谱，

$$\langle a_{lm}^* a_{l'm'}\rangle = C_l^{TT}\delta_{ll'}\delta_{mm'}, \quad \langle a_{lm}^* E_{l'm'}\rangle = C_l^{TE}\delta_{ll'}\delta_{mm'}, \tag{6.185}$$

$$\langle E_{lm}^* E_{l'm'}\rangle = C_l^{EE}\delta_{ll'}\delta_{mm'}, \quad \langle B_{lm}^* B_{l'm'}\rangle = C_l^{BB}\delta_{ll'}\delta_{mm'}. \tag{6.186}$$

因为 B 与 E 和 Θ 的宇称不一样，所以交叉项 $C_l^{TB}=C_l^{EB}=0$.

对于傅里叶分量，类似于方程 (6.60)，对于标量扰动模式，可以做如下展开

$$\Theta(\tau,\boldsymbol{k},\boldsymbol{n})=\sum_l(-\mathrm{i})^l\sqrt{4\pi(2l+1)}\,Y_{l0}(\hat{k}\cdot\boldsymbol{n})\Theta_l(\tau,\boldsymbol{k}), \tag{6.187}$$

$$Q_\pm(\tau,\boldsymbol{k},\boldsymbol{n})=\sum_{l=2}^{\infty}(-\mathrm{i})^l\sqrt{4\pi(2l+1)}\,Y_{l0}^{\pm}(\hat{k}\cdot\boldsymbol{n})[E_l(\tau,\boldsymbol{k})\pm\mathrm{i}B_l(\tau,\boldsymbol{k})], \tag{6.188}$$

$$\eth_\mp^2 Q_\pm(\tau,\boldsymbol{k},\boldsymbol{n})=\sum_{l=2}^{\infty}(-\mathrm{i})^l(2l+1)P_l(\hat{k}\cdot\boldsymbol{n})\left[\frac{(l+2)!}{(l-2)!}\right]^{1/2}[E_l\pm\mathrm{i}B_l](\tau,\boldsymbol{k}), \tag{6.189}$$

式中，

$$Y_{l0}^{\pm}=\sqrt{\frac{2l+1}{4\pi}\frac{(l-2)!}{(l+2)!}}\,P_l^2(\hat{k}\cdot\boldsymbol{n}), \tag{6.190}$$

P_l^2 是连带勒让德函数. E_l 和 B_l 并不是电场和磁场分量，而是极化张量 P_{ab} 的散度部分 $P_{ab;}{}^{ab}$ 与旋度部分 $P_{ab;}{}^{ac}\epsilon^{c}_{b}$，即 E 模分量与 B 模分量. E 模在转动及宇称变换下都是不变的，但 B 模在宇称变换下却不具有不变性. 标量扰动在转动及宇称变换下是不变的，所以标量扰动的极化只有 E 模，而没有 B 模. 联立方程 (6.184) 及 (6.189) 得到对应标量扰动 E 模及 B 模的多极展开

$$\begin{aligned}\tilde{E}(\tau,\boldsymbol{k},\boldsymbol{n})&=\sum_l(-\mathrm{i})^l(2l+1)\sqrt{\frac{(l+2)!}{(l-2)!}}\,P_l(\hat{k}\cdot\boldsymbol{n})E_l(\tau,\boldsymbol{k}),\\ \tilde{B}(\tau,\boldsymbol{k},\boldsymbol{n})&=\sum_l(-\mathrm{i})^l(2l+1)\sqrt{\frac{(l+2)!}{(l-2)!}}\,P_l(\hat{k}\cdot\boldsymbol{n})B_l(\tau,\boldsymbol{k}).\end{aligned} \tag{6.191}$$

6.7.3 汤姆孙散射

如图 6.3 所示，假设位于原点处的自由电子受到频率为 ω 的电场 $\boldsymbol{E}(t)$ 的作用而振荡，用 $\boldsymbol{l}=l\boldsymbol{n}$ 代表电子的位移矢量，其加速度为 $\ddot{\boldsymbol{l}}=-e\boldsymbol{E}(t)/m_e$. 电偶极子 $\boldsymbol{d}(t)=-e\boldsymbol{l}(t)$ 产生的辐射电场为

$$\boldsymbol{E}^s(\boldsymbol{r},t)=\frac{[\ddot{\boldsymbol{d}}(t-r)\times\boldsymbol{n}']\times\boldsymbol{n}'}{4\pi r}, \tag{6.192}$$

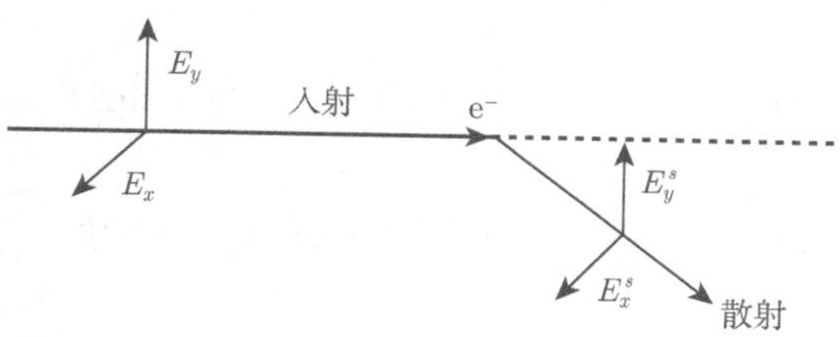

图 6.3 汤姆孙散射示意图

式中，$\boldsymbol{n}'$ 是散射电磁波的传播方向. 如果散射方向在 $x-z$ 平面，则散射波的电场为[9, 16]

$$E_x^s = \frac{\alpha}{m_e r} E_x \cos\theta, \quad E_y^s = \frac{\alpha}{m_e r} E_y, \tag{6.193}$$

式中，$\alpha = e^2/4\pi$ 为精细结构常数. 等式左边的场取 t 时刻的值，而等式右边的场取延迟时刻 $t-r$ 时的值. 利用 Stokes 参数可得到[9, 16]

$$I^s + Q^s = \frac{3\sigma_T}{8\pi r^2}(I+Q)\cos^2\theta, \tag{6.194}$$

$$I^s - Q^s = \frac{3\sigma_T}{8\pi r^2}(I-Q), \tag{6.195}$$

$$U^s = \frac{3\sigma_T}{8\pi r^2} U\cos\theta, \tag{6.196}$$

式中，汤姆孙散射截面 $\sigma_T = (8\pi/3)(\alpha/m_e)^2$. 利用方程组 (6.194)~(6.196) 及 $Q_\pm$，得到散射波辐射功率与入射波 Stokes 参数之间的变换关系[9, 15, 16, 159]，

$$I^s = \frac{3\sigma_T}{32\pi}[2(\cos^2\theta+1)I + (\cos^2\theta-1)Q_+ + (\cos^2\theta-1)Q_-], \tag{6.197}$$

$$Q_\pm^s = \frac{3\sigma_T}{32\pi}[2(\cos^2\theta-1)I + (\cos\theta\pm1)^2 Q_+ + (\cos\theta\mp1)^2 Q_-]. \tag{6.198}$$

对于入射的自然光，$U = Q_\pm = 0$，则散射波的 Stokes 参数为[154]

$$I^s = \frac{3\sigma_T}{16\pi}(1+\cos^2\theta)I, \tag{6.199}$$

$$Q^s = -\frac{3\sigma_T}{16\pi}\sin^2\theta\, I. \tag{6.200}$$

散射波总的极化强度是非极化入射波在所有方向上的积分. 由于对来自一个给定入射方向的散射 Q 及 U 的流都要沿 z 轴转到一个共同的坐标系，利用方程 (6.173)，则对所有方向积分后的总散射 Stokes 参数为[154−156]

$$I^s(\hat{z}) = \frac{3\sigma_T}{16\pi}\int \mathrm{d}\Omega I(\theta,\phi)(1+\cos^2\theta), \tag{6.201}$$

$$Q^s(\hat{z}) = -\frac{3\sigma_T}{16\pi}\int \mathrm{d}\Omega I(\theta,\phi)\cos(2\phi)\sin^2\theta, \tag{6.202}$$

$$U^s(\hat{z}) = \frac{3\sigma_T}{16\pi}\int \mathrm{d}\Omega I(\theta,\phi)\sin(2\phi)\sin^2\theta. \tag{6.203}$$

6.7.4　CMB 极化

选择散射波传播方向沿 z 方向，x 及 y 轴分别平行及正交于散射平面. 把入射

光角分布用球谐函数展开 $I(\theta,\phi)=\sum a_{lm}Y_{lm}(\theta,\phi)$ 并代入方程组 (6.201)~(6.203) 后得到

$$
\begin{aligned}
I^s(\hat{z}) &= \frac{3\sigma_T}{16\pi}\left[\frac{8}{3}\sqrt{\pi}\,a_{00}+\frac{4}{3}\sqrt{\frac{\pi}{5}}\,a_{20}\right],\\
Q^s(\hat{z}) &= -\frac{3\sigma_T}{4\pi}\sqrt{\frac{2\pi}{15}}\,\mathrm{Re}(a_{22}),\\
U^s(\hat{z}) &= \frac{3\sigma_T}{4\pi}\sqrt{\frac{2\pi}{15}}\,\mathrm{Im}(a_{22}).
\end{aligned} \tag{6.204}
$$

上面结果表明即使入射波是无偏振的，只要其四极矩 a_{22} 不为零，沿 z 轴的总散射波也会发生偏振[154]. 如果我们固定一个坐标系，取我们所在位置为坐标原点，并且向 $-z$ 方向看，则沿着这个方向的来自最后散射面上的被电子散射的微波背景辐射的极化是由入射光的非零四极矩 a_{22} 所产生的[155]. 如果我们看来自一个和 z 轴成 β 角方向的散射场，则沿 z 方向入射波的所有四极矩 a'_{2m} 都会对该方向的 a_{22} 贡献[156]. 考虑轴对称的入射场，其非零四极矩为 a'_{20}，利用球谐函数在坐标转动下的变换性质得到其在转动后的坐标系中贡献的四极矩 $a_{22}=(\sqrt{6}/4)a'_{20}\sin^2\beta$[156]. 注意到 a'_{20} 为实数，所以 $U=0$，由四极矩 a'_{20} 产生的极化在赤道面 $\beta=\pi/2$ 上最大[155, 156]. 视线方向不同，入射光的不同四极矩 a'_{2m} 对 Q 与 U 的贡献也不同.

在多次重复的汤姆孙散射中，必须考虑偏振. 由汤姆孙散射可知，如图 6.4 所示，沿着左右两边 (y 轴) 方向的极化主要由电子前面及后面 (x 轴) 的入射光对电子的散射贡献，而沿前后方向的极化主要来自于左右两边的入射光的贡献. 对于单极矩或偶极矩 (见图 6.4)，来自 x 方向及 y 方向散射所产生的极化光强相同，所以

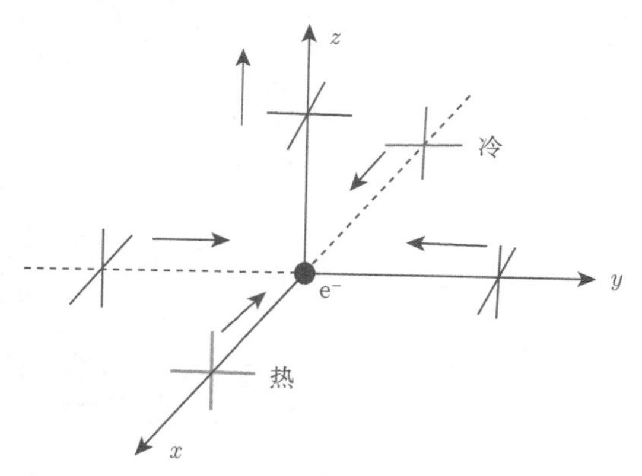

图 6.4 偶极矩不产生极化

来自前面 ($+x$ 轴方向) 与后面 ($-x$ 轴方向) 的偶极矩产生的极化强度与来自左右两边的入射光所产生的极化强度相同，所以沿 z 方向的总散射光是非极化的. 图中热斑极化用粗线表示，冷斑极化用细线表示

不会出现极化效应. 对于图 6.5 中的四极矩，来自电子前面及后面的入射光的光强比来自左右两边的光强大，所以总的线偏振方向与温度的波谷 (冷) 方向平行，而与长叶 x(热) 方向垂直，即沿着水平 y 轴方向. 叠加上这些模式的转动后，则我们看到冷斑周围的极化是径向的，而热斑周围的极化是切向的[153, 160]，如图 6.6 所示. 类似地，由引力波引起的四极矩 a_{22} 产生的 B 模相对于 E 模发生了 45° 的转动.

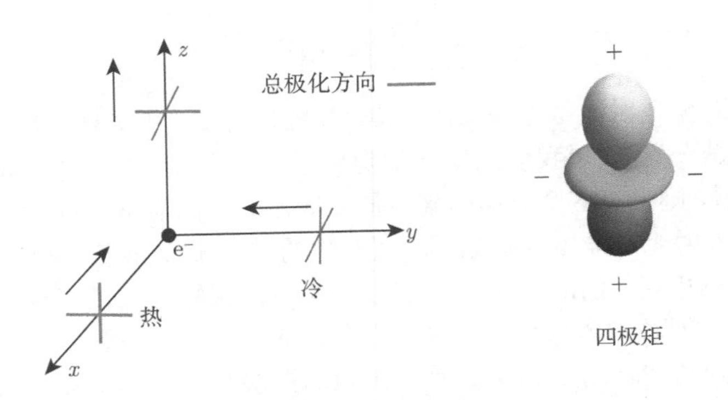

图 6.5　四极矩对电子的汤姆孙散射产生极化

来自前后 (x 轴方向) 的入射光所产生的极化强度比来自左右两边的入射光所产生的极化强度大，导致沿 z 方向的散射光总极化沿 y 方向. 图中热斑极化用粗线表示，冷斑极化用细线表示

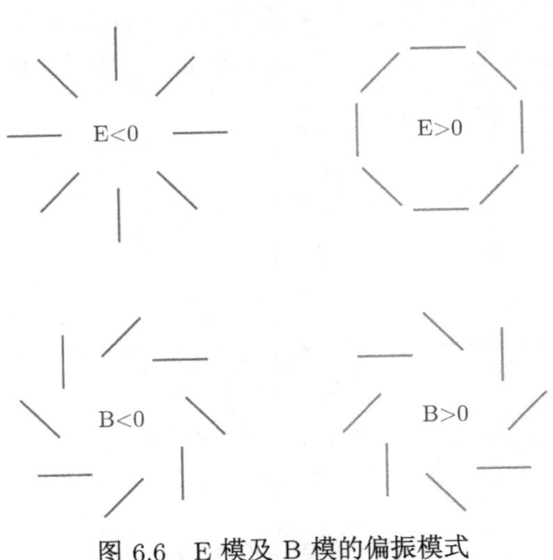

图 6.6　E 模及 B 模的偏振模式

假设散射方向 $\boldsymbol{n}$ 沿 $-z$ 方向，入射方向 $\boldsymbol{n}'$ 的方位角 $\phi=0$，由上述汤姆孙散射结果 (6.197) 与 (6.198) 可知

$$\frac{\mathrm{d}\Theta}{\mathrm{d}\Omega'}=\frac{3\sigma_T}{32\pi}[2(\cos^2\theta+1)\Theta^p+(\cos^2\theta-1)Q_+^p+(\cos^2\theta-1)Q_-^p], \tag{6.205}$$

$$\frac{\mathrm{d}Q_\pm}{\mathrm{d}\Omega'}=\frac{3\sigma_T}{32\pi}[2(\cos^2\theta-1)\Theta^p+(\cos\theta\pm 1)^2Q_+^p+(\cos\theta\mp 1)^2Q_-^p], \tag{6.206}$$

式中，$\Theta^p\equiv\Theta(\boldsymbol{n}')$，$Q_\pm^p=Q_\pm(\boldsymbol{n}')$, $\cos\theta=\boldsymbol{n}\cdot\boldsymbol{n}'$. 对于任意入射及散射方向 $\boldsymbol{n}'$ 及 $\boldsymbol{n}$，通过坐标转动并利用带自旋权重的球谐函数在坐标转动下的变换关系，可得到散射截面为[9, 15, 16, 159]

$$\begin{aligned}\frac{\mathrm{d}\Theta}{\mathrm{d}\Omega'}=&\sigma_T\sum_{m=-2}^{2}\left[\left(\frac{\delta_{m0}}{4\pi}+\frac{1}{10}Y_{2m}Y_{2m}^{*p}\right)\Theta^p\right.\\&\left.-\frac{1}{10}\sqrt{\frac{3}{2}}(Y_{2m}Y_{2m}^{+*p}Q_+^p+Y_{2m}Y_{2m}^{-*p}Q_-^p)\right],\end{aligned} \tag{6.207}$$

$$\frac{\mathrm{d}Q_\pm}{\mathrm{d}\Omega'}=\frac{\sigma_T}{10}\sum_m(-\sqrt{6}Y_{2m}^{\pm}Y_{2m}^{*p}\Theta^p+3Y_{2m}^{\pm}Y_{2m}^{+*p}Q_+^p+3Y_{2m}^{\pm}Y_{2m}^{-*p}Q_-^p). \tag{6.208}$$

式 (6.208) 中 $|m|=0$，1，2 分别对应于标量、矢量及张量模式. 对于标量模式，$m=0$，把这些结果代入碰撞项表达式

$$C(\Theta)=an_e\left[-\sigma_T\Theta(\boldsymbol{n})+\int\mathrm{d}\Omega'\frac{\mathrm{d}\Theta}{\mathrm{d}\Omega'}\right], \tag{6.209}$$

$$C(Q_\pm)=an_e\left[-\sigma_TQ_\pm(\boldsymbol{n})+\int\mathrm{d}\Omega'\frac{\mathrm{d}Q_\pm}{\mathrm{d}\Omega'}\right], \tag{6.210}$$

并考虑到从电子静止参考系变换到背景参考系应加上多普勒项 $\boldsymbol{n}\cdot\boldsymbol{v}_b$，得到标量扰动的碰撞项

$$C(\Theta)=\frac{\mathrm{d}\kappa}{\mathrm{d}\tau}\left[\Theta_0-\Theta+\boldsymbol{n}\cdot\boldsymbol{v}_b-\frac{1}{2}P_2(\mu)(\Theta_2-\sqrt{6}E_2)\right], \tag{6.211}$$

$$C(\tilde{E})=-\frac{\mathrm{d}\kappa}{\mathrm{d}\tau}\left[\tilde{E}-\frac{1}{4}P_2^2(\mu)(\Theta_2-\sqrt{6}E_2)\right], \tag{6.212}$$

$$C(\tilde{B})=-\frac{\mathrm{d}\kappa}{\mathrm{d}\tau}\tilde{B}. \tag{6.213}$$

式 (6.213) 中 $\mu=\cos\theta=\hat{k}\cdot\boldsymbol{n}$, $P_2^2(\mu)=3(1-\mu^2)=2[1-P_2(\mu)]$. 利用关系式

$$\mu=\cos\theta=\sqrt{\frac{4\pi}{3}}\,Y_{10}(\boldsymbol{n}), \tag{6.214}$$

$$\begin{aligned}\sqrt{\frac{4\pi}{3}}\,Y_{10}\,{}_sY_{lm}=&\frac{{}_s\kappa_{l+1}^m}{\sqrt{(2l+1)(2l+3)}}\,{}_sY_{l+1,m}-\frac{ms}{l(l+1)}\,{}_sY_{lm}\\&+\frac{{}_s\kappa_l^m}{\sqrt{(2l+1)(2l-1)}}\,{}_sY_{l-1,m},\end{aligned} \tag{6.215}$$

式中，克莱布希-戈登 (Clebsch-Gordon) 系数 ${}_s\kappa_l^m$，

$${}_s\kappa_l^m=\sqrt{\frac{(l^2-m^2)(l^2-s^2)}{l^2}}, \tag{6.216}$$

可以得到极化 E 模与 B 模标量扰动的多极矩 ($l\geqslant 2$) 所满足的方程[16]

$$\begin{aligned}\frac{\mathrm{d}E_l}{\mathrm{d}\tau}=&\frac{k}{2l+1}[\sqrt{l^2-4}\,E_{l-1}-\sqrt{(l+1)^2-4}\,E_{l+1}]\\&-\frac{\mathrm{d}\kappa}{\mathrm{d}\tau}\left[E_l+\frac{\sqrt{6}}{10}\delta_{l2}A\right],\end{aligned} \tag{6.217}$$

$$\frac{\mathrm{d}B_l}{\mathrm{d}\tau}=\frac{k}{2l+1}[\sqrt{l^2-4}\,B_{l-1}-\sqrt{(l+1)^2-4}\,B_{l+1}]-\frac{\mathrm{d}\kappa}{\mathrm{d}\tau}B_l. \tag{6.218}$$

这里 $A=\Theta_2-\sqrt{6}E_2$. 因为可以适当选择坐标系，使得 $B_l=0$，方程 (6.218) 告诉我们如果初始时刻 $B_l=0$，则 B_l 保持为 0，即标量扰动不会出现 B 模. 在 $\boldsymbol{k}//\boldsymbol{z}$ 的坐标系中，$U=0$，$Q_\pm=Q$. 极化只有 E 模，其满足的玻尔兹曼方程为[161, 162]

$$\begin{aligned}\frac{\mathrm{d}Q}{\mathrm{d}\tau}+\mathrm{i}k\mu Q=&\frac{\mathrm{d}\kappa}{\mathrm{d}\tau}\left[-Q+\frac{1}{4}P_2^2(\mu)(\Theta_2-\sqrt{6}E_2)\right],\\=&\frac{\mathrm{d}\kappa}{\mathrm{d}\tau}\left[-Q+\frac{3}{4}(1-\mu^2)A\right].\end{aligned} \tag{6.219}$$

积分得到

$$Q(\tau_0,k,\boldsymbol{n})=\frac{3}{4}(1-\mu^2)\int_0^{\tau_0}\mathrm{d}\tau\,g(\tau)A(\tau,k)\mathrm{e}^{\mathrm{i}k\mu(\tau-\tau_0)}. \tag{6.220}$$

对于满足关系 $\partial_\phi\,{}_sf=\mathrm{i}m\,{}_sf$ 的自旋函数 ${}_{\pm2}f(\theta,\phi)$，用自旋升降算符作用两次后得到[155]

$$\begin{aligned}\eth_-^2\,{}_2f(\mu,\phi)=&\left(-\partial_\mu+\frac{m}{1-\mu^2}\right)^2[(1-\mu^2)\,{}_2f(\mu,\phi)],\\\eth_+^2\,{}_{-2}f(\mu,\phi)=&\left(-\partial_\mu-\frac{m}{1-\mu^2}\right)^2[(1-\mu^2)\,{}_{-2}f(\mu,\phi)].\end{aligned} \tag{6.221}$$

利用上述关系 (6.221)，联立方程 (6.184) 及 (6.220) 便得到 E 模解

$$\begin{aligned}\tilde{E}(\tau_0,k,\mu) &= \frac{3}{4}\int_0^{\tau_0}\mathrm{d}\tau\, g(\tau)A(\tau,k)\,\partial_\mu^2\left[(1-\mu^2)^2\mathrm{e}^{-\mathrm{i}x\mu}\right],\\ &= -\frac{3}{4}\int_0^{\tau_0}\mathrm{d}\tau\, g(\tau)A(\tau,k)(1+\partial_x^2)^2\left(x^2\mathrm{e}^{-\mathrm{i}x\mu}\right),\end{aligned} \tag{6.222}$$

式中，$x=k(\tau_0-\tau)$. 从关系式 (6.160) 可知

$$\int_{-1}^{1}\mathrm{d}\mu P_l(\mu)\mathrm{e}^{-\mathrm{i}x\mu} = 2(-\mathrm{i})^l j_l(x), \tag{6.223}$$

把方程 (6.222) 及 (6.223) 代入方程 (6.191) 并利用如下关系

$$(1+\partial_x^2)^2[x^2 j_l(x)] = \sqrt{\frac{(l+2)!}{(l-2)!}}\frac{j_l(x)}{x^2}, \tag{6.224}$$

得到

$$E_l(k) = \frac{3}{4}\sqrt{\frac{(l+2)!}{(l-2)!}}\int_0^{\tau_0}\mathrm{d}\tau\, g(\tau)A(\tau,k)\frac{j_l(x)}{x^2}. \tag{6.225}$$

极化 E 模对应的 EE 功率谱及温度与极化 E 模对应的 TE 交叉功率谱为

$$\begin{aligned}C_l^{\mathrm{EE}} &= 4\pi\int_0^k\frac{\mathrm{d}k}{k}\mathscr{P}_{\mathscr{R}}\left|\frac{E_l(k)}{\mathscr{R}(k)}\right|^2\\ C_l^{\mathrm{TE}} &= 4\pi\int_0^k\frac{\mathrm{d}k}{k}\mathscr{P}_{\mathscr{R}}\left|\frac{\Theta_l(k)E_l(k)}{\mathscr{R}^2(k)}\right|.\end{aligned} \tag{6.226}$$

由方程 (6.145) 可知四极矩的量级 $\Pi_\gamma\sim kv_\gamma/\kappa'\sim(k/k_D)v_\gamma/(k_D\tau_*)$. 极化的源为流体的速度，极化与温度的相位差为 $\pi/2$. EE 功率谱的主要峰和 TT 功率谱的主要峰刚好反相，而 TE 交叉谱既可能为正也可能为负，且其振荡频率加倍. 大尺度极化中不会出现类似萨克斯-沃尔夫效应，即大尺度上的极化谱中不会出现平台. 当然由于最近的重电离而产生的散射可能会在大尺度极化谱中产生波峰.

6.8 张量微扰的玻尔兹曼方程

为了讨论矢量及张量扰动，把标量扰动多极矩展开 (6.187) 及 (6.188) 推广为

$$\Theta(\tau,\boldsymbol{k},\boldsymbol{n}) = \sum_l(-\mathrm{i})^l\sqrt{4\pi(2l+1)}\sum_{m=-2}^{m=2}Y_{lm}(\hat{k}\cdot\boldsymbol{n})\Theta_l^{(m)}(\tau,\boldsymbol{k}), \tag{6.227}$$

$$Q_\pm(\tau,\boldsymbol{k},\boldsymbol{n}) = \sum_l(-\mathrm{i})^l\sqrt{4\pi(2l+1)}\sum_{m=-2}^{m=2}Y_{lm}^{\pm}(\hat{k}\cdot\boldsymbol{n})[E_l^{(m)}\pm\mathrm{i}B_l^{(m)}](\tau,\boldsymbol{k}). \tag{6.228}$$

式中，$|m|=0,1,2$ 分别对应标量，矢量及张量扰动. 对于标量扰动，$m=0$，上述表达式则退化成 (6.187) 及 (6.188). 把方程 (6.227) 代入亮度函数所满足的玻尔兹曼方程，并利用方程 (6.207) 及 (6.215) 可以得到温度多极矩满足的玻尔兹曼方程[159]

$$\frac{\mathrm{d}\Theta_l^{(m)}}{\mathrm{d}\tau}=\frac{k}{2l+1}\left[{}_0\kappa_l^m\,\Theta_{l-1}^{(m)}-{}_0\kappa_{l+1}^m\,\Theta_{l+1}^{(m)}\right]-\frac{\mathrm{d}\kappa}{\mathrm{d}\tau}\Theta_l^{(m)}+S_l^{(m)},\quad l\geqslant m. \tag{6.229}$$

共形规范下扰动源为

$$S_0^{(0)}=\kappa'\Theta_0^{(0)}+\Phi',\quad S_1^{(0)}=\frac{1}{3}(\kappa' v_b^{(0)}+k\Psi),\quad S_2^{(0)}=\kappa' P^{(0)},$$

$$S_1^{(1)}=\frac{1}{3}(\kappa' v_b^{(1)}+V'),\quad S_2^{(1)}=\kappa' P^{(1)},\quad S_2^{(2)}=\kappa' P^{(2)}-\frac{1}{5}H_T^{(2)\prime}. \tag{6.230}$$

式中，度规的矢量扰动 $h_{0i}=-VQ_i^{(1)}$，$Q_i^{(\pm1)}=-\mathrm{i}2^{-1/2}(\hat{e}_1\pm\mathrm{i}\hat{e})_i\exp(\mathrm{i}\boldsymbol{k}\cdot\boldsymbol{x})$，度规的张量扰动 $h_{ij}=2H_T^{(2)}Q_{ij}^{(2)}$，$Q_{ij}^{(\pm2)}=-\sqrt{3/8}(\hat{e}_1\pm\mathrm{i}\hat{e}_2)_i\otimes(\hat{e}_1\pm\mathrm{i}\hat{e}_2)_j\exp(\mathrm{i}\boldsymbol{k}\cdot\boldsymbol{x})$，$P^{(m)}=[\Theta_2^{(m)}-\sqrt{6}E_2^{(m)}]/10$. 注意，$n^in^jQ_{ij}^{\pm2}=-\sqrt{4\pi/5}Y_2^{\pm2}\exp(\mathrm{i}\boldsymbol{k}\cdot\boldsymbol{x})$. 对于张量扰动，$m=\pm2$，因为 $h_{ij}^T=h_+\epsilon_{ij}^++h_\times\epsilon_{ij}^\times$，引入 $h=-(h_++\mathrm{i}h_\times)/\sqrt{6}$，并取初始条件为 $h_+-\mathrm{i}h_\times=0$，玻尔兹曼方程 (6.73) 给出温度的张量扰动满足的递推关系式为

$$\frac{\mathrm{d}\Theta_l^{(2)}}{\mathrm{d}\tau}=\frac{k}{2l+1}[{}_0\kappa_l^2\,\Theta_{l-1}^{(2)}-{}_0\kappa_{l+1}^2\,\Theta_{l+1}^{(2)}]-\delta_{l2}\frac{\mathrm{d}h}{\mathrm{d}\tau}-\frac{\mathrm{d}\kappa}{\mathrm{d}\tau}\left(\Theta_l^{(2)}-\delta_{l2}\frac{A^{(2)}}{10}\right), \tag{6.231}$$

式中，$A^{(2)}=(\Theta_2^{(2)}-\sqrt{6}E_2^{(2)})$. 度规张量的扰动 h_{ij}^T 所满足的方程为

$$\frac{\mathrm{d}^2h_{ij}^T}{\mathrm{d}\tau^2}+2\mathscr{H}\frac{\mathrm{d}h_{ij}^T}{\mathrm{d}\tau}+k^2h_{ij}^T=16\pi Ga^2P\Pi_{ij}^T. \tag{6.232}$$

各向异性张力 Π_{ij}^T 正比于 $\Theta_2^{(2)}$. 把方程 (6.228) 代入极化所满足的玻尔兹曼方程 (6.174)，并利用方程 (6.208) 及 (6.215) 可以得到极化 E 模与 B 模的多极矩 ($l\geqslant2$) 所满足的方程[159]

$$\begin{aligned}\frac{\mathrm{d}E_l^{(m)}}{\mathrm{d}\tau}=&\frac{k}{2l+1}\left[{}_2\kappa_l^mE_{l-1}^{(m)}-{}_2\kappa_{l+1}^mE_{l+1}^{(m)}-\frac{2m(2l+1)}{l(l+1)}B_l^{(m)}\right]\\&-\frac{\mathrm{d}\kappa}{\mathrm{d}\tau}\left[E_l^{(m)}+\sqrt{6}\delta_{l2}P^{(m)}\right],\end{aligned} \tag{6.233}$$

$$\frac{\mathrm{d}B_l^{(m)}}{\mathrm{d}\tau}=\frac{k}{2l+1}\left[{}_2\kappa_l^mB_{l-1}^{(m)}-{}_2\kappa_{l+1}^mB_{l+1}^{(m)}+\frac{2m(2l+1)}{l(l+1)}E_l^{(m)}\right]-\frac{\mathrm{d}\kappa}{\mathrm{d}\tau}B_l^{(m)}. \tag{6.234}$$

6.8.1　全角动量方法

全角动量方法的核心思想是只考虑那些与温度和极化的角分布相关的可观测量，即通过把平面波的空间依赖与内在角结构结合起来分离总角动量对模式的依

赖关系[159]. 由于微波背景辐射的温度及极化分布通常是空间位置 $\boldsymbol{x}$ 及传播方向 $\boldsymbol{n}$ 的函数，而在平直空间，平面波构成空间的完全函数基，从而自旋为 0 的场如微波背景辐射温度可以用下面函数展开[159, 163]，

$$G_{lm} = (-\mathrm{i})^l \sqrt{4\pi(2l+1)}\, Y_{lm}(\boldsymbol{n}) \exp(\mathrm{i}\boldsymbol{k}\cdot\boldsymbol{x}). \tag{6.235}$$

式中归一化因子是为了使得 $m=0$ 的基函数与前面的讨论一致. 若空间是非平直的，则把平面波换成非平直空间中的赫姆霍兹方程的本征函数 Q 即可. 同样，对于自旋为 2 的场如极化，展开函数为[159, 163]

$$_{\pm 2}G_{lm} = (-\mathrm{i})^l \sqrt{4\pi(2l+1)}\, [_{\pm 2}Y_{lm}(\boldsymbol{n})] \exp(\mathrm{i}\boldsymbol{k}\cdot\boldsymbol{x}). \tag{6.236}$$

当然平面波也和角分布有关. 选取坐标原点为观测者所在位置，光的传播方向为正，即 $\hat{e}_3 = \hat{k}$，$\boldsymbol{x} = -r\boldsymbol{n}$，则

$$\exp(\mathrm{i}\boldsymbol{k}\cdot\boldsymbol{x}) = \sum_l (-\mathrm{i})^l \sqrt{4\pi(2l+1)}\, j_l(kr) Y_{l0}(\boldsymbol{n}). \tag{6.237}$$

把模函数分解成内部角度函数及空间平面波实际上是按带自旋权重的球谐函数 $_sY_{lm}$ 及轨道角动量 Y_{l0} 分解. 利用关系式

$$\begin{aligned}
&4\pi\sqrt{\frac{2L+1}{2l+1}} Y_{L0}(\boldsymbol{n})\, {}_sY_{lm}(\boldsymbol{n}) \\
&= (2L+1) \sum_{j=|L-l|}^{j=L+l} \langle L,l;0,m|j,m\rangle \langle L,l;0,-s|j,-s\rangle \sqrt{\frac{4\pi}{2j+1}}\, {}_sY_{jm}(\boldsymbol{n}),
\end{aligned} \tag{6.238}$$

则得到[15]

$$_sG_{l'm}(-r\boldsymbol{n},\boldsymbol{n}) = \sum_{l=0}^{\infty} (-\mathrm{i})^l \sqrt{4\pi(2l+1)}\, {}_sf_l^{(l'm)}(kr)\, {}_sY_{lm}(\boldsymbol{n}), \tag{6.239}$$

式中，

$$_sf_l^{(l'm)}(x) = \sum_{L=|l-l'|}^{l+l'} (-\mathrm{i})^{L+l'-l} \frac{2L+1}{2l+1} \langle L,l';0,m|l,m\rangle \langle L,l';0,-s|l,-s\rangle j_L(x), \tag{6.240}$$

$\langle L,l;0,m|j,m\rangle$ 为克莱布希-戈登系数. 所以角动量处于 $|l-l'|$ 与 $l+l'$ 之间的态发生耦合. 标量基函数为

$$G_{l'm} = \sum_l (-\mathrm{i})^l \sqrt{4\pi(2l+1)}\, j_l^{(l'm)}(kr) Y_{lm}(\boldsymbol{n}), \tag{6.241}$$

式中，最低阶 $(l'm)$ 径向函数为

$$j_l^{(00)}(x)=j_l(x),\quad j_l^{(10)}(x)=j_l'(x),\quad j_l^{(11)}(x)=\sqrt{\frac{l(l+1)}{2}}\frac{j_l(x)}{x},$$

$$j_l^{(20)}=\frac{1}{2}[3j_l''(x)+j_l(x)],\quad j_l^{(21)}(x)=\sqrt{\frac{3l(l+1)}{2}}\left(\frac{j_l(x)}{x}\right)',$$

$$j_l^{(22)}(x)=\sqrt{\frac{3(l+2)!}{8(l-2)!}}\frac{j_l(x)}{x^2},\tag{6.242}$$

符号“$'$”表示对自变量 $x=kr$ 的导数. 同样 $l'=2$ 时张量基函数为

$${}_{\pm2}G_{2m}=\sum_l(-\mathrm{i})^l\sqrt{4\pi(2l+1)}\,[\epsilon_l^{(m)}(kr)\pm\mathrm{i}\beta_l^{(m)}(kr)]\,{}_{\pm2}Y_l^m(\boldsymbol{n}),\tag{6.243}$$

对应于耦合 $L=l,\ l\pm2$，

$$\epsilon_l^{(0)}(x)=\sqrt{\frac{3(l+2)!}{8(l-2)!}}\frac{j_l(x)}{x^2},\quad \epsilon_l^{(1)}(x)=\frac{1}{2}\sqrt{(l-1)(l+2)}\left[\frac{j_l(x)}{x^2}+\frac{j_l'(x)}{x}\right],$$

$$\epsilon_l^{(2)}(x)=\frac{1}{4}\left[-j_l(x)+j_l''(x)+2\frac{j_l(x)}{x^2}+4\frac{j_l'(x)}{x}\right],\tag{6.244}$$

对应于耦合 $L=l\pm1$，

$$\beta_l^{(0)}(x)=0,\quad \beta_l^{(1)}(x)=\frac{1}{2}\sqrt{(l-1)(l+2)}\,\frac{j_l(x)}{x},$$

$$\beta_l^{(2)}(x)=\frac{1}{2}\left[j_l'(x)+2\frac{j_l(x)}{x}\right].\tag{6.245}$$

对于 $m<0$，可以利用这些关系 $\epsilon_l^{(-m)}=\epsilon_l^{(m)}$，$\beta_l^{(-m)}=-\beta_l^{(m)}$. 利用基函数，温度及极化的展开式为

$$\Theta(\tau,\boldsymbol{x},\boldsymbol{n})=\int\frac{\mathrm{d}^3k}{(2\pi)^{3/2}}\sum_l\sum_{m=-2}^{2}\Theta_l^{(m)}G_{lm},\tag{6.246}$$

$$(Q\pm\mathrm{i}U)(\tau,\boldsymbol{x},\boldsymbol{n})=\int\frac{\mathrm{d}^3k}{(2\pi)^{3/2}}\sum_l\sum_{m=-2}^{2}(E_l^{(m)}\pm\mathrm{i}B_l^{(m)})\,{}_{\pm2}G_{lm},\tag{6.247}$$

式中，$E_l^{(m)}$ 及 $B_l^{(m)}$ 分别代表宇称为 $(-1)^l$ 的 E 模及宇称为 $(-1)^{l+1}$ 的 B 模，$m=0,\pm1,\pm2$ 分别对应于度规的标量、矢量及张量扰动. 把上述方程代入玻尔兹曼方程便可以得到 6.7 节的递推方程 (6.229)、(6.233) 及 (6.234).

6.8.2 积分解

和前面类似，玻尔兹曼方程 (6.229) 的积分解为

$$\Theta_l^{(m)}(\tau_0,k)=\int_0^{\tau_0}\mathrm{d}\tau\mathrm{e}^{-\kappa}\sum_{l'}S_{l'}^{(m)}(\tau)j_l^{(l'm)}[k(\tau_0-\tau)]. \tag{6.248}$$

极化方程 (6.233) 及 (6.234) 的解为

$$E_l^{(m)}(\tau_0,k)=-\sqrt{6}\int_0^{\tau_0}\mathrm{d}\tau\kappa'\mathrm{e}^{-\kappa}P^{(m)}(\tau)\epsilon_l^{(m)}[k(\tau_0-\tau)], \tag{6.249}$$

$$B_l^{(m)}(\tau_0,k)=-\sqrt{6}\int_0^{\tau_0}\mathrm{d}\tau\kappa'\mathrm{e}^{-\kappa}P^{(m)}(\tau)\beta_l^{(m)}[k(\tau_0-\tau)]. \tag{6.250}$$

功率谱为

$$C_l^{X\tilde{X}}=4\pi\int_0^{\infty}\frac{\mathrm{d}k}{k}\frac{\mathscr{P}_{\mathscr{R}}}{|\mathscr{R}(k)|^2}\sum_{m=-2}^{2}X_l^{(m)*}(\tau_0,k)\tilde{X}_l^{(m)}(\tau_0,k), \tag{6.251}$$

式中，$X\tilde{X}=\Theta\Theta$, EE, BB, 或者 ΘE. 由于只有张量扰动产生 B 模，所以

$$B_l(\tau_0,k)=-\frac{\sqrt{6}}{20}\int_0^{\tau_0}\mathrm{d}\tau\kappa'\mathrm{e}^{-\kappa}(\Theta_2^{(2)}-\sqrt{6}E_2^{(2)})\left[j_l'(x)+2\frac{j_l(x)}{x}\right], \tag{6.252}$$

式中，$x=k(\tau_0-\tau)$. 利用 CAMB 程序[147]，选取背景宇宙学模型为 ΛCDM 模型，便可以得到如图 6.7 所示的功率谱.

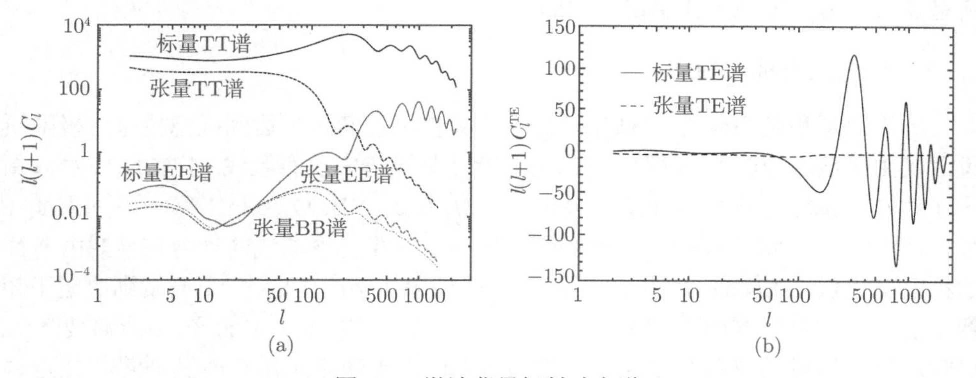

图 6.7 微波背景辐射功率谱

图中实线代表标量扰动产生的功率谱，虚线代表张量扰动产生的功率谱，(b) 图为交差 TE 谱

第 7 章　暗能量模型

1998 年两个独立的超新星研究小组在对超新星数据分析时发现测量到的远处超新星的亮度要比标准宇宙学中预言的暗，这就意味着这些超新星离我们的实际距离要比预期的远，即宇宙现在处于加速膨胀阶段. 这一结果颠覆了人们对于传统宇宙学的理解，被《科学》期刊评为当年的科学进展之最. 按照我们前面讨论的标准宇宙学模型，宇宙的膨胀是由宇宙中物质的引力效应引起的，而物质之间的引力是吸引力，所以宇宙的膨胀应该是减速的. 加速膨胀的发现对于物理学的基本原理提出了挑战. 要解释宇宙现在加速膨胀的现象，类似于前面讨论的暴涨模型，我们可以修改爱因斯坦场方程的左边，即对引力理论进行修改；我们也可以在物质场中加入一种压强为负的东西，即暗能量. 本章我们主要讨论暗能量. 关于暗能量的综述可参考这些文献 [72, 164 − 166, 167].

7.1　暗能量的观测证据

暗能量是由超新星宇宙学计划组 (SCP)[168] 及高红移超新星搜寻组[169] 这两个研究小组通过对 Ia 型超新星的观测首先发现的. 所以我们需要先了解 Ia 型超新星及其作为标准烛光在宇宙学中的应用.

7.1.1　超新星与标准烛光

Ia 型超新星是由碳-氧白矮星通过吸积其伴星使其质量达到钱德拉塞卡极限质量而发生热核爆炸的产物[170]，它的主要特征是光谱中没有氢线. 正常的 Ia 型超新星在达到及接近光极大前光谱中会出现 SiII, CaII, SII, OI, MgII 等一系列天鹅 P 型特征谱线，之后会出现 FeII 等特征谱线[171]. Ia 型光变曲线的动力在早期由 ^{56}Ni 的核衰变提供，几周后由 ^{56}Co 提供[170]. 热核爆炸中产生的 ^{56}Ni 质量则决定了超新星的光极大[172]. 如果白矮星充分地燃烧了，则大约 $0.6M_\odot$ 的 ^{56}Ni 能够被产生. 尽管超新星爆发的物理机制还不是很清楚，但由于超新星爆炸时其质量都接近钱德拉萨卡质量，Ia 型超新星的光极大几乎相同，而且其亮度和典型星系的亮度相近，可以在很远距离处被观测到，从而它们可以作为宇宙学中的标准烛光. 图 7.1 中显示了一些 Ia 型超新星的光变曲线，在作了拉升因子修正及光极大归一后，这些 Ia 型超新星的光变曲线相同，说明它们可以作为标准烛光[173].

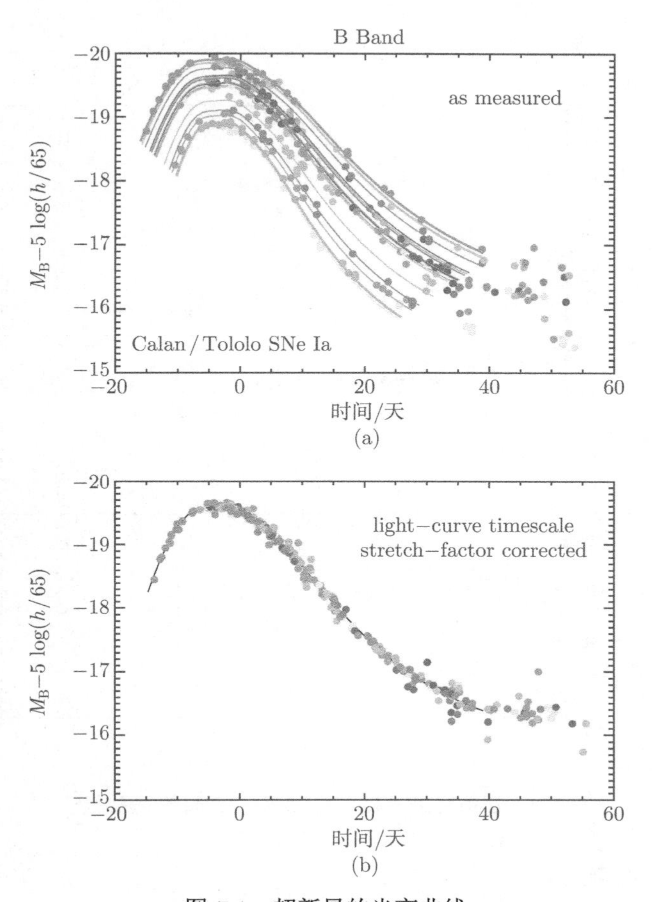

图 7.1 超新星的光变曲线

该图取自超新星宇宙学计划的网站 http://www-supernova.lbl.gov/

Ia 型超新星可以作为标准烛光是由于人们发现了它的绝对亮度与光的颜色和亮度随时间的衰减率之间的相关性[174]：光变曲线衰减的越快或者光的颜色越红，其光极大亮度越小. 为了更好地量化光极大与衰减率的关系，光亮度在光极大后第一个 15 天内下降的幅度 Δm_{15} 被提出来作为一个重要量化参数[175]. 随着更多的超新星被发现及对超新星研究的深入，光极大与 Δm_{15} 之间的线性关系更加明确了[176]，见图 7.2. 加上 B 波段和 V 波段的视亮度效应后，B 波段光极大与 Δm_{15} 之间的关系可以拟合成[177]

$$M_B = -19.48 + b(\Delta m_{15} - 1.05) + R(B - V). \tag{7.1}$$

基于这种思路，人们陆续提出了一些新的超新星处理方法，如 Δm_{15} 方法[178]，多色光变曲线形状修正方法 (MLCS)[179, 180], DM15 方法[181] 及光谱适应光变曲线方

法 (SALT)[182, 183] 等.

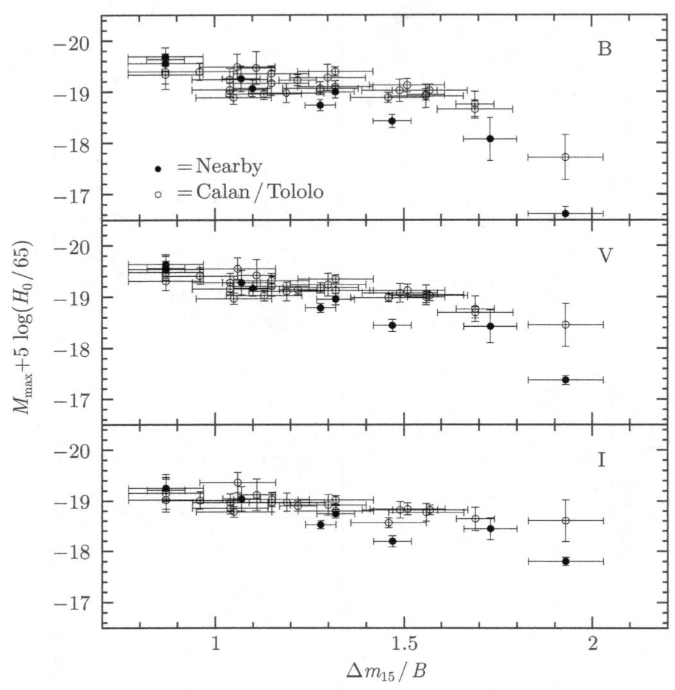

图 7.2　超新星的光极大与 Δm_{15} 之间的关系[176]

7.1.2　超新星观测结果

高红移超新星搜寻组利用 MLCS 处理方法分析了 16 个红移范围为 0.17~0.83 的高红移超新星以及由 Calán/Tololo 和哈佛天体物理中心 (CfA) 发现的 34 个红移 $z < 0.15$ 的近处超新星，得到了这些超新星的亮度距离与红移的关系，并且他们进一步发现了宇宙现在正处于加速膨胀这一重要结果. 为了拟合这 50 个超新星数据，他们利用最简单的包含宇宙学常数的模型得到宇宙学常数不为 0 的概率在 90%以上，$\Omega_{m0} = 1$ 的物质为主的宇宙学模型在 7σ 置信度下被排除掉了[169]，这些结果见图 7.3(a). 同样在 1998 年，SCP 组分析了他们利用 CTIO 天文台的 4 米望远镜发现的 42 个红移范围为 0.18~0.83 的高红移 Ia 型超新星以及由 Calán/Tololo 发现的 18 个红移 $z \leqslant 0.1$ 的低红移超新星，独立地给出这些超新星的亮度距离与红移的关系. 他们进一步排除了 6 个和其他超新星观测不完全一致的超新星，并利用剩下的 54 个 Ia 型超新星数据拟合了包含宇宙学常数的模型. 他们发现宇宙学常数不为 0 的概率为 $P(\Lambda > 0) = 99\%$[168]，这些结果见图 7.3(b).

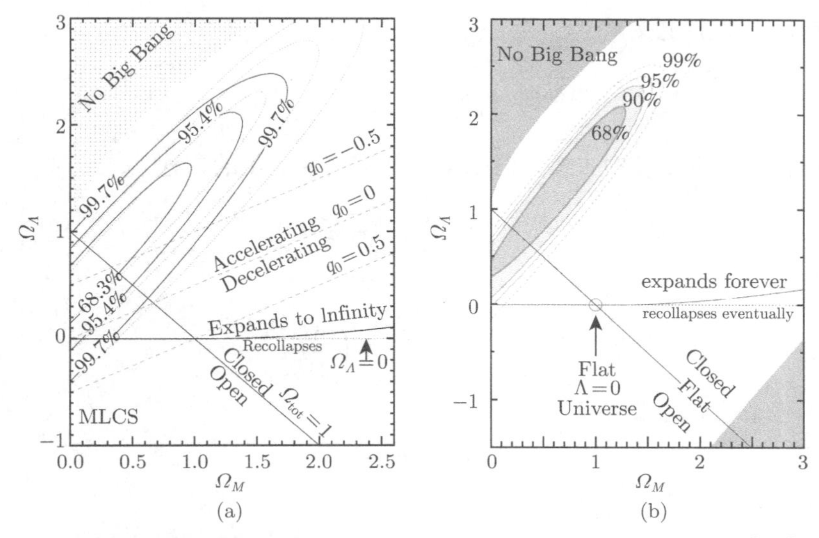

图 7.3 (a) 高红移超新星搜寻组利用 Ia 型超新星拟合出的 Ω_m 与 Ω_Λ 的圈图[169]；(b) SCP 组利用 Ia 型超新星拟合出的 Ω_m 与 Ω_Λ 的圈图[168]

对于包含宇宙学常数的模型，忽略辐射的贡献，得到

$$E^2(z)=\Omega_m(1+z)^3+(1-\Omega_m-\Omega_\Lambda)(1+z)^2+\Omega_\Lambda. \tag{7.2}$$

如果 Ω_Λ 比较大，式 (7.2) 右边可能为负. 也就是说宇宙可能没有发生大爆炸，而是从有限的尺寸开始，或者宇宙会发生收缩. 如果宇宙从有限尺寸开始，即从爱因斯坦提出的静态宇宙开始，则物质能量密度，宇宙学常数等参数需满足条件 (1.85) 与 (1.83)

$$\frac{K}{a_E^2}=\Lambda_s, \tag{7.3}$$

$$\rho_m(a_E)=\frac{\Lambda_s}{4\pi G}=\frac{\rho_m(a_0)}{a_E^3}. \tag{7.4}$$

为了方便起见，上述方程中我们取 $a_0=1$. 由方程 (7.4) 可知

$$a_E=\frac{3}{2}\frac{\Omega_m H_0^2}{K}. \tag{7.5}$$

联立方程 (7.3) 及 (7.5) 得到

$$\Lambda_s=\frac{4}{9}\frac{K^3}{(\Omega_m H_0^2)^2}, \tag{7.6}$$

或者

$$\frac{K}{\Omega_m H_0^2}=\left(\frac{9\Lambda_s}{4\Omega_m H_0^2}\right)^{1/3}. \tag{7.7}$$

由曲率密度参数的定义

$$\Omega_k = -\frac{K}{H_0^2} = 1 - \Omega_m - \Omega_\Lambda, \tag{7.8}$$

我们可以得到宇宙不发生大爆炸时宇宙学常数需要满足的方程

$$x^3 - \frac{3}{4}x + \frac{1}{4}\frac{\Omega_m - 1}{\Omega_m} = 0, \tag{7.9}$$

式中，

$$x = \left(\frac{\Lambda_s}{12\Omega_m H_0^2}\right)^{1/3} = \left(\frac{\Omega_\Lambda}{4\Omega_m}\right)^{1/3}. \tag{7.10}$$

对于一个一元三次方程

$$t^3 + pt + q = 0, \tag{7.11}$$

用解 $t = u - p/3u$ 代入则得到

$$u^6 + qu^3 - p^3/27 = 0. \tag{7.12}$$

方程 (7.12) 的三个根为

$$u = \left[-\frac{q}{2} \pm \sqrt{\frac{q^2}{4} + \frac{p^3}{27}}\right]^{1/3} \exp(2n\pi i/3), \quad n = 1,\ 2, 3. \tag{7.13}$$

若 $\Delta = q^2/4 + p^3/27$ 为负，则方程 (7.11) 的三个根都为实根. 这三个实根可以用变量

$$r = \sqrt{\left(-\frac{p}{3}\right)^3}, \quad \cos\phi = -\frac{q}{2r}, \tag{7.14}$$

写成

$$\begin{aligned} t_1 &= 2r^{1/3}\cos\left(\frac{\phi}{3}\right), \\ t_2 &= 2r^{1/3}\cos\left(\frac{\phi + 2\pi}{3}\right), \\ t_3 &= 2r^{1/3}\cos\left(\frac{\phi + 4\pi}{3}\right). \end{aligned} \tag{7.15}$$

若 $\Delta = 0$，则方程 (7.11) 的三个根都为实根，且存在重根. 如果 Δ 是正数，则方程 (7.11) 的三个根只有一个为实根，另两个为复根. 对于方程 (7.9)，我们得到

$$p = -\frac{3}{4},\ q = \frac{1}{4}\frac{\Omega_m - 1}{\Omega_m},\ \Delta = \frac{1}{64}\left[\left(\frac{1 - \Omega_m}{\Omega_m}\right)^2 - 1\right], \tag{7.16}$$

如果 $\Omega_m < 1/2$，$\Delta > 0$，则我们求得唯一的实根

$$\Omega_\Lambda = 4\Omega_m \left[\cosh\left(\frac{1}{3}\cosh^{-1}\frac{1-\Omega_m}{\Omega_m}\right)\right]^3. \tag{7.17}$$

如果 $\Omega_m \geqslant 1/2$，$\Delta \leqslant 0$，则解由方程 (7.15) 给出，且式中 $r = 1/8$，

$$\cos\phi = \frac{1-\Omega_m}{\Omega_m}. \tag{7.18}$$

若 $1/2 \leqslant \Omega_m \leqslant 1$，则 $0 \leqslant \phi \leqslant \pi/2$，只有 x_1 为正根. 当 $\Omega_m > 1$，则 $\pi/2 < \phi < \pi$，这时 x_1 与 x_3 为正根，并且 $x_3 < x_1$. 所以我们得到大爆炸不能发生的条件[184]

$$\Omega_\Lambda > \begin{cases} 4\Omega_m \left[\cosh\left(\frac{1}{3}\cosh^{-1}\frac{1-\Omega_m}{\Omega_m}\right)\right]^3, & 0 < \Omega_m < 1/2, \\ 4\Omega_m \left[\cos\left(\frac{1}{3}\cos^{-1}\frac{1-\Omega_m}{\Omega_m}\right)\right]^3, & \Omega_m > 1/2. \end{cases} \tag{7.19}$$

另外，如果宇宙是开的或平坦的，则任何正的宇宙学常数最终都会达到宇宙学常数为主的时代. 如果宇宙是闭的，$\Omega_m > 1$，则宇宙学常数要超过一个临界值才可能最后进入宇宙学常数为主的宇宙，这个临界值即为方程 (7.15) 中的第三个解 x_3. 所以我们还可以得到宇宙一直膨胀下去的条件[184]

$$\Omega_\Lambda \geqslant \begin{cases} 0, & 0 \leqslant \Omega_m \leqslant 1, \\ 4\Omega_m \left[\cos\left(\frac{1}{3}\cos^{-1}\frac{1-\Omega_m}{\Omega_m} + \frac{4\pi}{3}\right)\right]^3, & \Omega_m > 1. \end{cases} \tag{7.20}$$

这些结果显示在图 7.3 中. 当然这些结果是在忽略辐射的情况下得到的，加上辐射后，上述结果需要修正. 另外，利用上述结果我们也可以求出宇宙学常数取临界值时对应的临界红移 z_s 所满足的方程. 由方程 (7.3) 及 (7.8) 可得

$$(1+z_s)^2 = \frac{3\Omega_\Lambda}{\Omega_m + \Omega_\Lambda - 1}. \tag{7.21}$$

由方程 (7.5)、(7.7) 及 (7.10) 可得

$$x = \frac{1}{2}(1+z_s). \tag{7.22}$$

$$\Omega_\Lambda = \frac{1}{2}\Omega_m(1+z_s)^3. \tag{7.23}$$

联立方程 (7.21) 及 (7.23)，我们得到

$$(1+z_s)^3 - 3(1+z_s) + 2 = \frac{2}{\Omega_m}. \tag{7.24}$$

随着更多超新星的发现，由超新星数据带来的统计误差变得很小，这时系统误差便变得重要起来，但是宇宙加速膨胀的证据也更强. 2004 年超新星的数据个数增加为 186 个，其中超新星金 (gold) 数据为 157 个[185]，2007 年这些金数据被更新为 182 个. SNLS 小组在 2006 年给出了 115 个超新星数据[186]，并于 2011 年更新为 472 个超新星数据[187]. 2007 年给出的 ESSENCE 超新星数据为 192 个[188]，2009 年 Constitution 收集了 397 个超新星数据[84]. 2008 年给出的 Union 超新星数据为 307 个[189]，2010 年更新后的 Union2 超新星数据为 557 个[190]，2012 年更新后的 Union2.1 收集了 580 个超新星数据[191].

另外，其他的观测数据，如微波背景辐射的各向异性的观测，重子声子振荡，星系团结构，引力透镜等实验数据也同时证实了宇宙的加速膨胀，具体结果参见图 7.4[189].

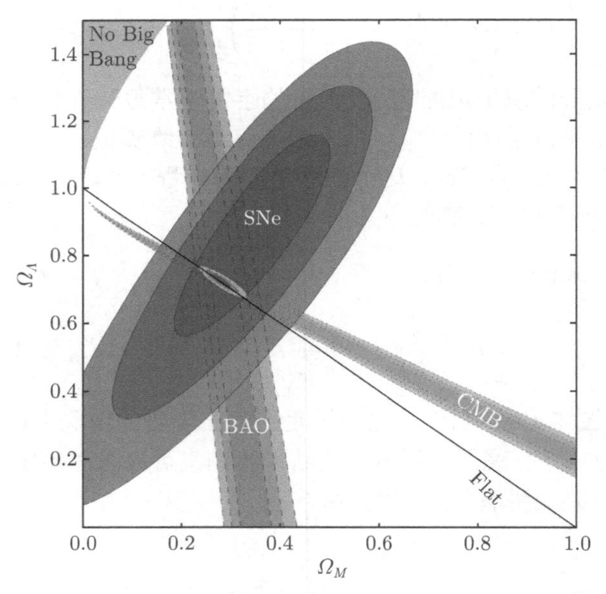

图 7.4　利用不同观测数据拟合出的 Ω_m 与 Ω_Λ 的圈图[189]

7.2　暗能量的参数化

由于目前我们对暗能量的认识还很有限，一个自洽的暗能量理论还不存在. 为了研究暗能量的特性，一种比较切实可行的方法是充分利用观测数据来研究暗能量，即我们利用参数化形式来描述一些物理量. 例如，我们可以利用 Padé假设来表达亮度距离，

$$d_L(z) = \frac{(1+z) - \alpha\sqrt{(1+z)} - 1 + \alpha}{\beta(1+z) + \gamma\sqrt{(1+z)} + 2 - \alpha - \beta - \gamma}. \tag{7.25}$$

更通常的方法是对暗能量密度或暗能量状态方程进行参数化. 暗能量密度参数化最简单的形式是按红移做泰勒展开[192],

$$\Omega_{\mathrm{DE}} = A_0 + A_1(1+z) + A_2(1+z)^2. \tag{7.26}$$

利用上述参数化形式可得暗能量状态方程参数

$$w(z) = \frac{1+z}{3}\frac{A_1 + 2A_2(1+z)}{A_0 + A_1(1+z) + A_2(1+z)^2} - 1. \tag{7.27}$$

通常用标量场来描述动力学的暗能量模型. 而对于大多数具有不同势能函数 $V(\phi)$ 的标量场模型, 不管标量场 ϕ 的初始条件如何, 标量场都会进入追踪解. 在这个解中, 标量场 ϕ 及其状态方程参数 w_ϕ 都变化得很缓慢, 而且在红移 $z \leqslant 4$ 的范围内, w_ϕ 可以近似地表达为[193]

$$w(z) = w_0 - \alpha\ln(1+z). \tag{7.28}$$

对于暗能量状态方程参数, 最常用的参数化是所谓的 CPL 参数化[194, 195],

$$w(z) = w_0 + \frac{w_a z}{1+z}. \tag{7.29}$$

对于 CPL 参数化, $w(z=0) = w_0$, 当 $z \gg 1$ 时, $w(z) \simeq w_0 + w_a$. 暗能量的能量密度为

$$\Omega_{\mathrm{DE}} = \Omega_{\mathrm{DE0}}(1+z)^{3(1+w_0+w_a)}\mathrm{e}^{-3w_a z/(1+z)}. \tag{7.30}$$

另一个常用的所谓 JBP 参数化形式为[196]

$$w(z) = w_0 + \frac{w_a z}{(1+z)^2}. \tag{7.31}$$

对于 JBP 参数化, $w(z=0) = w_0$, 当 $z \gg 1$ 时, $w(z) \simeq w_0$. 即暗能量状态方程参数现在的取值和在高红移时的取值相同. 暗能量的能量密度为

$$\Omega_{\mathrm{DE}} = \Omega_{\mathrm{DE0}}(1+z)^{3(1+w_0)}\mathrm{e}^{3w_a z^2/2(1+z)^2}. \tag{7.32}$$

另外, Wetterich 提出如下的参数化形式[197]

$$w(z) = \frac{w_0}{[1+b\ln(1+z)]^2}. \tag{7.33}$$

对于这种参数化，$w(z=0)=w_0$，而当 $z\gg 1$ 时，$w(z)\simeq 0$. 即在高红移时，暗能量表现为物质. 暗能量的能量密度是

$$\Omega_{\rm DE}=\Omega_{\rm DE0}(1+z)^{3+3w_0/[1+b\ln(1+z)]}. \tag{7.34}$$

这节中讨论的暗能量参数化中的参数一般与物质能量密度参数 Ω_m 简并，即只有在精确地知道 Ω_m 后，我们才可以利用这些参数化方法来研究暗能量的本质. 为了克服这种对 Ω_m 的依赖关系，而更加准确地判断出宇宙学常数模型是否与观测数据相吻合，我们可以利用下面的方法. 第一种是 Om 判据. 定义[198]

$$Om(z)=\frac{E^2(z)-1}{(1+z)^3-1}. \tag{7.35}$$

则对于平直空间中的 ΛCDM 模型，$Om(z)=\Omega_m$ 是一个常数，而且这个常数的性质不依赖于 Ω_m 的具体取值. 即我们可以利用观测数据来重构 $Om(z)$，如果 $Om(z)$ 为常数，则我们可以说暗能量为宇宙学常数，反之则暗能量不是宇宙学常数.

第二种判据是对 $Om(z)$ 求导数而得. 利用[199]

$$\mathscr{L}(z)=2[(1+z)^3-1]D''(z)+3(1+z)^2D'(z)[1-D'(z)^2], \tag{7.36}$$

式中，$D'(z)={\rm d}D(z)/{\rm d}z=E^{-1}(z)$. 对于平直空间中的 ΛCDM 模型，$\mathscr{L}(z)=0$. 同样通过判断 $\mathscr{L}(z)$ 是否为 0 可以确定暗能量是否为宇宙学常数. 另外注意当 $z\to 0$ 时，$\mathscr{L}(z)=0$.

为了详细说明如何结合观测数据与参数化方法及上述判据来讨论暗能量的性质，这里以 CPL 参数化方法为例. 我们利用 Union2.1[191] 收集的 580 个超新星数据进行计算：

$$\chi^2_{\rm sn}=\sum_{i,j=1}^{580}[\mu_{\rm th}(z_i)-\mu_{\rm obs}(z_i)]C^{-1}_{\rm sn}(z_i,z_j)[\mu_{\rm th}(z_j)-\mu_{\rm obs}(z_j)], \tag{7.37}$$

式中，$C_{\rm sn}(z_i,z_j)$ 是包括了系统误差在内的误差矩阵.

重子声子振荡 (BAO) 是重结合时期之后，大尺度上物质密度扰动功率谱中的波长约为 $0.06h^{-1}$Mpc 的一系列波峰及波谷. 它是由宇宙早期原初扰动在光子-重子等离子体中激发出声波而产生的. 当离子在重结合的时候 ($z\sim 1000$) 结合成中性气体，声波的速度急剧下降，从而冻结了声波的传播. 在原初扰动形成到重结合这段时期，不同波长的模式所完成的振荡数目也不同，这些特征时间信息体现为一个特征尺度，即重子拖曳 (drag) 时期的声子视界 $r_s(z_d)$，这个特征尺度可作为宇宙学的标准尺子. 因此在物质密度扰动的两点相关函数中会出现小的尖峰[200]，这两点间的共动距离相隔约为 150Mpc. 由于重子与暗物质密度比约为 1:5，所以这

个在大尺度上出现的尖峰比较小而不容易被探测到，探测重子声子振荡要求对约为 $1h^{-3}\text{Gpc}^3$ 的体积进行巡天[201]. 2005 年斯隆数字巡天利用大量亮红星系中的大尺度两点相关函数第一次探测到重子声子振荡[202]. 重子声子振荡可以在横向及径向上进行测量，径向测量 $\Delta z = r_s H(z)/c$ 对哈勃参数 $H(z)$ 更敏感，而横向测量 $\Delta\theta(z) = r_s/(1+z)D_A(z)$ 可以探测距离-红移关系，光度学红移测量对横向重子声子振荡更敏感. 对于重子声子振荡数据，我们利用在红移 $z = 0.2$ 及 $z = 0.35$ 时测得的相应距离 $d_{0.2}^{obs} = 0.1905 \pm 0.0061$ 及 $d_{0.35}^{obs} = 0.1097 \pm 0.0036$[203] 计算

$$\chi^2_{\text{Bao2}} = \Delta x_i C^{-1}(x_i, x_j)\Delta x_j, \tag{7.38}$$

式中，$x_i = (d_{z=0.2}, d_{z=0.35})$，$\Delta x_i = x_i - x_i^{obs}$，测量值 $d_{0.2}$ 与 $d_{0.35}$ 之间的相关矩阵[203]

$$C^{-1} = \begin{pmatrix} 30124 & -17227 \\ -17227 & 86977 \end{pmatrix}. \tag{7.39}$$

距离 d_z 为

$$d_z = \frac{r_s(z_d)}{D_V(z)}, \tag{7.40}$$

式中，等效距离定义为横向与径向距离的几何平均值，

$$D_V(z) = \left[\frac{d_L^2(z)}{(1+z)^2}\frac{z}{H(z)}\right]^{1/3}, \tag{7.41}$$

拖曳 (drag) 红移 z_d 用下面的公式来拟合[204]，

$$z_d = \frac{1291(\Omega_m h^2)^{0.251}}{1+0.659(\Omega_m h^2)^{0.828}}[1 + b_1(\Omega_b h^2)^{b_2}], \tag{7.42}$$

$$b_1 = 0.313(\Omega_m h^2)^{-0.419}[1 + 0.607(\Omega_m h^2)^{0.674}], \quad b_2 = 0.238(\Omega_m h^2)^{0.223}, \tag{7.43}$$

共动声子视界定义为

$$r_s(z) = \int_z^\infty \frac{c_s(z)\mathrm{d}z}{E(z)}, \tag{7.44}$$

其中，重子-光子等离子体声速 $c_s(z) = 1/\sqrt{3[1+\bar{R}_b/(1+z)]}$[148]，$\bar{R}_b/(1+z) = (3\rho_b)/(4\rho_r)$，$\bar{R}_b = 3\Omega_b h^2/(4 \times 2.469 \times 10^{-5})$. 由于重子-光子等离子压强 $p = p_r = \rho_r/3$，总能量密度 $\rho = \rho_r + \rho_b$. 而对于绝热密度扰动，$\delta_b = 3\delta_r/4$，所以可得重子-光子等离子体声速 $c_s(z) = 1/\sqrt{3[1+(3\rho_b)/(4\rho_r)]}$. 6dFGS 测量给出了 $z = 0.106$ 处的距离 $d_{0.106}^{obs} = 0.336 \pm 0.015$[205]. 加入这个数据，我们需要计算

$$\chi^2_{\text{Bao1}} = \left(\frac{d_{0.106} - 0.336}{0.015}\right)^2. \tag{7.45}$$

从上述定义可以看出，在利用来自 6dFGS 及 SDSS 的 BAO 数据时，除了参数化模型中的参数外，我们还额外引入了两个参数 $\Omega_b h^2$ 及 h. BAO 数据还包括 WiggleZ[206] 在红移 $z=0.44$，0.6 及 0.73 处测量到的距离参数 $A(z)$[202]

$$A(z)=\frac{D_V(z)\sqrt{\Omega_m H_0^2}}{z}, \tag{7.46}$$

上述 BAO 数据汇总在表 7.1 中. 利用 WiggleZ 数据，我们需要计算

$$\chi^2_{\mathrm{Bao}a}=\sum_{i,j=1}^{3}\Delta A_i C_A^{-1}(A_i,A_j)\Delta A_j, \tag{7.47}$$

式中，$A_i=(A(0.44),A(0.6),A(0.73))$，$\Delta A_i=A(z_i)-A(z_i)^{obs}$，相关矩阵 $C_A^{-1}(A_i,A_j)$ 为[206]

$$C_A^{-1}=\begin{pmatrix}1040.3 & -807.5 & 336.8\\ -807.5 & 3720.3 & -1551.9\\ 336.8 & -1551.9 & 2914.9\end{pmatrix}. \tag{7.48}$$

另外，星系团能谱中的 BAO 径向 (沿视线方向) 尺度的测量给出了在红移 $z=0.24$ 及 $z=0.43$ 处的两个测量值 $\Delta z_{\mathrm{BAO}}(z=0.24)=0.0407\pm0.0011$ 以及 $\Delta z_{\mathrm{BAO}}(z=0.43)=0.0442\pm0.0015$[207]. 其中

$$\Delta z_{\mathrm{BAO}}(z)=\frac{H(z)r_s(z_d)}{c}. \tag{7.49}$$

最近在高红移类星体的莱曼 α 森林中测量到 $z=2.3$ 的 BAO 径向数据 $\Delta z(z)=0.11404\pm0.00396$. 利用这个最新的高红移数据，我们在 χ^2 中加入

$$\chi^2_{\mathrm{Bao}z}=\left(\frac{\Delta z_{\mathrm{BAO}}(2.3)-0.11404}{0.00396}\right)^2. \tag{7.50}$$

表 7.1　来自 6dFGS[205]，SDSS[203] 以及 WiggleZ[206] 的 BAO 数据

Data	z	d_z	$A(z)$
6dFGS	0.106	0.336 ± 0.015	
SDSS	0.2	0.1905 ± 0.0061	
SDSS	0.35	0.1097 ± 0.0036	
WiggleZ	0.44		0.474 ± 0.034
WiggleZ	0.6		0.442 ± 0.020
WiggleZ	0.73		0.424 ± 0.021

对于微波背景辐射 (CMB) 数据，为了不引入暴涨模型参数，我们这里简单利用 WMAP 卫星 9 年时间测量出的退耦红移 z^*，移动 (shift) 参数 $R(z^*)$ 以及在退耦红移时的声波尺度 $l_A(z^*)$ 这三个参数来拟合模型参数. 利用这些数据，我们计算

$$\chi^2_{\rm CMB} = \Delta x_i C^{-1}_{\rm CMB}(x_i, x_j)\Delta x_j, \tag{7.51}$$

式中，$x_i = (l_A(z^*),\ R(z^*),\ z^*)$，$\Delta x_i = x_i - x_i^{obs}$，对称相关矩阵[43]

$$C^{-1}_{\rm CMB} = \begin{pmatrix} 3.182 & 18.253 & -1.429 \\ 18.253 & 11887.879 & -193.808 \\ -1.429 & -193.808 & 4.556 \end{pmatrix}. \tag{7.52}$$

移动参数 R 的测量值为[43]，

$$R(z^*) = \sqrt{\Omega_m}\,\frac{H_0\,d_L}{1+z} = 1.7246. \tag{7.53}$$

声波尺度 l_A 为

$$l_A(z^*) = \frac{\pi d_L(z^*)}{(1+z^*)r_s(z^*)} = 302.40, \tag{7.54}$$

退耦红移 z^* 用下面公式拟合[208]

$$z^* = 1048[1 + 0.00124(\Omega_b h^2)^{-0.738}][1 + g_1(\Omega_m h^2)^{g_2}] = 1090.88, \tag{7.55}$$

$$g_1 = \frac{0.0783(\Omega_b h^2)^{-0.238}}{1 + 39.5(\Omega_b h^2)^{0.763}}, \quad g_2 = \frac{0.560}{1 + 21.1(\Omega_b h^2)^{1.81}}. \tag{7.56}$$

由于这些距离测量是对状态方程参数 $w(z)$ 作两次积分后得到的，这样便把状态方程参数 $w(z)$ 中的一些变化给抹平了，从而不能真实反映暗能量的特性. 为了缓解这个问题，我们加上了哈勃参数 $H(z)$ 数据. 通过测量被动 (passive) 演化星系的不同年龄而获得了在 11 个不同红移时的宇宙年龄[209, 210]，加上通过 BAO 径向测量得到的 2 个数据[211] 以及通过对大量的早期星系的光谱的差分分析，最近又得到的 8 个 $H(z)$ 数据[212]，现在我们共有 21 个 $H(z)$ 数据，这些数据汇总在表 7.2 中. 我们可以把这些 $H(z)$ 数据加入 χ^2，

$$\chi^2_H = \sum_{i=1}^{21}\frac{[H(z_i) - H_{\rm obs}(z_i)]^2}{\sigma^2_{hi}}, \tag{7.57}$$

式中，σ_{hi} 是 $H(z)$ 测量中 1σ 不确定性.

表 7.2　来自文献 a: [209, 210], b: [211] 及 c: [212] 中的 21 个 $H(z)$ 数据

z	$H(z)$/(km/sec/Mpc)	数据来源
0.1	69 ± 12	a
0.17	83 ± 8	a
0.27	77 ± 14	a
0.4	95 ± 17	a
0.48	97 ± 62	a
0.88	90 ± 40	a
0.9	117 ± 23	a
1.3	168 ± 17	a
1.43	177 ± 18	a
1.53	140 ± 14	a
1.75	202 ± 40	a
0.24	76.69 ± 2.65	b
0.43	86.45 ± 3.68	b
0.179	75.0 ± 4.0	c
0.199	75.0 ± 5.0	c
0.352	83.0 ± 14.0	c
0.593	104.0 ± 13.0	c
0.680	92.0 ± 8.0	c
0.781	105.0 ± 12.0	c
0.875	125.0 ± 17.0	c
1.037	154 ± 20	c

总之，CPL 模型中的参数 Ω_m、Ω_k、w_0 及 w_a 可以通过计算 χ^2 的最小值而求得，

$$\chi^2 = \chi^2_{\rm sn} + \chi^2_{\rm Bao1} + \chi^2_{\rm Bao2} + \chi^2_{{\rm Bao}a} + \chi^2_{{\rm Bao}z} + \chi^2_{\rm CMB} + \chi^2_H. \tag{7.58}$$

利用这些数据，我们得到 χ^2 的最小值 $\chi^2 = 538.9$，边缘化后 (marginalized) 的 1σ 限制为 $\Omega_m = 0.287^{+0.020}_{-0.011}$，$\Omega_k = -0.0006^{+0.0055}_{-0.0067}$，$w_0 = -0.95^{+0.21}_{-0.14}$ 以及 $w_a = -0.11^{+0.47}_{-1.11}$[213]. 这些参数 Ω_m、Ω_k、w_0 与 w_a 的边缘化后的概率分布以及它们之间的圈图见图 7.5. 利用这些结果重构的 $Om(z)$ 见图 7.6.

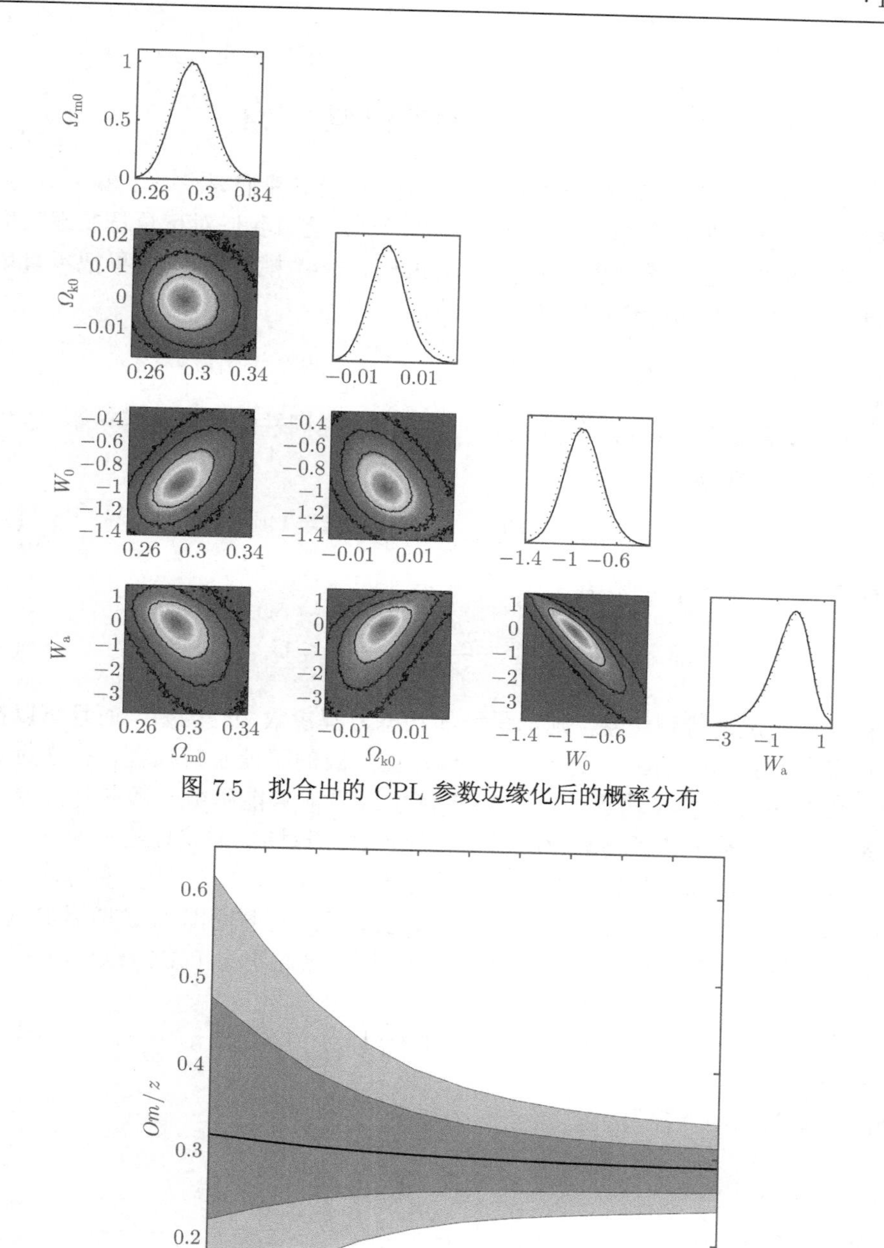

图 7.5 拟合出的 CPL 参数边缘化后的概率分布

图 7.6 利用拟合出的 CPL 参数值重构的 $Om(z)$

7.3　标量场模型

要解释加速膨胀，正如讨论暴涨宇宙学模型一样，我们要求 $\rho+3p<0$. 标量场是实现这一要求的最简单的动力学模型[214, 215]. 这节我们对标量场实现暗能量做一个简单介绍，这种模型也称为精质 (quintessence) 模型[216]. 如果把标量场当成理想流体，则标量场的能量密度和压强为

$$\rho_\phi=-\frac{1}{2}g^{\mu\nu}\partial_\mu\phi\partial_\nu\phi+V(\phi),\quad p_\phi=-\frac{1}{2}g^{\mu\nu}\partial_\mu\phi\partial_\nu\phi-V(\phi). \tag{7.59}$$

在讨论暗能量问题时，零阶近似下我们只对均匀各向同性的标量场感兴趣，这样能量密度和压强简化为

$$\rho_\phi=\frac{1}{2}\dot{\phi}^2+V(\phi),\quad p_\phi=\frac{1}{2}\dot{\phi}^2-V(\phi). \tag{7.60}$$

所以标量场的状态方程参数为

$$-1\leqslant w_\phi=\frac{\dot{\phi}^2/2-V(\phi)}{\dot{\phi}^2/2+V(\phi)}\leqslant 1, \tag{7.61}$$

如果标量场的运动特别缓慢，则标量场的状态方程参数 w_ϕ 为负，而且可以接近于 -1，所以可以用来描述暗能量. 要构建更一般的暗能量的模型，则在标量场模型的框架下，主要是构造不同的势能函数. 目前势能函数一般是通过唯象的方式来构造，如基于粒子物理标准模型中的各种标量场或超弦理论中的各种标量场. 最常用的标量场为具有追踪解的指数势函数 $V(\phi)=V_0\mathrm{e}^{-\lambda\phi}$ 及负幂次势函数 $V(\phi)=M^{4+\alpha}/\phi^\alpha$. 而基于基本理论出发的标量势函数有赝南部-戈德斯通 (Nambu-Goldstone) 玻色子势 $V(\phi)=M^4[\cos(\phi/f)+1]$[217] 及超引力 (SUGRA) 势[218]

$$V(\phi)=\frac{M^{4+\alpha}}{\phi^\alpha}\exp\left[\frac{1}{2}\left(\frac{\phi}{M_{\rm pl}}\right)^2\right].$$

标量场满足的运动方程为

$$\ddot{\phi}+3H\dot{\phi}+\frac{\mathrm{d}V(\phi)}{\mathrm{d}\phi}=0, \tag{7.62}$$

此即能量守恒方程 $\dot{\rho}_\phi+3H(\rho_\phi+p_\phi)=0$.

7.3.1　标度解

如果状态方程参数 w_ϕ 是一个常数，则方程 (7.62) 的解为

$$\rho_\phi=\rho_{\phi 0}\left(\frac{a}{a_0}\right)^{-3(1+w_\phi)}. \tag{7.63}$$

状态方程参数 w_ϕ 为常数的解也称为标度 (scaling) 解. 如果宇宙中包含有物质 (尘埃物质、暗物质) 或辐射以及精质暗能量，则弗里德曼方程变为

$$H^2 = \frac{8\pi G}{3}(\rho_w + \rho_\phi), \tag{7.64}$$

式中，w 物质的能量密度为

$$\rho_w = \rho_0 \left(\frac{a}{a_0}\right)^{-3(1+w)}. \tag{7.65}$$

对于普通尘埃物质，$w = 0$；而对应于辐射，$w = 1/3$. 下面我们主要讨论标度解及相应的势函数形式. 把方程 (7.63) 及 (7.65) 代入方程 (7.64) 可得

$$\sqrt{\Omega_{\phi 0}} H_0 \mathrm{d}\tau = \frac{\mathrm{d}a}{a\sqrt{1 + \Omega_{w0}/\Omega_{\phi 0} a^{3(w_\phi - w)}}}, \tag{7.66}$$

式中，$\mathrm{d}\tau = a^{-3(1+w_\phi)/2}\mathrm{d}t$. 上述方程的解为[219]

$$a(\tau) = \begin{cases} \left(\dfrac{\Omega_{w0}}{\Omega_{\phi 0}}\right)^{1/[3(w-w_\phi)]} \left[\sinh\left(\dfrac{3(w-w_\phi)}{2}\sqrt{\Omega_{\phi 0}} H_0 \tau\right)\right]^{2/[3(w-w_\phi)]}, & w_\phi \neq w, \\ \exp[H_0(\tau - \tau_0)], & w_\phi = w. \end{cases} \tag{7.67}$$

其中，$w_\phi = w$ 的解也称为追踪 (tracking) 解，因为这时暗能量密度和背景物质密度的演化规律相同，它们的能量密度之比 $\Omega_\phi/\Omega_w = \Omega_{\phi 0}/\Omega_{w0}$ 保持为一个常数值. 换句话说，暗能量是在追踪物质的演化. 由于 w_ϕ 是一个常数，所以

$$\dot{\phi}^2 = \frac{2(1+w_\phi)}{1-w_\phi} V(\phi) = (1+w_\phi)\rho_\phi. \tag{7.68}$$

因为 $\mathrm{d}\phi/\mathrm{d}a = (aH)^{-1}\dot{\phi}$，联立方程组 (7.63)，(7.64) 和 (7.68)，并取 $a_0 = 1$ 可得

$$\left(\frac{\mathrm{d}\phi}{\mathrm{d}a}\right)^2 = \frac{3M_{\mathrm{pl}}^2(1+w_\phi)\Omega_{\phi 0}}{\Omega_{w0} a^{2+3(w_\phi - w)} + \Omega_{\phi 0} a^2}. \tag{7.69}$$

式中，$M_{\mathrm{pl}}^2 = (8\pi G)^{-1}$. 这样便得到标量场随标度因子的演化

$$\phi(a) = \begin{cases} \pm\dfrac{2\sqrt{3M_{\mathrm{pl}}^2(1+w_\phi)}}{3(w-w_\phi)} \sinh^{-1}\left(\sqrt{\dfrac{\Omega_{\phi 0}}{\Omega_{w0}}} a^{3(w-w_\phi)/2}\right) + \phi_{in}, & w \neq w_\phi, \\ \pm\sqrt{3M_{\mathrm{pl}}^2(1+w_\phi)\Omega_{\phi 0}} \ln a + \phi_{in}, & w = w_\phi, \end{cases} \tag{7.70}$$

式中，ϕ_{in} 是一个由初始条件决定的任意常数. 另外当 $\Omega_{\phi0} \ll \Omega_{w0}$ 而且 $w \neq w_\phi$ 时的解为

$$\phi(a) = \pm\frac{2}{3(w_\phi - w)}\sqrt{\frac{3M_{\rm pl}^2(1+w_\phi)\Omega_{\phi0}}{\Omega_{w0}}}a^{-3(w_\phi-w)/2} + \phi_{in}, \quad \Omega_{\phi0} \ll \Omega_{w0}. \tag{7.71}$$

由方程 (7.68) 可知 $V(\phi) = (1 - w_\phi)\rho_\phi/2$，综合上述结果便得到标量场的势能[220]

$$V(\phi) = \begin{cases} \dfrac{1-w_\phi}{2}\rho_{\phi0}\left[\sqrt{\dfrac{\Omega_{m0}}{\Omega_{\phi0}}}\sinh\left(\dfrac{3(w-w_\phi)}{2\sqrt{3(1+w_\phi)}}\dfrac{\phi-\phi_{in}}{M_{\rm pl}}\right)\right]^{-2(1+w_\phi)/(w-w_\phi)}, & w_\phi \neq w, \\ \dfrac{1-w_\phi}{2}\rho_{\phi0}\exp\left(-\sqrt{\dfrac{3(1+w_\phi)}{\Omega_{\phi0}}}\dfrac{\phi-\phi_{in}}{M_{\rm pl}}\right), & w_\phi = w, \\ \dfrac{1-w_\phi}{2}\rho_{\phi0}\left[\dfrac{3(w_\phi-w)}{2}\sqrt{\dfrac{\Omega_{w0}}{3(1+w_\phi)\Omega_{\phi0}}}\dfrac{\phi-\phi_{in}}{M_{\rm pl}}\right]^{2(1+w_\phi)/(w_\phi-w)}, & \Omega_{\phi0} \ll \Omega_{w0}, \end{cases} \tag{7.72}$$

第三种情况对应于 $w_\phi \neq w$ 及 $\Omega_{\phi0} \ll \Omega_{w0}$ 的极限，即物质为主，暗能量的贡献可以忽略的情形.

7.3.2　追踪解及状态方程参数的演化速度

对于一般的追踪解，标量场的状态方程参数 w_ϕ 具有类似吸引子解的性质. 也就是说，对于大部分初始条件，w_ϕ 会追踪背景物质的演化，但不一定完全等于背景物质的状态方程参数 w，而是略小于它. 在宇宙演化的大部分时间，标量场都追随背景物质的演化而演化，这时 w_ϕ 基本上是一个常数. 当背景物质发生变化时，w_ϕ 也会发生变换. 只是在宇宙演化到接近现在的时候，标量场能量密度开始增加并占据主导，这时 w_ϕ 减小并趋近于 -1. 由于标量场的这些演化特性，它具有一些和势能函数无关的共性. 图 7.7 以 ϕ^{-6} 势函数为例画出了不同初始条件下的追踪解.

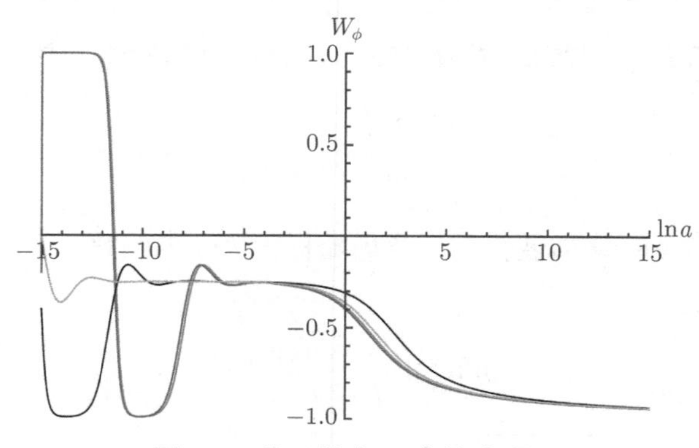

图 7.7　势函数为 ϕ^{-6} 的追踪解

为了讨论方便，引入变量

$$\Gamma=V(\phi)\frac{\mathrm{d}^2V(\phi)}{\mathrm{d}\phi^2}\Big/\left(\frac{\mathrm{d}V(\phi)}{\mathrm{d}\phi}\right)^2,$$

并利用 $\tilde{x}=\ln[(1+w_\phi)/(1-w_\phi)]$，可以得到如下的追踪方程[221, 222]

$$\Gamma-1=\frac{3(w-w_\phi)(1-\Omega_\phi)}{(1+w_\phi)(6+\tilde{x}')}-\frac{(1-w_\phi)\tilde{x}'}{2(1+w_\phi)(6+\tilde{x}')}-\frac{2\tilde{x}''}{(1+w_\phi)(6+\tilde{x}')^2},\tag{7.73}$$

式中，$\tilde{x}'=\mathrm{d}\tilde{x}/\mathrm{d}\ln a$. 要得到追踪解，则要求 $\Gamma>1$. 对于追踪解，$\tilde{x}'=\tilde{x}''=0$，

$$w_\phi^{trk}=\frac{w(1-\Omega_\phi)-2(\Gamma-1)}{1-\Omega_\phi+2(\Gamma-1)}=w-\frac{2(1+w)(\Gamma-1)}{1-\Omega_\phi+2(\Gamma-1)}.\tag{7.74}$$

追踪解一般发生在物质为主时期，所以 $w_\phi^{trk}=-2(\Gamma-1)/(2\Gamma-1)$. 在追踪方程 (7.73) 中取 $\tilde{x}''=0$ 则可得到 $\tilde{x}'$ 的极值，从而可以得到 w'_ϕ 的下限.

$$\tilde{x}'_m=-6\frac{w_\phi(1-\Omega_\phi)+2(1+w_\phi)(\Gamma-1)}{1-w_\phi+2(1+w_\phi)(\Gamma-1)}>-\frac{12(1+w_\phi)(\Gamma-1)}{1-w_\phi+2(1+w_\phi)(\Gamma-1)}.\tag{7.75}$$

由于上式不等式右边的项随着 w_ϕ 的减小而增加，所以 $\tilde{x}'_m$ 的下限由 w_ϕ 取追踪解 (7.74) 给出，

$$\tilde{x}'_m>\frac{6w_\phi^{trk}}{1-2w_\phi^{trk}}>\frac{6w_\phi}{1-2w_\phi}.\tag{7.76}$$

最后一个不等式利用了函数 $6w/(1-2w)$ 是 $w(-1<w<0)$ 的单调增函数的性质. 利用 $\tilde{x}$ 的定义，则得到追踪模型中 w_ϕ 的演化速度 w'_ϕ 的下限[223]

$$w'_\phi>\frac{3w_\phi}{1-2w_\phi}(1-w_\phi^2).\tag{7.77}$$

对于一般的标量场模型，利用参数 $\gamma=1+w_\phi$，宇宙学方程可以改写为

$$\gamma'=-3\gamma(2-\gamma)\pm\lambda(2-\gamma)\sqrt{3\gamma\Omega_\phi},\tag{7.78}$$

$$\Omega'_\phi=3(w-w_\phi)\Omega_\phi(1-\Omega_\phi),\tag{7.79}$$

式中，$\lambda=-V^{-1}\mathrm{d}V/\mathrm{d}\phi$. 由于方程 (7.78) 右边第二项总是为正，所以 $\gamma'>-3\gamma(2-\gamma)$，从而得到一般标量场的 w'_ϕ 的下限[223, 224]

$$w'_\phi\geqslant-3(1-w_\phi^2).\tag{7.80}$$

另外，从标量场的运动方程 (7.62) 出发得到

$$w'_\phi=3(1+w_\phi)\left(1+w_\phi+\frac{2\ddot{\phi}}{3H\dot{\phi}}\right).\tag{7.81}$$

对于瓦解 (thawing) 模型，标量场开始处于势能局域最小值处，直到最近才滚向真正的势能最小值处，w_ϕ 从 -1 开始并缓慢增加，$\ddot{\phi} < 3H\dot{\phi}/2$，则有[225]

$$0 < w'_\phi < 3(1+w_\phi)(2+w_\phi). \tag{7.82}$$

对于冻结 (freezing) 模型，标量场在宇宙加速膨胀开始之前已经滚向其势能最小值，w_ϕ 从大于 -1 向 -1 减小, $\ddot{\phi} > -3H\dot{\phi}/2$，则有[225]

$$3w_\phi(1+w_\phi) < w'_\phi < 0. \tag{7.83}$$

7.3.3 瓦解模型的近似解

联立方程组 (7.78)、(7.79) 可以得到下面的方程

$$\frac{\mathrm{d}\gamma}{\mathrm{d}\Omega_\phi} = \frac{-3\gamma(2-\gamma)+\lambda(2-\gamma)\sqrt{3\gamma\Omega_\phi}}{3(1-\gamma)\Omega_\phi(1-\Omega_\phi)}, \tag{7.84}$$

如果标量场变化缓慢，λ 近似为一个常数值 $\lambda_0 = -V^{-1}\mathrm{d}V/\mathrm{d}\phi|_{\phi_0}$，而且 $w \approx -1$，$\gamma \ll 1$. 对于瓦解暗能量模型，取初始条件 $\Omega_\phi = 0, \gamma = 0$，则可以得到下面的近似解[226, 227]

$$1+w=(1+w_0)\left[\frac{1}{\sqrt{\Omega_\phi}} - \left(\frac{1}{\Omega_\phi}-1\right)\tanh^{-1}\sqrt{\Omega_\phi}\right]^2$$

$$\times\left[\frac{1}{\sqrt{\Omega_{\phi0}}} - (\Omega_{\phi0}^{-1}-1)\tanh^{-1}\sqrt{\Omega_{\phi0}}\right]^{-2}. \tag{7.85}$$

近似到 γ 的一阶，Ω_ϕ 取零阶解，即宇宙学常数的解

$$\Omega_\phi = \left[1+(\Omega_{\phi0}^{-1}-1)a^{-3}\right]^{-1}, \tag{7.86}$$

则得到 $w(z)$ 的函数表达式

$$w(a)=-1+(1+w_0)\left[\frac{1}{\sqrt{\Omega_{\phi0}}} - (\Omega_{\phi0}^{-1}-1)\tanh^{-1}\sqrt{\Omega_{\phi0}}\right]^{-2}$$

$$\times\left\{\sqrt{1+(\Omega_{\phi0}^{-1}-1)a^{-3}} - (\Omega_{\phi0}^{-1}-1)a^{-3}\tanh^{-1}[1+(\Omega_{\phi0}^{-1}-1)a^{-3}]^{-1/2}\right\}^2. \tag{7.87}$$

在 $a=1$ 附近做泰勒展开到一阶，则得到下面的近似表达式

$$w = w_0 + 6(1+w_0)\frac{\Omega_{\phi0}^{-1/2} - \sqrt{\Omega_{\phi0}} - (\Omega_{\phi0}^{-1}-1)\tanh^{-1}(\sqrt{\Omega_{\phi0}})}{\Omega_{\phi0}^{-1/2} - (\Omega_{\phi0}^{-1}-1)\tanh^{-1}(\sqrt{\Omega_{\phi0}})}(1-a). \tag{7.88}$$

也就是说，我们从标量场的解出发而导出了暗能量的 CPL 参数化形式，并且得到 CPL 参数化中的两个参数之间的简并关系[228]

$$w_a = 6(1+w_0)\frac{(\Omega_{\phi 0}^{-1}-1)[\sqrt{\Omega_{\phi 0}}-\tanh^{-1}(\sqrt{\Omega_{\phi 0}})]}{\Omega_{\phi 0}^{-1/2}-(\Omega_{\phi 0}^{-1}-1)\tanh^{-1}(\sqrt{\Omega_{\phi 0}})}. \tag{7.89}$$

在图 7.8 中，我们以 $V(\phi)\sim\phi^6$ 及 $V(\phi)\sim\phi^{-6}$ 为例，比较了 $w_\phi(a)$ 及用近似解 (7.87) 与 (7.88) 得到的结果. 从图中可以看出，近似解带来的误差只有百分之几.

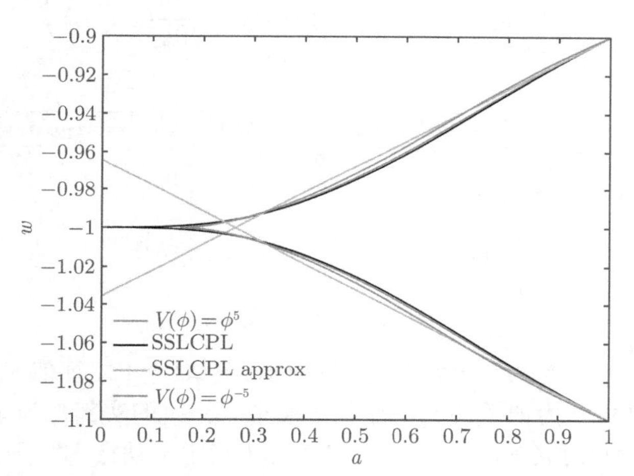

图 7.8　标量场的状态方程参数 w 及其近似解随 a 的变化情况

该图用到的初始条件为 $a_0=1$，$\Omega_{\phi 0}=0.72$，而且 w_0 分别取 $w_0=-0.9$ 及 $w_0=-1.1$

7.4　动力学分析

对于一个自治系统

$$\frac{\mathrm{d}x}{\mathrm{d}t}=f[x(t),y(t)],\quad \frac{\mathrm{d}y}{\mathrm{d}t}=g[x(t),y(t)], \tag{7.90}$$

其不动点 (x_c,y_c) 为满足下列方程组的解

$$\left.\frac{\mathrm{d}x}{\mathrm{d}t}\right|_{x=x_c,y=y_c}=f(x_c,y_c)=0,\quad \left.\frac{\mathrm{d}y}{\mathrm{d}t}\right|_{x=x_c,y=y_c}=g(x_c,y_c)=0. \tag{7.91}$$

为了分析上述不动点的稳定性，我们把变量 $x(t)$ 和 $y(t)$ 在不动点附近做微扰展开，

$$x(t)=x_c+u(t),\quad y(t)=y_c+v(t), \tag{7.92}$$

代入方程 (7.90) 只取一阶项得到

$$\begin{pmatrix} \dfrac{\mathrm{d}u}{\mathrm{d}t} \\ \dfrac{\mathrm{d}v}{\mathrm{d}t} \end{pmatrix} = M \begin{pmatrix} u \\ v \end{pmatrix}, \tag{7.93}$$

式中，矩阵 M 为

$$M = \begin{pmatrix} M_{11} = \dfrac{\partial f}{\partial x}(x_c,\ y_c) & M_{12} = \dfrac{\partial f}{\partial y}(x_c,\ y_c) \\ M_{21} = \dfrac{\partial g}{\partial x}(x_c,\ y_c) & M_{22} = \dfrac{\partial g}{\partial y}(x_c,\ y_c) \end{pmatrix}, \tag{7.94}$$

其本征值为

$$\gamma_{1,2} = \frac{M_{11} + M_{22} \pm \sqrt{(M_{11} + M_{22})^2 - 4(M_{11}M_{22} - M_{12}M_{21})}}{2}. \tag{7.95}$$

线性扰动 $u(t)$ 及 $v(t)$ 的解为

$$u(t) = C_1 \exp(\gamma_1 t) + C_2 \exp(\gamma_2 t), \tag{7.96}$$

$$v(t) = C_3 \exp(\gamma_1 t) + C_4 \exp(\gamma_2 t), \tag{7.97}$$

式中，C_1, C_2, C_3 及 C_4 为积分常数. 系统的稳定性取决于本征值 γ_1 及 γ_2 的符号，不动点的稳定性可分为如下情况：若本征值 γ_1 及 γ_2 的实部都为负，则线性扰动 $u(t)$ 及 $v(t)$ 随时间而衰减，不动点 (x_c, y_c) 称为稳定不动点，即吸引子解；如果这两个本征值是复数且实部都为负，则这个稳定点也称为螺旋稳定点. 若本征值 γ_1 及 γ_2 的实部都为正，则不动点 (x_c, y_c) 是不稳定的. 若本征值 γ_1 及 γ_2 的实部为一正一负，不动点 (x_c, y_c) 称为鞍点，当然该不动点也是不稳定的；若本征值 γ_1 及 γ_2 其中之一为 0，另一个的实部为负，则线性微扰理论不能用于确定系统的稳定性，我们需要借助中心流定理等其他方法来确定该不动点的稳定性；若本征值 γ_1 及 γ_2 都为纯虚数，则线性扰动 $u(t)$ 及 $v(t)$ 随时间振荡，该不动点称为中心. 因此不动点是稳定的条件为

$$M_{11} + M_{22} < 0, \quad M_{11}M_{22} - M_{12}M_{21} > 0. \tag{7.98}$$

7.4.1 ΛCDM 模型

对于包含辐射、物质及宇宙学常数的 ΛCDM 模型，$\Omega_m + \Omega_r + \Omega_\Lambda = 1$，所以只有两个独立的密度比重参数. 选取 Ω_m 及 Ω_r 作为独立变量，则宇宙学演化方程可以改写为

$$\begin{aligned} \Omega_m' &= \Omega_m(3\Omega_m + 4\Omega_r - 3), \\ \Omega_r' &= \Omega_r(3\Omega_m + 4\Omega_r - 4), \end{aligned} \tag{7.99}$$

式中“′”是对变量 $N=\ln(a)$ 求导数. 令 $\Omega'_m=\Omega'_r=0$，则我们得到三个不动点：辐射为主时期，$\Omega_{mc}=0$，$\Omega_{rc}=1$；物质为主时期，$\Omega_{mc}=1$，$\Omega_{rc}=0$；宇宙学常数为主时期，$\Omega_{mc}=\Omega_{rc}=0$. 系统 (7.99) 在不动点附近作微扰展开得到矩阵 M 的各个矩阵元为

$$\begin{aligned} M_{11}&=6\Omega_{mc}+4\Omega_{rc}-3, \quad M_{12}=4\Omega_{mc}, \\ M_{21}&=3\Omega_{rc}, \quad M_{22}=3\Omega_{mc}+8\Omega_{rc}-4. \end{aligned} \tag{7.100}$$

对于辐射为主的不动点 R，矩阵 M 的两个本征值分别为 $\lambda_1=1$ 与 $\lambda_2=4$，所以该不动点是不稳定的. 对于物质为主的不动点 M，矩阵 M 的两个本征值为 $\lambda_1=-1$ 与 $\lambda_2=3$，所以该不动点为鞍点. 对于宇宙学常数为主的不动点 Λ，矩阵 M 的两个本征值为 $\lambda_1=-3$ 与 $\lambda_2=-4$，所以该不动点是稳定的吸引子解，这些不动点的性质列在表 7.3 中，它们的相空间演化见图 7.9. 上述结果与标准宇宙学给出的宇宙演化图像一致，即宇宙经过辐射为主后进入物质为主，最后进入德西特宇宙.

表 7.3　ΛCDM 模型不动点性质

不动点	$(\Omega_m,\Omega_r,\Omega_\Lambda)$	M 本征值	稳定性
R	$(0,1,0)$	$\lambda_1=1,\ \lambda_2=4$	不稳定
M	$(1,0,0)$	$\lambda_1=-1,\ \lambda_2=3$	鞍点
Λ	$(0,0,1)$	$\lambda_1=-3,\ \lambda_2=-4$	稳定

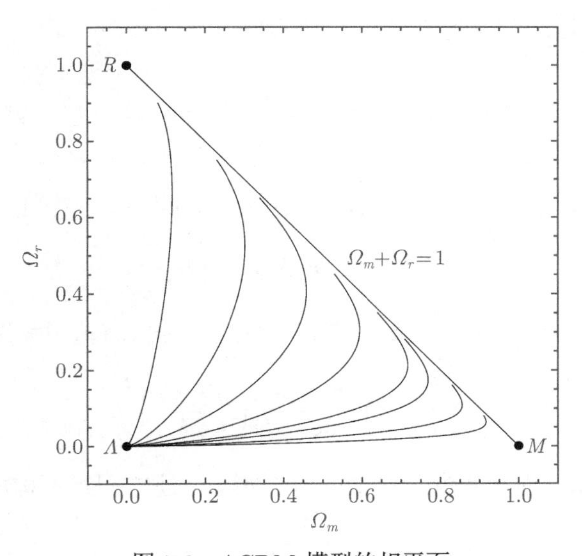

图 7.9　ΛCDM 模型的相平面

7.4.2　指数势暗能量

7.3 节告诉我们追踪解的势能函数为指数势，所以我们以指数势 $V(\phi) = V_0\exp(-\lambda\phi/M_{\rm pl})$ 为例来分析解的稳定性. 为了分析问题方便，这一节中我们采用无量纲变量

$$x = \frac{\dot{\phi}}{\sqrt{6}M_{\rm pl}H}, \quad y = \frac{\sqrt{V}}{\sqrt{3}M_{\rm pl}H}. \tag{7.101}$$

利用上述无量纲变量 x 及 y，暗能量的能量密度及状态方程参数可以表达为

$$\Omega_\phi = x^2 + y^2, \quad w_\phi = \frac{x^2 - y^2}{x^2 + y^2}. \tag{7.102}$$

只考虑状态方程参数为 w 的物质 (简称为 w 物质) 及标量场，则弗里德曼方程 (7.64) 可改写为

$$\frac{\rho_w}{3M_{\rm pl}^2H^2} = 1 - x^2 - y^2. \tag{7.103}$$

结合方程 (7.103) 和方程

$$\dot{H} = -\frac{1}{2M_{\rm pl}^2}[(1+w)\rho_w + \dot{\phi}^2], \tag{7.104}$$

可得

$$\frac{\dot{H}}{H^2} = -\frac{3}{2}(1+w)(1-x^2-y^2) - 3x^2. \tag{7.105}$$

用变量 x 与 y 表达运动方程 (7.62)，则得到[229]

$$x' = -3x + \sqrt{\frac{3}{2}}\,\lambda y^2 + \frac{3}{2}x[2x^2 + (1+w)(1-x^2-y^2)], \tag{7.106}$$

$$y' = -\sqrt{\frac{3}{2}}\,\lambda xy + \frac{3}{2}y[2x^2 + (1+w)(1-x^2-y^2)], \tag{7.107}$$

$$\lambda' = -\sqrt{6}\,\lambda^2(\Gamma - 1)x, \tag{7.108}$$

式中“$'$”代表对变量 $N = \ln(a)$ 的导数, $\lambda = -V^{-1}(\phi){\rm d}V(\phi)/{\rm d}\phi$ 及

$$\Gamma = V(\phi)\frac{{\rm d}^2V(\phi)}{{\rm d}\phi^2}\Big/\left(\frac{{\rm d}V(\phi)}{{\rm d}\phi}\right)^2.$$

对于一般的标量场，由于变量 Γ 不是一个常数，上述方程组不构成动力学系统. 对于指数势，我们得到

$$\frac{{\rm d}V}{{\rm d}\phi} = -\frac{\lambda}{M_{\rm pl}}V(\phi). \tag{7.109}$$

方程 (7.108) 退化为 $0=0$ 形式，方程组 (7.106) 与 (7.107) 成为闭合的动力学系统方程组. 由 $x'=0$ 和 $y'=0$ 可得到下面一些不动点 (临界点):

$$(x_c,y_c)=(0,0);\ (1,0);\ (-1,0);\ \left(\frac{\lambda}{\sqrt{6}},\sqrt{1-\frac{\lambda^2}{6}}\right);\ \left(\sqrt{\frac{3}{2}}\frac{1+w}{\lambda},\sqrt{\frac{3(1-w^2)}{2\lambda^2}}\right). \tag{7.110}$$

在这些不动点附近作微扰展开得到矩阵 M 的分量为

$$M_{11}=9x_c^2-3+3(1+w)(1-3x_c^2-y_c^2)/2, \tag{7.111}$$

$$M_{12}=\lambda\sqrt{6}y_c-2(1+w)x_cy_c, \tag{7.112}$$

$$M_{21}=3(1-w)x_cy_c-\lambda\sqrt{3/2}y_c, \tag{7.113}$$

$$M_{22}=3x_c^2-\lambda\sqrt{3/2}x_c+3(1+w)(1-x_c^2-3y_c^2)/2. \tag{7.114}$$

对于第一个临界点 A: $(x_c,y_c)=(0,0)$，$\Omega_\phi=0$，所以 A 对应物质为主. 在该临界点附近展开到一阶得到矩阵 M,

$$M=\begin{pmatrix}-3(1-w)/2 & 0\\ 0 & 3(1+w)/2\end{pmatrix}. \tag{7.115}$$

M 的本征值为 $3(1+w)/2$ 和 $-3(1-w)/2$. 如果 $-1<w<1$，则该临界点为鞍点.

对于临界点 B: $(x_c,y_c)=(\pm1,0)$，$\Omega_\phi=1$ 及 $w_\phi=1$，所以 B 对应标量场动能为主. 在该临界点附近展开到一阶得到矩阵 M,

$$M=\begin{pmatrix}3(1-w) & 0\\ 0 & 3\mp\lambda\sqrt{3/2}\end{pmatrix}. \tag{7.116}$$

该矩阵的本征值是 $3(1-w)$ 和 $3\mp\lambda\sqrt{3/2}$. 对于临界点 $(x_c,y_c)=(1,0)$，如果 $\lambda>\sqrt{6}$，则该点为鞍点；如果 $\lambda<\sqrt{6}$，则该点为不稳定点. 对于临界点 $(x_c,y_c)=(-1,0)$，如果 $\lambda>-\sqrt{6}$，则该点为不稳定点；如果 $\lambda<-\sqrt{6}$，则该点为鞍点.

对于临界点 C: $(x_c,y_c)=(\lambda/\sqrt{6},\sqrt{1-\lambda^2/6})$，$\Omega_\phi=1$ 及 $w_\phi=\lambda^2/3-1$. 注意，该临界点只有当 $\lambda^2<6$ 时才存在，而要得到暗能量的解，必须要求 $\lambda^2<2$. 矩阵 M 的本征值是 $(\lambda^2-6)/2$ 和 $\lambda^2-3(1+w)$. 所以当 $\lambda^2<3(1+w)$ 时，该临界点为稳定点，即晚期吸引子. 当 $3(1+w)<\lambda^2<6$ 时，它是鞍点. 所以如果 $w\geqslant0$，暗能量为主的晚期吸引子要求 $\lambda^2<2$. 其相空间演化见图 7.10.

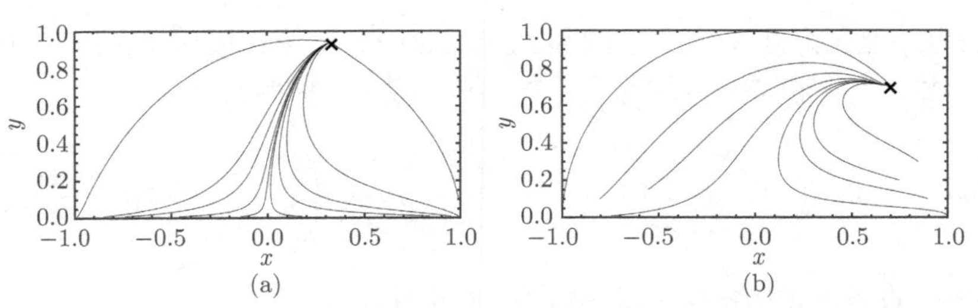

图 7.10　(a) $w=0$ 及 $\lambda=\sqrt{2/3}$ 的相平面，其中“×”代表稳定临界点 C：$(x_c,y_c)=(1/3,2\sqrt{2}/3)$；(b) $w=0$ 及 $\lambda=\sqrt{3}$ 的相平面，这种情况下稳定临界点 C 与 D 重合，“×”代表吸引子解：$(x_c,y_c)=(\sqrt{1/2},\sqrt{1/2})$

对于临界点 D：$(x_c,y_c)=((3/2)^{1/2}(1+w)/\lambda,\ [3(1-w^2)/2\lambda^2]^{1/2})$，$\Omega_\phi=3(1+w)/\lambda^2$ 及 $w_\phi=w$，所以 D 对应追踪解. 注意，该临界点只有当 $\lambda^2>3(1+w)$ 时才存在. 矩阵 M 的本征值是

$$-\frac{3(1-w)}{4}\left[1\pm\sqrt{1-\frac{8(1+w)(\lambda^2-3(1+w))}{\lambda^2(1-w)}}\right].$$

所以当 $3(1+w)<\lambda^2<24(1+w)^2/(7+9w)=\varGamma$ 时，该临界点为稳定点，即晚期吸引子，其相空间演化见图 7.11(a). 当 $\lambda^2>\varGamma$ 时，它是稳定螺旋点 (stable spiral)，其相空间演化见图 7.11(b). 当 $\lambda^2=3(1+w)$ 时，C 点与 D 点重合，且该临界点为稳定不动点，图 7.10(b) 显示该点为稳定吸引子解的情况. 在表 7.4 中，我们列出了所有这些临界点的性质.

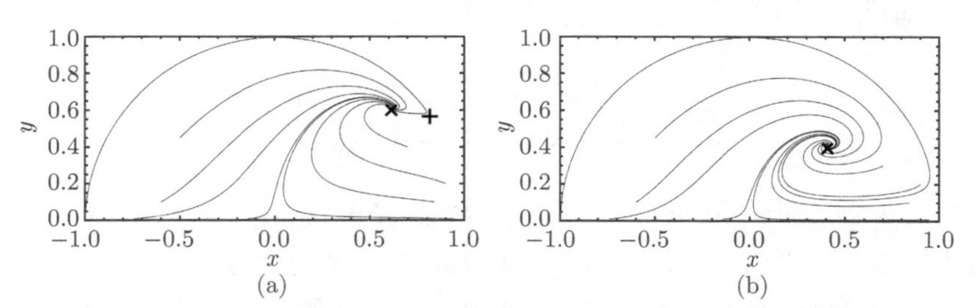

图 7.11　(a) $w=0$ 及 $\lambda=2$ 的相平面. 其中“×”代表稳定临界点 D：$x_c=y_c=\sqrt{3/8}$，“+”代表鞍点 C：$(x_c,y_c)=(\sqrt{2/3},\sqrt{1/3})$. (b) $w=0$ 及 $\lambda=3$ 的相平面. 其中“×”代表稳定临界点 D：$x_c=y_c=\sqrt{1/6}$

表 7.4 临界点的性质[229]

临界点	存在性	稳定性	Ω_ϕ	w_ϕ
$(0,0)$	无限制	$-1<w<1$ 时鞍点	0	不确定
$(1,0)$	无限制	$\lambda<\sqrt{6}$ 时不稳定	1	1
		$\lambda>\sqrt{6}$ 时鞍点		
$(-1,0)$	无限制	$\lambda>-\sqrt{6}$ 时不稳定	1	1
		$\lambda<-\sqrt{6}$ 时鞍点		
C	$\lambda^2<6$	$\lambda^2<3(1+w)$ 时稳定	1	$\lambda^2/3-1$
		$3(1+w)<\lambda^2<6$ 时鞍点		
D	$\lambda^2>3(1+w)$	$3(1+w)<\lambda^2<\Gamma$ 时稳定	$3(1+w)/\lambda^2$	w
		$\lambda^2>\Gamma$ 时稳定螺旋		

7.5 最一般的标量场追踪解

本节我们要证明给出 w_ϕ 为常数的标度解的最一般标量场模型是 k-essence 模型[230]. 最普遍的标量场的拉格朗日密度为 $L(X,\phi)=P(X,\phi)$，式中，$X=\dot{\phi}^2/2$，P 是一个任意函数. 由此得到标量场的能量密度 $\rho_\phi=2XP_X-P$ 及压强 $p_\phi=P$，其中，$P_X\equiv\partial P/\partial X$. 从状态方程参数的定义可知 $w_\phi=P/(2XP_X-P)$，所以 w_ϕ 为非零常数意味着 $\partial\ln P/\partial\ln X=(1+w_\phi)/2w_\phi$ 是一个常数. 从而

$$\frac{\partial\ln P}{\partial\ln X}=\frac{1+w_\phi}{2w_\phi},\quad \frac{\partial^2\ln P}{\partial\phi\partial\ln X}=0. \tag{7.117}$$

上述条件 (7.117) 要求 $P(X,\phi)=V(\phi)X^{(1+w_\phi)/2w_\phi}$，即 k-essence 形式的拉格朗日密度. 从而我们得出如下结论：k-essence 模型是可以给出 w_ϕ 为常数的标度解的最一般标量场模型.

下面我们详细分析一个有相互作用模型的追踪解. 假设暗能量和暗物质之间存在一种特殊相互作用，从而使得运动方程成为

$$\dot{\rho_\phi}+3H(1+w_\phi)\rho_\phi=-Q\rho_m\dot{\phi}, \tag{7.118}$$

$$\dot{\rho}_m+3H(1+w_m)\rho_m=Q\rho_m\dot{\phi}, \tag{7.119}$$

$$\Omega_m+\Omega_\phi=1, \tag{7.120}$$

式中，相互作用系数 Q 假定为常数. 对于追踪解，w_ϕ 与 Ω_ϕ/Ω_m 是常数，所以

$$\Omega_m=1-\Omega_\phi=常数,\quad w_\phi=常数. \tag{7.121}$$

用变量 $N=\ln a$ 替换 t，则得到 $\dot{\phi}=H\mathrm{d}\phi/\mathrm{d}N$. 联立方程组 (7.121) 和 (7.120) 可得

$$H^2=\frac{\rho_\phi}{3\Omega_\phi M_{\rm pl}^2}=\frac{\rho_m}{3\Omega_m M_{\rm pl}^2}, \tag{7.122}$$

$$\frac{\mathrm{d}\ln\rho_\phi}{\mathrm{d}N}=\frac{\mathrm{d}\ln\rho_m}{\mathrm{d}N}=\frac{\mathrm{d}\ln H^2}{\mathrm{d}N}, \tag{7.123}$$

方程 (7.118) 和 (7.119) 变为

$$\frac{\mathrm{d}\rho_\phi}{\mathrm{d}N}+3(1+w_\phi)\rho_\phi=-Q\rho_m\frac{\mathrm{d}\phi}{\mathrm{d}N}, \tag{7.124}$$

$$\frac{\mathrm{d}\rho_m}{\mathrm{d}N}+3(1+w_m)\rho_m=Q\rho_m\frac{\mathrm{d}\phi}{\mathrm{d}N}. \tag{7.125}$$

把方程 (7.123) 代入方程 (7.124) 和 (7.125) 得到

$$\begin{aligned}\frac{\mathrm{d}\phi}{\mathrm{d}N}=\frac{1}{Q}\left[\frac{\mathrm{d}\ln\rho_m}{\mathrm{d}N}+3(1+w_m)\right]&=-\frac{\Omega_\phi}{Q\Omega_m}\left[\frac{\mathrm{d}\ln\rho_\phi}{\mathrm{d}N}+3(1+w_\phi)\right]\\&=\frac{3\Omega_\phi}{Q}(w_m-w_\phi).\end{aligned} \tag{7.126}$$

整理后得到

$$\frac{\mathrm{d}\ln\rho_\phi}{\mathrm{d}N}=\frac{\mathrm{d}\ln\rho_m}{\mathrm{d}N}=\frac{\mathrm{d}\ln H^2}{\mathrm{d}N}=-3(1+w_{\rm eff}), \tag{7.127}$$

式中，

$$w_{\rm eff}=\Omega_m w_m+\Omega_\phi w_\phi. \tag{7.128}$$

从定义 $2X=H^2(\mathrm{d}\phi/\mathrm{d}N)^2$ 可知 $X\propto H^2$，从而

$$\frac{\mathrm{d}\ln\rho_m}{\mathrm{d}N}=\frac{\mathrm{d}\ln X}{\mathrm{d}N}=\frac{\mathrm{d}\ln\rho_\phi}{\mathrm{d}N}=\frac{\mathrm{d}\ln p_\phi}{\mathrm{d}N}=\frac{\mathrm{d}\ln P}{\mathrm{d}N}=-3(1+w_{\rm eff}). \tag{7.129}$$

因为

$$\frac{\mathrm{d}\ln P}{\mathrm{d}N}=\frac{\partial\ln P}{\partial\ln X}\frac{\mathrm{d}\ln X}{\mathrm{d}N}+\frac{\partial\ln P}{\partial\phi}\frac{\mathrm{d}\phi}{\mathrm{d}N},$$

所以

$$\frac{\partial\ln P}{\partial\ln X}-\frac{1}{\lambda}\frac{\partial\ln P}{\partial\phi}=1,\quad \lambda=Q\frac{1+\Omega_m w_m+\Omega_\phi w_\phi}{\Omega_\phi(w_m-w_\phi)}. \tag{7.130}$$

联立条件 (7.117) 及 (7.130) 得到追踪解的最一般的拉格朗日形式是

$$P(X,\phi)=A(X^{1+w_\phi}\mathrm{e}^{\lambda(1-w_\phi)\phi})^{1/2w_\phi}, \tag{7.131}$$

式中，A 是一个任意积分常数.

从上面的推导过程可知如果没有相互作用，$Q=0$，$\mathrm{d}\phi/\mathrm{d}N$ 一般不是一个常数. 所以当 $Q=0$ 时，上述推导过程不再适用. 从方程 (7.130) 可知，如果 $Q=0$，则追踪解要求 $w_m=w_\phi$ 以及 $P(X,\phi)=V(\phi)X^{(1+w_\phi)/2w_\phi}$. 所以最普遍的暗能量追踪解其实是一个特殊的 k-essence 模型.

7.6 全息暗能量模型

基于如下假设：希尔伯特 (Hilbert) 空间中任意具有能量 E 的态所对应的希瓦兹 (Schwarzschild) 半径 $R \sim E$ 应该小于红外截断尺寸 L，科亨 (Cohen) 等推导出了一个红外截断与紫外截断的关系[231]：$L^3\rho_\Lambda \sim L$，这意味着系统的最大熵为 $S_{\rm BH}^{3/4}$，式中，黑洞熵 $S_{\rm BH} = A/4 = \pi R^2$. 从红外-紫外关系出发可以导出全息暗能量密度[232]

$$\rho_\Lambda = \frac{3d^2 M_{\rm pl}}{L^2}, \tag{7.132}$$

式中，L 是红外截断尺寸. 如果选择哈勃尺寸作为红外截断，$L = H^{-1}$，则由弗里德曼方程可得 $\rho_m \propto \rho_\Lambda \propto H^2$，且 $\rho_\Lambda/\rho_m = d^2/(1-d^2)$. 所以全息暗能量密度和物质密度按相同的规律演化，$\rho_\Lambda \propto \rho_m \propto a^{-3}$，即全息暗能量状态方程参数 $w_\Lambda = 0$，不符合暗能量的要求，从而哈勃尺寸不能作为红外截断.

下面我们讨论粒子视界作为红外截断的可能性. 取粒子视界作为红外截断得到，

$$L(t) = a(t)\int_0^t \frac{{\rm d}\tilde{t}}{a(\tilde{t})} = a\int_0^a \frac{{\rm d}\tilde{a}}{H(\tilde{a})\tilde{a}^2}. \tag{7.133}$$

把方程 (7.133) 代入全息暗能量的定义 (7.132) 并对 $x = \ln a$ 求导数得到

$$\rho'_\Lambda \equiv \frac{{\rm d}\rho_\Lambda}{{\rm d}x} = -6M_{\rm pl}^2 H^2 \Omega_\Lambda - \frac{6M_{\rm pl}^2}{d} H^2 \Omega_\Lambda^{3/2}, \tag{7.134}$$

式中，$\Omega_\Lambda = \rho_\Lambda/(3H^2M_{\rm pl}^2)$. 利用 $\dot{\rho_\Lambda} = {\rm d}\rho_\Lambda/{\rm d}t = \rho'_\Lambda H$ 及全息暗能量的守恒方程，

$$\rho'_\Lambda + 3(1+w_\Lambda)\rho_\Lambda = 0, \tag{7.135}$$

得到全息暗能量的状态方程参数

$$w_\Lambda = -\frac{1}{3} + \frac{2}{3}\frac{\sqrt{\Omega_\Lambda}}{d} \geqslant -\frac{1}{3}. \tag{7.136}$$

在暗能量为主时期，$\Omega_\Lambda \to 1$，由上式得到 $w_\Lambda \to -1/3 + 2/(3d)$. 故粒子视界作为红外截断同样不能给出自洽的全息暗能量模型.

最后我们讨论事件视界作为红外截断的可能性. 取事件视界作为红外截断得到，

$$L(t) = a(t)\int_t^\infty \frac{{\rm d}\tilde{t}}{a(\tilde{t})} = a\int_a^\infty \frac{{\rm d}\tilde{a}}{H(\tilde{a})\tilde{a}^2}. \tag{7.137}$$

把方程 (7.137) 代入全息暗能量的定义 (7.132) 并对 $x = \ln a$ 求导数得到，

$$\rho'_\Lambda = -6M_{\rm pl}^2 H^2 \Omega_\Lambda + \frac{6M_{\rm pl}^2}{d} H^2 \Omega_\Lambda^{3/2}. \tag{7.138}$$

结合方程 (7.138) 和 (7.135)，可导出暗能量的状态方程参数，

$$w_\Lambda = -\frac{1}{3} - \frac{2}{3}\frac{\sqrt{\Omega_\Lambda}}{d} \leqslant -\frac{1}{3}. \tag{7.139}$$

上述方程给出了正确的暗能量的状态方程，所以事件视界可以作为红外截断而给出一个自洽的暗能量模型. 当然事件视界的存在要求暗能量的存在，因此上面的结果很容易理解. 当然这也成为了该模型的致命缺陷，因为我们本来是要寻求一个可以解释暗能量的模型，而全息暗能量的存在首先要求暗能量的存在，这样这个模型便陷入了逻辑循环. 尽管如此，这个模型由于只有一个参数 d 而具有它的优越性. 下面我们来详细分析这个模型.

利用 Ω_Λ 的定义可得

$$\Omega_\Lambda' = \frac{\rho_\Lambda'}{3M_{\rm pl}^2H^2} - 2\Omega_\Lambda\frac{H'}{H}. \tag{7.140}$$

结合上述方程 (7.140) 及方程 (7.138) 得到

$$\frac{H'}{H} = -\frac{\Omega_\Lambda'}{2\Omega_\Lambda} - 1 + \frac{\sqrt{\Omega_\Lambda}}{d}. \tag{7.141}$$

由宇宙学加速方程 $\dot{H} = -4\pi G(\rho+p)$，弗里德曼方程 $\Omega_m = 1-\Omega_\Lambda$ 及定义 $\dot{H} = H'H$ 和 $p_\Lambda = \omega_\Lambda\rho_\Lambda$，可得

$$\frac{H'}{H} = \frac{1}{2}\Omega_\Lambda + \frac{\Omega_\Lambda^{3/2}}{d} - \frac{3}{2}. \tag{7.142}$$

联立方程组 (7.141) 和 (7.142)，便得到 Ω_Λ 所满足的微分方程

$$\frac{\Omega_\Lambda'}{\Omega_\Lambda} = (1-\Omega_\Lambda)\left(1+\frac{2\sqrt{\Omega_\Lambda}}{d}\right). \tag{7.143}$$

方程 (7.143) 的解是

$$\begin{aligned}\ln\Omega_\Lambda - \frac{d}{2+d}\ln(1-\sqrt{\Omega_\Lambda}) + \frac{d}{2-d}\ln(1+\sqrt{\Omega_\Lambda})& \\ - \frac{8}{4-d^2}\ln(d+2\sqrt{\Omega_\Lambda}) = -\ln(1+z) + y_0&,\end{aligned} \tag{7.144}$$

式中，y_0 可由方程中的红移参数取 $z=0$ 的值决定.

求解方程 (7.144) 可得到 Ω_Λ 与红移 z 之间的关系，代入方程 (7.142) 后可解得 $H(z)$. 全息暗能量模型给出的亮度距离为

$$d_L(z) = \frac{\mathrm{d}}{H_0}\left[\sqrt{\frac{(1-\Omega_\Lambda)(1+z)}{\Omega_\Lambda\Omega_{m0}}} - \frac{1+z}{\sqrt{1-\Omega_{m0}}}\right]. \tag{7.145}$$

利用 Riess 等给出的超新星数据[185] 拟合该模型后得到图 7.12 中对 Ω_{m0} 和 d 的限制[233].

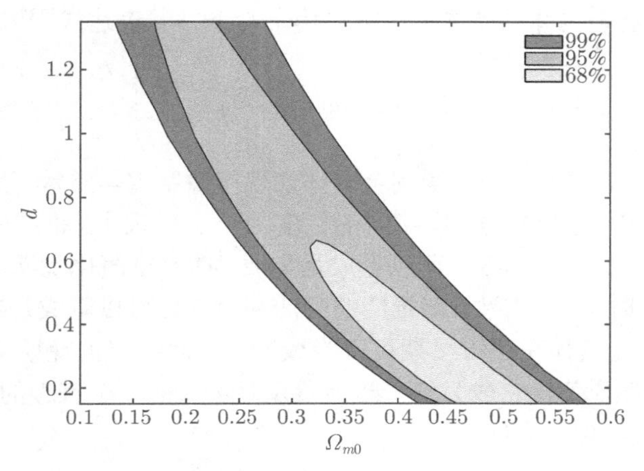

图 7.12 超新星数据拟合后对 Ω_{m0} 和 d 的限制

7.7 契浦利金气体模型

本节我们讨论一种可以把暗能量及暗物质统一起来的唯象模型，契浦利金 (Chaplygin) 气体模型[234]. 这个模型给出的暗能量状态方程为 $p = -A/\rho$. 更一般地，可以考虑状态方程 $p_c = -A/\rho_c^\alpha$，此即为推广的契浦利金气体 (GCG) 模型[235]. 理论上，GCG 状态方程可以从下面的拉氏量中推导出来[236]

$$\mathcal{L} = -A^{1/(1+\alpha)}\left[1-(g^{\mu\nu}\phi_{,\mu}\phi_{,\nu})^{(1+\alpha)/2\alpha}\right]^{\alpha/(1+\alpha)}, \tag{7.146}$$

式中，$\phi_{,\mu} = \partial\phi/\partial x^\mu$. 假如我们把 GCG 当成精质场，即取 $w_{c0} \geqslant -1$，而且如果 GCG 是平坦宇宙中物质密度的主要贡献者，则等价于 GCG 模型的精质场的势能是

$$\begin{aligned} V(\phi) =& \frac{A^{1/(1+\alpha)}}{2}\left[\cosh^{-2\alpha/(1+\alpha)}\left(\frac{3(1+\alpha)\phi}{2}\right)\right. \\ &\left.+\cosh^{2/(1+\alpha)}\left(\frac{3(1+\alpha)\phi}{2}\right)\right], \end{aligned} \tag{7.147}$$

上式推导过程中设置了 $8\pi G = 3$. 把 GCG 模型的状态方程代入能量守恒方程便得

$$\rho_c = \left[A + \frac{B}{a^{3(1+\alpha)}}\right]^{1/(1+\alpha)}. \tag{7.148}$$

$\alpha = 1$ 对应于原始的契浦利金气体. 由于 $w_c = p_c/\rho_c = -A/\rho_c^{\alpha+1}$，所以 $A = -w_{c0}\rho_{c0}^{\alpha+1}$. 把这些结果代回到方程 (7.148) 可得到 $B = (1+w_{c0})a_0^{3(1+\alpha)}\rho_{c0}^{\alpha+1}$. 从而，推广的契浦利金气体的能量密度可以用 w_{c0} 和 ρ_{c0} 表达成[237]

$$\rho_c = \rho_{c0}\left[-w_{c0} + (1+w_{c0})\left(\frac{a_0}{a}\right)^{3(1+\alpha)}\right]^{1/(1+\alpha)}. \tag{7.149}$$

显然，当 $w_{c0} = -1$ 时推广的契浦利金气体表现得像宇宙学常数，当 $w_{c0} = 0$ 时它表现得像尘埃物质. 在宇宙早期，宇宙的标度因子 $a(t)$ 很小，推广的契浦利金气体的能量密度满足 $\rho_c \sim (a_0/a)^3$，可以看成是物质. 在宇宙演化晚期，宇宙的标度因子 $a(t)$ 很大，这时 $\rho_c \sim$ 常数，即推广的契浦利金气体可以看成是宇宙学常数. 从而推广的契浦利金气体在宇宙早期可以当成物质，而在宇宙晚期可以当成宇宙学常数，这种特殊性质使得它成为统一暗能量及暗物质的一个有趣的候选者.

利用方程 (7.149)，我们得到

$$p_c = w_{c0}\rho_{c0}\left[-w_{c0} + (1+w_{c0})\left(\frac{a_0}{a}\right)^{3(1+\alpha)}\right]^{-\alpha/(1+\alpha)}. \tag{7.150}$$

如果 $a_0/a \ll 1$，则 ρ_c 及 p_c 展开到 a_0/a 的一阶得到[237]

$$\rho_c = \rho_{c0}(-w_{c0})^{1/(1+\alpha)}\left[1 - \frac{1+w_{c0}}{w_{c0}(1+\alpha)}\left(\frac{a_0}{a}\right)^{3(1+\alpha)} + \cdots\right], \tag{7.151}$$

$$p_c = -\rho_{c0}(-w_{c0})^{1/(1+\alpha)}\left[1 + \frac{(1+w_{c0})\alpha}{w_{c0}(1+\alpha)}\left(\frac{a_0}{a}\right)^{3(1+\alpha)} + \cdots\right]. \tag{7.152}$$

上述表达式说明 GCG 模型是状态方程参数为常数 α 的物质与宇宙学常数的混合模型. 所以从这个意义上讲 α 可以理解为状态方程参数.

附录A　统计积分计算

第 3 章讨论平衡态热力学时需要计算粒子数密度，能量密度及压强等物理量，这些计算都涉及如下形式的积分

$$J_{\mp}^{(\nu)}(\alpha,\beta)=\int_{\alpha}^{\infty}\frac{(x^2-\alpha^2)^{\nu/2}}{\mathrm{e}^{x-\beta}\mp 1}\mathrm{d}x+\int_{\alpha}^{\infty}\frac{(x^2-\alpha^2)^{\nu/2}}{\mathrm{e}^{x+\beta}\mp 1}\mathrm{d}x, \tag{A.1}$$

式中，$\alpha=m/T$，$\beta=\mu/T$. 积分函数 $J_{\mp}^{(\nu)}$ 满足如下递推关系

$$\frac{\partial J_{\mp}^{(\nu)}}{\partial\alpha}=-\nu\alpha J_{\mp}^{(\nu)}. \tag{A.2}$$

利用上述递推关系及用修改的贝塞尔函数 K_0 展开的函数值

$$\begin{aligned}J_{\mp}^{(-1)}&=\sum_{n=1}^{\infty}(\pm1)^{n+1}\int_{\alpha}^{\infty}\frac{(\mathrm{e}^{n\beta}+\mathrm{e}^{-n\beta})\mathrm{e}^{-nx}}{\sqrt{x^2-\alpha^2}}\mathrm{d}x\\&=2\sum_{n=1}^{\infty}(\pm1)^{n+1}\cosh(n\beta)K_0(n\alpha),\end{aligned} \tag{A.3}$$

则可通过积分计算出 ν 为奇数的函数 $J_{\mp}^{(\nu)}(\alpha,\beta)$. 知道了函数 $J_{\mp}^{(\nu)}(\alpha,\beta)$，则可以计算粒子 (p) 与反粒子 $(\bar{p})$ 的总能量密度

$$\rho(T)=\rho_p(T)+\rho_{\bar{p}}(T)=\frac{gT^4}{2\pi^2}(J_{\mp}^{(3)}+\alpha^2J_{\mp}^{(1)}), \tag{A.4}$$

总压强

$$p(T)=p_p(T)+p_{\bar{p}}(T)=\frac{gT^4}{6\pi^2}J_{\mp}^{(3)}, \tag{A.5}$$

以及粒子与反粒子数密度之差

$$n_p-n_{\bar{p}}=\frac{gT^3}{6\pi^2}\frac{\partial J_{\mp}^{(3)}}{\partial\beta}. \tag{A.6}$$

为了利用递推关系 (A.2) 计算 $J_{\mp}^{(1)}$ 及 $J_{\mp}^{(3)}$，我们还需要知道初始条件 $J_{\mp}^{(\nu)}(0,\beta)$，

$$\begin{aligned}J_{\mp}^{(\nu)}(0,\beta)&=\int_0^{\infty}\frac{x^{\nu}}{\mathrm{e}^{x-\beta}\mp 1}\mathrm{d}x+\int_0^{\infty}\frac{x^{\nu}}{\mathrm{e}^{x+\beta}\mp 1}\mathrm{d}x,\\&=\int_0^{\infty}\frac{(y+\beta)^{\nu}+(y-\beta)^{\nu}}{\mathrm{e}^{y}\mp 1}\mathrm{d}y+\int_{-\beta}^{0}\frac{(y+\beta)^{\nu}}{\mathrm{e}^{y}\mp 1}\mathrm{d}y-\int_0^{\beta}\frac{(y-\beta)^{\nu}}{\mathrm{e}^{y}\mp 1}\mathrm{d}y,\\&=\int_0^{\infty}\frac{(y+\beta)^{\nu}+(y-\beta)^{\nu}}{\mathrm{e}^{y}\mp 1}\mathrm{d}y+\int_{-\beta}^{0}\frac{(y+\beta)^{\nu}}{\mathrm{e}^{y}\mp 1}\mathrm{d}y-\int_{-\beta}^{0}\frac{(-y-\beta)^{\nu}}{\mathrm{e}^{-y}\mp 1}\mathrm{d}y.\end{aligned}\tag{A.7}$$

对于奇数 ν，

$$\begin{aligned}J_{\mp}^{(\nu)}(0,\beta)&=\int_0^{\infty}\frac{(y+\beta)^{\nu}+(y-\beta)^{\nu}}{\mathrm{e}^{y}\mp 1}\mathrm{d}y+\int_{-\beta}^{0}\left[\frac{(y+\beta)^{\nu}}{\mathrm{e}^{y}\mp 1}+\frac{(y+\beta)^{\nu}}{\mathrm{e}^{-y}\mp 1}\right]\mathrm{d}y,\\&=\int_0^{\infty}\frac{(y+\beta)^{\nu}+(y-\beta)^{\nu}}{\mathrm{e}^{y}\mp 1}\mathrm{d}y\mp\int_{-\beta}^{0}(y+\beta)^{\nu}\mathrm{d}y,\\&=\int_0^{\infty}\frac{(y+\beta)^{\nu}+(y-\beta)^{\nu}}{\mathrm{e}^{y}\mp 1}\mathrm{d}y\mp\frac{\beta^{\nu+1}}{\nu+1}.\end{aligned}\tag{A.8}$$

所以

$$J_{\mp}^{(1)}(0,\beta)=\begin{cases}\dfrac{1}{3}\pi^2-\dfrac{1}{2}\beta^2, & \text{玻色子}\\[2mm]\dfrac{1}{6}\pi^2+\dfrac{1}{2}\beta^2, & \text{费米子}\end{cases}\tag{A.9}$$

$$J_{\mp}^{(3)}(0,\beta)=\begin{cases}\dfrac{2}{15}\pi^4+\beta^2\pi^2-\dfrac{1}{4}\beta^4, & \text{玻色子}\\[2mm]\dfrac{7}{60}\pi^4+\dfrac{1}{2}\beta^2\pi^2+\dfrac{1}{4}\beta^4, & \text{费米子}\end{cases}\tag{A.10}$$

A.1　极端相对论极限

在高温极限下，$\alpha\ll 1$，$\beta\ll 1$，函数 $J_{\mp}^{(-1)}$ 可以展开为

$$J_{\mp}^{(-1)}=\begin{cases}\pi(\alpha^2-\beta^2)^{-1/2}+\ln(\alpha/4\pi)+\gamma-\dfrac{7\zeta(3)}{8\pi^2}(\alpha^2+2\beta^2)+O, & \text{玻色子}\\[2mm]-\ln(\alpha/4\pi)-\gamma+\dfrac{7\zeta(3)}{8\pi^2}(\alpha^2+2\beta^2)+O, & \text{费米子}\end{cases}\tag{A.11}$$

式中，$\gamma \approx 0.577$ 为欧拉常数，ζ 为黎曼 zeta 函数，O 代表高阶量 $O(\alpha^3, \beta^3)$. 把方程 (A.11) 代入递推关系 (A.2)，并利用初始条件 (A.9) 及 (A.10) 得到

$$J_{\mp}^{(1)} = \begin{cases} \dfrac{1}{3}\pi^2 - \dfrac{1}{2}\beta^2 - \pi\sqrt{\alpha^2 - \beta^2} - \dfrac{1}{2}\alpha^2\mathscr{C} + \alpha^2 O(\alpha^2, \beta^2), & \text{玻色子} \\ \dfrac{1}{6}\pi^2 + \dfrac{1}{2}\beta^2 + \dfrac{1}{2}\alpha^2\mathscr{C} + \alpha^2 O(\alpha^2, \beta^2), & \text{费米子} \end{cases} \tag{A.12}$$

$$J_{\mp}^{(3)} = \begin{cases} \dfrac{2}{15}\pi^4 + \dfrac{1}{2}\pi^2(2\beta^2 - \alpha^2) + \pi(\alpha^2 - \beta^2)^{3/2} - \mathscr{A} + \alpha^4 O(\alpha^2, \beta^2), & \text{玻色子} \\ \dfrac{7}{60}\pi^4 + \dfrac{1}{4}\pi^2(2\beta^2 - \alpha^2) + \mathscr{A} - \dfrac{3}{4}(\ln 2)\alpha^4 + \alpha^4 O(\alpha^2, \beta^2), & \text{费米子} \end{cases} \tag{A.13}$$

式中，$\mathscr{C} = \ln(\alpha/4\pi) + \gamma - 1/2$,

$$\mathscr{A} = \frac{1}{8}\left[2\beta^4 - 6\alpha^2\beta^2 - 3\alpha^4 \ln\left(\frac{\alpha e^{\gamma}}{4\pi e^{3/4}}\right)\right].$$

对于玻色子，其化学势 μ_b 不能超过其质量，$\mu_b \leqslant m$. 在高温极限下，粒子数对反粒子数的超出值为

$$n_b - n_{\bar{b}} \approx \frac{gT^3}{3}\frac{\mu_b}{T}. \tag{A.14}$$

上述结果只在 $\mu_b < m$ 的情况下成立，当 $\mu_b \to m$ 时，新的粒子不断填充到系统中的最低能量态 $E = m$ 而形成玻色-爱因斯坦凝聚. 如果没有发生玻色-爱因斯坦凝聚，则正反粒子数大致相同，

$$\rho_b(T) \approx \frac{\rho_b + \rho_{\bar{b}}}{2} \approx \frac{\pi^2}{30}gT^4, \quad p_b(T) = \frac{1}{3}\rho_b(T). \tag{A.15}$$

费米子化学势可以取任意值，其值可以大于粒子质量. 在 (A.13) 中取极限 $\alpha \to 0$ 得到 $J_{+}^{(3)} = J_{+}^{(3)}(0, \beta)$，所以 $p(T) = \rho(T)/3$，

$$\rho(T) = \rho_f + \rho_{\bar{f}} = \frac{7\pi^2}{120}gT^4\left[1 + \frac{30\beta^2}{7\pi^2} + \frac{15\beta^4}{7\pi^4}\right], \tag{A.16}$$

$$n_f - n_{\bar{f}} = \frac{gT^3}{6}\beta\left[1 + \frac{\beta^2}{\pi^2}\right]. \tag{A.17}$$

若 $\mu_f \gg T$，则总能量密度主要由简并费米子贡献，其值为 $g\mu_f^4/8\pi^2$. 粒子超出反粒子的数目为 $g\mu_f^3/6\pi^2$. 如果 $\beta \ll 1$，则费米子超出反费米子的数目相对于总粒子数可以忽略，费米子与反费米子数相同，这时化学势的效应可以忽略.

A.2 非相对极限

在低温非相对论性极限下，$\alpha \gg 1$，$\alpha - \beta \gg 1$，函数 $K_0(n\alpha) \propto \exp(-n\alpha)$，

$$J_{\mp}^{(-1)} \approx 2K_0(\alpha)\cosh\beta. \tag{A.18}$$

把这个结果代入到递推关系 (A.2) 并利用边界条件：当 $\alpha \to \infty$，$J_{\mp}^{(\nu)} \to 0$，则得到

$$J_{\mp}^{(1)} \approx 2\alpha K_1(\alpha)\cosh\beta = \sqrt{2\pi\alpha}\,\mathrm{e}^{-\alpha}\cosh\beta\left[1 + \frac{3}{8\alpha} + O(\alpha^{-2})\right], \tag{A.19}$$

$$J_{\mp}^{(3)} \approx 6[\alpha^2 K_0(\alpha) + 2\alpha K_1(\alpha)]\cosh\beta \approx \sqrt{18\pi\alpha^3}\mathrm{e}^{-\alpha}\cosh\beta\left(1 + \frac{15}{8\alpha}\right). \tag{A.20}$$

把方程 (A.20) 代入方程 (A.6) 得到

$$n - \bar{n} \approx 2g\left(\frac{mT}{2\pi}\right)^{3/2}\exp\left(-\frac{m}{T}\right)\sinh\left(\frac{\mu}{T}\right)\left[1 + \frac{15}{8}\frac{T}{m}\right]. \tag{A.21}$$

所以粒子数密度为

$$n \approx g\left(\frac{mT}{2\pi}\right)^{3/2}\exp\left(-\frac{m-\mu}{T}\right)\left[1 + \frac{15}{8}\frac{T}{m}\right]. \tag{A.22}$$

附录B　标 量 扰 动

利用 ADM 度规 (5.82)，作用量 (5.45) 可以写成

$$S = \frac{1}{2}\int \mathrm{d}t\mathrm{d}^3x\sqrt{\gamma}\Big[N\,{}^{(3)}R - 2NV + N^{-1}(E_{ij}E^{ij} - E^2) + N^{-1}(\dot{\phi} - N^i\partial_i\phi)^2 - N\gamma^{ij}\partial_i\phi\partial_j\phi\Big] \tag{B.1}$$

由于作用量中 N 及 N_i 不含时间导数，对它们作变分分别得到哈密顿及动量约束方程. 对 N 作变分可得到哈密顿约束方程

$${}^{(3)}R - 2V - N^{-2}(E_{ij}E^{ij} - E^2) - N^{-2}(\dot{\phi} - N^i\partial_i\phi)^2 - \gamma^{ij}\partial_i\phi\partial_j\phi = 0. \tag{B.2}$$

对 N^i 作变分可得到动量约束方程

$$\nabla_i\left[N^{-1}(E^i_j - \delta^i_jE)\right] = N^{-1}(\dot{\phi} - N^i\phi_{,i})\phi_{,j}, \tag{B.3}$$

式中，$\phi_{,i} = \partial_i\phi$. 对于空间平坦 $(K = 0)$ 的 RW 背景时空，

$$N = 1, \quad N_i = 0, \quad \gamma_{ij} = a^2\delta_{ij}, \tag{B.4}$$

则得到

$$\begin{aligned} &E_{ij} = H\gamma_{ij}, \quad E^{ij} = H\gamma^{ij}, \quad E^{ij}E_{ij} = 3H^2, \quad E = 3H, \\ &E_{ij} - \gamma_{ij}E = -2H\gamma_{ij}, \quad E^{ij}E_{ij} - E^2 = -6H^2, \quad {}^{(3)}R = 0. \end{aligned} \tag{B.5}$$

动量约束方程 (B.3) 自动得到满足，而哈密顿约束方程成为弗里德曼方程

$$6H^2 = \dot{\phi}^2 + 2V. \tag{B.6}$$

利用上述结果 (B.5)，作用量 (B.1) 可简化为

$$S_0 = \frac{1}{2}\int \mathrm{d}t\mathrm{d}^3x\, a^3\left(\dot{\phi}^2 - 2V - 6H^2\right). \tag{B.7}$$

把这个作用量分别对标度因子 a 及标量场 ϕ 作变分便得到宇宙动力学方程及标量场运动方程

$$\dot{H} = -\frac{1}{2}\dot{\phi}^2, \tag{B.8}$$

$$\ddot{\phi} + 3H\dot{\phi} + \frac{\mathrm{d}V}{\mathrm{d}\phi} = 0. \tag{B.9}$$

采用均匀场规范 (也称为共动规范)$\delta\phi = 0$，近似到一阶，度规分量为

$$N = 1 + N_1, \quad N^i = \psi_{,i} + N_T^i, \quad \gamma_{ij} = a^2(1+2\zeta)\delta_{ij},$$
$$\gamma^{ij} = a^{-2}(1-2\zeta)\delta_{ij}, \quad N_i = a^2(\psi_{,i} + N_T^i), \quad \partial_i N_T^i = 0 \tag{B.10}$$

利用上述近似到一阶的度规分量，则得到

$$\begin{aligned}
{}^{(3)}R = -\frac{4}{a^2}\nabla^2\zeta, \quad E_{ij} = H\gamma_{ij} + a^2\dot{\zeta}\delta_{ij} - a^2\psi_{,ij},\\
E = 3H + 3\dot{\zeta} - \nabla^2\psi, \quad E^{ij} = H\gamma^{ij} + a^{-2}\dot{\zeta}\delta_{ij} - a^2\psi_{,ij},\\
E^{ij}E_{ij} - E^2 = -6H^2 - 12H\dot{\zeta} + 4H\nabla^2\psi,\\
E_{ij} - \gamma_{ij}E = -2Ha^2\delta_{ij} - 4a^2H\zeta\delta_{ij} - 2a^2\dot{\zeta}\delta_{ij} - a^{-2}(\psi_{,ij} - \delta_{ij}\nabla^2\psi).
\end{aligned} \tag{B.11}$$

注意，对于标量扰动，横向矢量微扰 $N_T^i = 0$. 利用一阶近似，动量约束方程 (B.3) 简化为

$$H\partial_j N_1 = \partial_j\dot{\zeta}, \tag{B.12}$$

所以 $N_1 = \dot{\zeta}/H$. 哈密顿约束方程简化为

$$\nabla^2\psi + \frac{1}{a^2}\nabla^2\left(\frac{\zeta}{H}\right) - \frac{\dot{\phi}^2}{2H^2}\dot{\zeta} = 0, \tag{B.13}$$

所以 ψ 的解为

$$\psi = -\frac{\zeta}{a^2H} + \chi, \quad \nabla^2\chi = \frac{\dot{\phi}^2}{2H^2}\dot{\zeta}, \tag{B.14}$$

哈密顿约束及动量约束给出了 N 及 N_i 的标量扰动与曲率扰动 ζ 之间的关系，即标量扰动完全由曲率扰动决定. 利用曲率扰动 ζ，则作用量 (B.1) 近似到一阶为

$$S_1 = \frac{1}{2}\int \mathrm{d}t\mathrm{d}^3x\, a^3\left[3\zeta(\dot{\phi}^2 - 6H^2 - 2V) - 12H\dot{\zeta}\right]. \tag{B.15}$$

由此得到的运动方程仍然为背景动力学方程 (B.8).

B.1 二阶作用量

近似到二阶，度规分量为

$$\gamma_{ij} = a^2e^{2\zeta}\delta_{ij} = a^2(1+2\zeta+2\zeta^2)\delta_{ij}, \quad \gamma^{ij} = a^{-2}e^{-2\zeta}\delta_{ij}, \tag{B.16}$$

因为作用量中函数 N 及 N_i 的二阶扰动前面的系数分别为哈密顿约束方程 $\delta S/\delta N$ 及动量约束方程 $\delta S/\delta N_i$，所以作用量展开到二阶时可以不考虑 N 及 N_i 的二阶扰动. 近似到二阶，我们得到

$$\begin{gathered}\sqrt{\gamma}=a^3\mathrm{e}^{3\zeta}=a^3\left(1+3\zeta+\frac{9}{2}\zeta^2\right),\quad {}^{(3)}R=\frac{1}{a^2}\mathrm{e}^{-2\zeta}\left[-4\nabla^2\zeta-2(\zeta_{,i})^2\right],\\ E_{ij}=a^2\left[(H+\dot\zeta+2H\zeta+2H\zeta^2+2\zeta\dot\zeta-\psi_{,k}\zeta_{,k})\delta_{ij}-(1+2\zeta)\psi_{,ij}\right],\\ E=3(H+\dot\zeta)-\nabla^2\psi-3\psi_{,k}\zeta_{,k},\\ E^{ij}=a^{-2}\left[(H+\dot\zeta-2H\zeta+2H\zeta^2-2\zeta\dot\zeta-\psi_{,k}\zeta_{,k})\delta_{ij}-(1-2\zeta)\psi_{,ij}\right],\\ E^{ij}E_{ij}-E^2=-6H^2-12H\dot\zeta-6\dot\zeta^2+4H\nabla^2\psi+4(\dot\zeta-3H\zeta)\nabla^2\psi.\end{gathered}\tag{B.17}$$

利用这些结果，最后得到作用量 (B.1) 展开到曲率扰动的二阶为

$$\begin{aligned}S_2&=\frac{1}{2}\int\mathrm{d}t\mathrm{d}^3x\frac{\dot\phi^2}{H^2}\left[a^3\dot\zeta^2-a(\zeta_{,i})^2\right]\\&=\frac{1}{2}\int\mathrm{d}\tau\mathrm{d}^3x\frac{a^2\phi'^2}{\mathscr{H}^2}\left[\zeta'^2-(\zeta_{,i})^2\right]\\&=\frac{1}{2}\int\mathrm{d}\tau\mathrm{d}^3x\left[v'^2-(v_{,i})^2+\frac{z''}{z}v^2\right],\end{aligned}\tag{B.18}$$

式中，$v=a\phi'\zeta/\mathscr{H}$，$\phi'=\mathrm{d}\phi/\mathrm{d}\tau$，$\mathscr{H}=\mathrm{d}\ln a/\mathrm{d}\tau$.

B.2 非高斯性

为了计算非高斯性，我们需要把作用量展开到三阶. 注意展开到三阶时，N 及 N_i 的二阶及三阶扰动都只以线性项形式出现，它们前面的系数分别满足哈密顿约束 $\delta S/\delta N$ 及动量约束 $\delta S/\delta N_i$，所以我们仍然只需要考虑 N 及 N_i 的一阶扰动即可. 展开到三阶得到

$$\begin{aligned}E^{ij}E_{ij}-E^2=&-6(H+\dot\zeta)^2+4(H+\dot\zeta)\nabla^2\psi+12(H+\dot\zeta)\psi_{,i}\zeta_{,i}\\&+\psi_{,ij}\psi_{,ij}-(\nabla^2\psi)^2-4\psi_{,i}\zeta_{,i}\nabla^2\psi.\end{aligned}\tag{B.19}$$

利用准确到三阶的关系式

$$[a^3\mathrm{e}^{3\zeta}H\psi_{,i}]_{,i}\approx a^3\mathrm{e}^{3\zeta}(H+\dot\zeta)\left(1-\frac{\dot\zeta}{H}\right)\left[3\psi_{,i}\zeta_{,i}+\left(1+\frac{\dot\zeta^2}{H^2}\right)\nabla^2\psi\right],\tag{B.20}$$

$$-2\frac{\mathrm{d}}{\mathrm{d}t}\left[Ha^3\mathrm{e}^{3\zeta}\right]] \approx a^3\mathrm{e}^{3\zeta}\left[-\left(1+\frac{\dot{\zeta}}{H}\right)V+\frac{1}{2}\dot{\phi}^2\left(1-\frac{\dot{\zeta}}{H}\right)\right.$$
$$\left.-3\left(1-\frac{\dot{\zeta}}{H}+\frac{\dot{\zeta}^2}{H^2}-\frac{\dot{\zeta}^3}{H^3}\right)(H+\dot{\zeta})^2\right], \tag{B.21}$$

及背景宇宙学方程 (B.6) 及 (B.8)，把作用量展开到三阶得到

$$S=\int \mathrm{d}t\mathrm{d}^3x\, a\mathrm{e}^{\zeta}\left(1+\frac{\dot{\zeta}}{H}\right)[-2\nabla^2\zeta-(\zeta_{,i})^2]+\frac{a^3}{2}\frac{\dot{\phi}^2}{H^2}\mathrm{e}^{3\zeta}\dot{\zeta}^2\left(1-\frac{\dot{\zeta}}{H}\right)$$
$$+a^3\mathrm{e}^{3\zeta}\left[\frac{1}{2}\left(1-\frac{\dot{\zeta}}{H}\right)[\psi_{,ij}\psi_{,ij}-(\nabla^2\psi)^2]-2\psi_{,i}\zeta_{,i}\nabla^2\psi\right]. \tag{B.22}$$

所以三阶作用量为[238]

$$S_3=\int \mathrm{d}t\mathrm{d}^3x\, -a\left(\zeta^2+\frac{2}{H}\zeta\dot{\zeta}\right)\nabla^2\zeta-a\left(\zeta+\frac{\dot{\zeta}}{H}\right)(\partial\zeta)^2$$
$$-2a^3\nabla^2\psi\psi_{,i}\zeta_{,i}+\frac{1}{2}a^3\left(3\zeta-\frac{\dot{\zeta}}{H}\right)\left[\frac{\dot{\phi}^2}{H^2}\dot{\zeta}^2+\psi_{,ij}\psi_{,ij}-(\nabla^2\psi)^2\right]. \tag{B.23}$$

为了得到上述作用量按慢滚参数展开的阶数，我们对这个作用量进一步分部积分，忽略全导数项，并利用下面这些关系

$$\begin{aligned}
\int \mathrm{d}^3x\, -2\zeta(\partial\zeta)^2 &= \int \mathrm{d}^3x\,\zeta^2\nabla^2\zeta,\\
\int \mathrm{d}^3x\,\dot{\zeta}\zeta\nabla^2\zeta &= \int \mathrm{d}^3x\, -\dot{\zeta}(\partial\zeta)^2-\frac{1}{2}\zeta\frac{\mathrm{d}}{\mathrm{d}t}(\partial\zeta)^2,\\
\int \mathrm{d}^3x\,\dot{\zeta}^2\nabla^2\zeta &= \int \mathrm{d}^3x\, -\dot{\zeta}\frac{\mathrm{d}}{\mathrm{d}t}(\partial\zeta)^2,\\
\int \mathrm{d}^3x\,\zeta[\zeta_{,ij}\zeta_{,ij}-(\nabla^2\zeta)^2] = -3\int \mathrm{d}^3x\,\zeta_{,ij}\zeta_{,i}\zeta_{,j} &= \int \mathrm{d}^3x\,\frac{3}{2}(\partial\zeta)^2\nabla^2\zeta,\\
\int \mathrm{d}^3x\,\zeta_{,ij}\zeta_{,i}\dot{\zeta}_{,j}+\dot{\zeta}_{,ij}\zeta_{,i}\zeta_{,j} &= \int \mathrm{d}^3x-\frac{1}{2}\nabla^2\zeta\frac{\mathrm{d}}{\mathrm{d}t}(\partial\zeta)^2,\\
\int \mathrm{d}^3x\,\dot{\zeta}[\zeta_{,ij}\zeta_{,ij}-(\nabla^2\zeta)^2] &= -\int \mathrm{d}^3x\,\frac{\mathrm{d}}{\mathrm{d}t}(\zeta_{,ij}\zeta_{,i}\zeta_{,j}).
\end{aligned} \tag{B.24}$$

$$\int \mathrm{d}t\mathrm{d}^3x\frac{1}{2}a^3\frac{\dot{\phi}^2}{H^2}\left(3\zeta-\frac{\dot{\zeta}}{H}\right)\dot{\zeta}^2$$

$$=\int \mathrm{d}t\mathrm{d}^3x\frac{1}{4}\frac{\dot{\phi}^4}{H^4}\left[a^3\zeta\dot{\zeta}^2+a\zeta(\partial\zeta)^2\right]+\frac{\dot{\phi}^2}{H^2}a^3\dot{\zeta}\zeta^2\frac{\mathrm{d}}{\mathrm{d}t}\left[\frac{1}{2}\frac{\ddot{\phi}}{H\dot{\phi}}+\frac{1}{4}\frac{\dot{\phi}^2}{H^2}\right]$$

$$-\frac{1}{2}a\frac{\dot{\phi}^2}{H^3}\dot{\zeta}(\partial\zeta)^2-\frac{1}{2}a\frac{\mathrm{d}}{\mathrm{d}t}\left[\frac{\dot{\phi}^2}{H^3}\zeta(\partial\zeta)^2\right]-\frac{\zeta\dot{\zeta}}{H}\frac{\delta L}{\delta\zeta}\bigg|_1-\frac{1}{2}\zeta^2\left(\frac{\ddot{\phi}}{H\dot{\phi}}+\frac{1}{2}\frac{\dot{\phi}^2}{H^2}\right)\frac{\delta L}{\delta\zeta}\bigg|_1, \tag{B.25}$$

$$\begin{aligned}\int \mathrm{d}t\mathrm{d}^3x\frac{1}{4aH^2}\frac{\dot{\phi}^2}{H^2}(\nabla^2\zeta)(\partial\zeta)^2&=\int \mathrm{d}t\mathrm{d}^3x\frac{-1}{2aH^2}\frac{\dot{\phi}^2}{H^2}\zeta_{,ij}\zeta_{,i}\zeta_{,j}\\&=\frac{1}{4aH^2}\frac{\dot{\phi}^2}{H^2}\zeta_{,ij}\zeta_{,i}\zeta_{,j}-\frac{2}{aH^2}\frac{\dot{\phi}^2}{H^2}(\nabla^2\zeta)(\partial\zeta)^2\\&\quad+\frac{1}{2aH^2}\left(3\zeta-\frac{\dot{\zeta}}{H}\right)\left[\zeta_{,ij}\zeta_{,ij}-(\partial\zeta)^2\right],\end{aligned} \tag{B.26}$$

$$\begin{aligned}&\int \mathrm{d}t\mathrm{d}^3x\frac{1}{4aH^2}\frac{\dot{\phi}^2}{H^2}(\nabla^2\zeta)(\partial\zeta)^2-\frac{1}{2}\frac{a}{H}\frac{\dot{\phi}^2}{H^2}\dot{\zeta}(\partial\zeta)^2+\frac{1}{4}\frac{a}{H^2}\frac{\dot{\phi}^2}{H^2}\dot{\zeta}\frac{d}{dt}(\partial\zeta)^2\\&\quad+\frac{1}{4}\frac{a}{H}\frac{\dot{\phi}^4}{H^4}\dot{\zeta}(\partial\zeta)^2=\int \mathrm{d}t\mathrm{d}^3x\frac{1}{4a^2H^2}(\partial\zeta)^2\frac{\delta L}{\delta\zeta}\bigg|_1,\end{aligned} \tag{B.27}$$

最后得到

$$\begin{aligned}S_3=\int \mathrm{d}t\mathrm{d}^3x\,&\frac{1}{4}\frac{\dot{\phi}^4}{H^4}\left[a^3\zeta\dot{\zeta}^2+a\zeta(\partial\zeta)^2\right]-\frac{\dot{\phi}^2}{H^2}a^3\dot{\zeta}\zeta_{,i}\chi_{,i}\\&-\frac{1}{16}\frac{\dot{\phi}^6}{H^6}a^3\zeta\dot{\zeta}^2+\frac{\dot{\phi}^2}{H^2}a^3\dot{\zeta}\zeta^2\frac{\mathrm{d}}{\mathrm{d}t}\left[\frac{1}{2}\frac{\ddot{\phi}}{H\dot{\phi}}+\frac{1}{4}\frac{\dot{\phi}^2}{H^2}\right]\\&+\frac{1}{4}\frac{\dot{\phi}^2}{H^2}a^3\zeta\chi_{,ij}\chi_{,ij}+f(\zeta)\frac{\delta L}{\delta\zeta}\bigg|_1.\end{aligned} \tag{B.28}$$

式中，由二阶作用量 S_2 给出的一阶运动方程 $(\delta L/\delta\zeta)|_1$ 为

$$\frac{\delta L}{\delta\zeta}\bigg|_1=\frac{\dot{\phi}^2}{H^2}a\nabla^2\zeta-\frac{\mathrm{d}}{\mathrm{d}t}\left(\frac{\dot{\phi}^2}{H^2}a^3\dot{\zeta}\right), \tag{B.29}$$

$$\begin{aligned}f(\zeta)=&-\frac{1}{2}\zeta^2\left(\frac{\ddot{\phi}}{H\dot{\phi}}+\frac{1}{2}\frac{\dot{\phi}^2}{H^2}\right)-\frac{1}{H}\zeta\dot{\zeta}+\frac{1}{2H}[\nabla^{-2}(\chi_{,i}\zeta_{,j})_{,ij}-\chi_{,i}\zeta_{,i}]\\&+\frac{1}{4a^2H^2}[(\partial\zeta)^2-\nabla^{-2}(\zeta_{,i}\zeta_{,j})_{,ij}].\end{aligned} \tag{B.30}$$

注意，对于满足包括相互作用在内的完整理论的运动方程的场 ζ, $(\delta L/\delta\zeta)|_1$ 通常不为零，且扰动 ζ 在视界外为常数. 因为 $\delta S_2 = \int(\delta L/\delta\zeta)|_1\delta\zeta$，三阶作用量 (B.28) 中最后一项可以在 S_2 中通过重新定义场 $\zeta = \zeta_n - f(\zeta_n)$ 而消除掉，从而极大地简化计算. 准确到二阶，ζ_n 与 ζ 没有区别，但是考虑相互作用后，ζ_n 在视界外并非保持不变，我们需要计算的是 ζ 而不是 ζ_n 的三点相关函数. 作用量 (B.28) 中第一行对应于 ϵ^2 阶①，其他行对应于慢滚参数的更高阶 $O(\epsilon^3)$. 由于非高斯性通常很小，只有领头阶才有可能被测量到，而且在视界外含 ζ 导数的那些项不重要，我们只需要考虑慢滚参数的最低阶. 准确到 ϵ^2 阶，

$$\begin{aligned}\int \mathrm{d}t\mathrm{d}^3x\frac{1}{4}\frac{\dot\phi^4}{H^4}a^3\zeta\dot\zeta^2 &= \int \mathrm{d}t\mathrm{d}^3x\frac{1}{4}\frac{\dot\phi^4}{H^4}a^3\nabla^{-2}\dot\zeta\frac{\mathrm{d}}{\mathrm{d}t}\left[\zeta\nabla^2\zeta+(\partial\zeta)^2\right]\\ &= \int \mathrm{d}t\mathrm{d}^3x\frac{1}{8}\frac{\dot\phi^2}{H^2}\zeta^2\left.\frac{\delta L}{\delta\zeta}\right|_1+\frac{1}{4}\frac{\dot\phi^4}{H^4}a\zeta(\partial\zeta)^2+O(\epsilon^3)\\ &= \int \mathrm{d}t\mathrm{d}^3x\frac{3}{4}\frac{\dot\phi^4}{H^4}a^5H\dot\zeta^2\nabla^{-2}\dot\zeta+\frac{1}{4}\frac{\dot\phi^4}{H^4}a^5\dot\zeta^2\nabla^{-2}\ddot\zeta\\ &\quad+\frac{1}{4}\frac{\dot\phi^2}{H^2}a^2\nabla^{-2}\dot\zeta^2\left.\frac{\delta L}{\delta\zeta}\right|_1+O(\epsilon^3).\end{aligned} \tag{B.31}$$

$$\begin{aligned}\int \mathrm{d}t\mathrm{d}^3x\frac{1}{2}\frac{\dot\phi^4}{H^4}a\zeta(\partial\zeta)^2 &= \int \mathrm{d}t\mathrm{d}^3x\frac{1}{4}\frac{\dot\phi^4}{H^4}a^3\nabla^{-2}\dot\zeta\frac{\mathrm{d}}{\mathrm{d}t}(\zeta\nabla^2\zeta)\\ &\quad-\frac{1}{4}\frac{\dot\phi^2}{H^2}\nabla^{-2}(\zeta\nabla^2\zeta)\left.\frac{\delta L}{\delta\zeta}\right|_1+O(\epsilon^3).\end{aligned} \tag{B.32}$$

$$-\int \mathrm{d}t\mathrm{d}^3x\frac{\dot\phi^2}{H^2}a^3\dot\zeta\zeta_{,i}\chi_{,i} = \int \mathrm{d}t\mathrm{d}^3x\frac{1}{2}\frac{\dot\phi^4}{H^4}a^3\dot\zeta\nabla^{-2}\dot\zeta\nabla^2\zeta+\frac{1}{4}\frac{\dot\phi^4}{H^4}a^3\nabla^{-2}\dot\zeta\frac{\mathrm{d}}{\mathrm{d}t}(\partial\zeta)^2. \tag{B.33}$$

$$\int \mathrm{d}t\mathrm{d}^3x\frac{\dot\phi^4}{H^4}a^5\ddot\zeta\left(\frac{1}{2}\dot\zeta\nabla^{-2}\dot\zeta+\frac{1}{4}\nabla^{-2}\dot\zeta^2\right) = -\int \mathrm{d}t\mathrm{d}^3x\frac{5}{4}\frac{\dot\phi^4}{H^4}a^5H\dot\zeta^2\nabla^{-2}\dot\zeta+O(\epsilon^3). \tag{B.34}$$

① 我们可以利用场 ζ_n 及作用量 (B.28) 第一行给出的作用量计算三点相关函数，具体细节可参考 Collins 在 arXiv: 1101.1308 中给出的详细推导

利用上述关系 (B.31)~(B.34)，对 ϵ^2 阶作用量作分部积分后得到

$$
\begin{aligned}
S_3 =& \int \mathrm{d}t\mathrm{d}^3x\, \frac{1}{4}\frac{\dot{\phi}^4}{H^4}\left[a^3\zeta\dot{\zeta}^2 + a\zeta(\partial\zeta)^2\right] - \frac{\dot{\phi}^2}{H^2}a^3\dot{\zeta}\zeta_{,i}\chi_{,i} \\
&-\frac{1}{2}\left(\frac{\ddot{\phi}}{H\dot{\phi}} + \frac{1}{2}\frac{\dot{\phi}^2}{H^2}\right)\zeta^2\frac{\delta L}{\delta\zeta}\bigg|_1 + \cdots \\
=& \int \mathrm{d}t\mathrm{d}^3x\, \frac{\dot{\phi}^4}{H^4}a^5H\dot{\zeta}^2\nabla^{-2}\dot{\zeta} \\
&-\left[\frac{1}{2}\left(\frac{\ddot{\phi}}{H\dot{\phi}} + \frac{1}{4}\frac{\dot{\phi}^2}{H^2}\right)\zeta^2 + \frac{1}{4}\frac{\dot{\phi}^2}{H^2}\nabla^{-2}(\zeta\nabla^2\zeta)\right]\frac{\delta L}{\delta\zeta}\bigg|_1 + \cdots,
\end{aligned}
\tag{B.35}
$$

式中，省略号代表慢滚参数的高阶项及视界外为零的项. 利用变量 ζ_c 重新定义标量曲率扰动 ζ，

$$
\zeta = \zeta_c + \frac{1}{2}\frac{\ddot{\phi}}{H\dot{\phi}}\zeta_c^2 + \frac{1}{8}\frac{\dot{\phi}^2}{H^2}\zeta_c^2 + \frac{1}{4}\frac{\dot{\phi}^2}{H^2}\nabla^{-2}(\zeta_c\nabla^2\zeta_c) + \cdots, \tag{B.36}
$$

则 ϵ^2 阶标量扰动自相互作用作用量为[238]

$$
S_3 = \int \mathrm{d}t\mathrm{d}^3x\, \frac{\dot{\phi}^4}{H^4}a^5H\dot{\zeta}_c^2\nabla^{-2}\dot{\zeta}_c + \cdots \tag{B.37}
$$

该作用量给出相互作用哈密顿量

$$
\begin{aligned}
H_{\text{int}}(t) = -L_{\text{int}} &= -\int \mathrm{d}^3x\frac{\dot{\phi}^4}{H^3}a^5\dot{\zeta}_c^2\nabla^{-2}\dot{\zeta}_c \\
&= \int \frac{\mathrm{d}^3k_4\mathrm{d}^3k_5\mathrm{d}^3k_6}{(2\pi)^{3/2}}\delta^3(\boldsymbol{k}_4+\boldsymbol{k}_5+\boldsymbol{k}_6)\frac{\dot{\phi}^4}{H^3}\frac{a^2}{k_6^2}\zeta_c'(k_4)\zeta_c'(k_5)\zeta_c'(k_6),
\end{aligned}
\tag{B.38}
$$

式中，满足德西特宇宙中一阶运动方程 (B.29) 的经典解为①

$$
\begin{aligned}
\zeta_c(k) &= \frac{H^2}{\dot{\phi}\sqrt{2k^3}}(1-ik\tau)\mathrm{e}^{\mathrm{i}k\tau}, \\
\zeta_c'(k) &= \frac{\mathrm{d}\zeta_c(k)}{\mathrm{d}\tau} \approx \frac{H^2}{\dot{\phi}\sqrt{2k^3}}k^2\tau\mathrm{e}^{\mathrm{i}k\tau}, \\
\langle\zeta_c(\boldsymbol{k})\zeta_c(\boldsymbol{k}')\rangle &\approx \delta^3(\boldsymbol{k}+\boldsymbol{k}')\frac{1}{2k^3}\frac{H_*^4}{\dot{\phi}_*^2}.
\end{aligned}
\tag{B.39}
$$

① 暴涨中选取的解 (5.68) 为 $\mathscr{R}_k = H^2(i-k\tau)\mathrm{e}^{-\mathrm{i}k\tau}/(\dot{\phi}\sqrt{2k^3})$

利用这个相互作用哈密顿量计算得到场 ζ_c 的三点相关函数

$$\langle\zeta_c(k_1)\zeta_c(k_2)\zeta_c(k_3)\rangle_{t=0} = -i\int_{-\infty}^{0}\mathrm{d}t\langle[\zeta_c(k_1)\zeta_c(k_2)\zeta_c(k_3), H_{\text{int}}(t)]\rangle$$
$$= i(2\pi)^{-3/2}\delta^3(\sum \boldsymbol{k}_i)\frac{1}{\prod(2k_i^3)}\frac{H_*^6}{\dot{\phi}_*^2}\int_{-\infty}^{0}\mathrm{d}\tau k_1^2k_2^2\mathrm{e}^{\mathrm{i}k_t\tau} + (k_1 \longleftrightarrow k_2 \longleftrightarrow k_3) \tag{B.40}$$
$$= (2\pi)^{-3/2}\delta^3(\sum \boldsymbol{k}_i)\frac{1}{\prod(2k_i^3)}\frac{H_*^6}{\dot{\phi}_*^2}\frac{4\sum_{i>j}k_i^2k_j^2}{k_t},$$

式中，$k_t = k_1 + k_2 + k_3$. 利用方程 (B.36) 可知

$$\zeta(\boldsymbol{k}) = \zeta_c(\boldsymbol{k}) + \left(\frac{1}{2}\frac{\ddot{\phi}}{H\dot{\phi}} + \frac{1}{8}\frac{\dot{\phi}^2}{H^2}\right)\int\frac{\mathrm{d}^3k_1}{(2\pi)^{3/2}}\zeta_c(\boldsymbol{k}_1)\zeta_c(\boldsymbol{k}-\boldsymbol{k}_1)$$
$$+\frac{1}{4}\frac{\dot{\phi}^2}{H^2}\int\frac{\mathrm{d}^3k_1}{(2\pi)^{3/2}}\frac{(\boldsymbol{k}-\boldsymbol{k}_1)^2}{k^2}\zeta_c(\boldsymbol{k}_1)\zeta_c(\boldsymbol{k}-\boldsymbol{k}_1). \tag{B.41}$$

由于

$$\int\frac{\mathrm{d}^3k}{(2\pi)^{3/2}}\langle\zeta_c(\boldsymbol{k})\zeta_c(\boldsymbol{k}_1-\boldsymbol{k})\zeta_c(\boldsymbol{k}_2)\zeta_c(\boldsymbol{k}_3)\rangle$$
$$= 2(2\pi)^{-3/2}\delta^3(\sum_i \boldsymbol{k}_i)\frac{1}{2k_2^32k_3^3}\frac{H_*^4}{\dot{\phi}_*^4}\frac{H_*^4}{M_{\text{pl}}^4}, \tag{B.42}$$

$$\int\frac{\mathrm{d}^3k}{(2\pi)^{3/2}}\frac{(\boldsymbol{k}_1-\boldsymbol{k})^2}{k_1^2}\langle\zeta_c(\boldsymbol{k})\zeta_c(\boldsymbol{k}_1-\boldsymbol{k})\zeta_c(\boldsymbol{k}_2)\zeta_c(\boldsymbol{k}_3)\rangle$$
$$= (2\pi)^{-3/2}\delta^3(\sum_i \boldsymbol{k}_i)\frac{2k_1(k_2^2+k_3^2)}{\prod_i 2k_i^3}\frac{H_*^4}{\dot{\phi}_*^4}\frac{H_*^4}{M_{\text{pl}}^4}, \tag{B.43}$$

最后得到三点相关函数为[238]

$$\langle\zeta(\boldsymbol{k}_1)\zeta(\boldsymbol{k}_2)\zeta(\boldsymbol{k}_3)\rangle = (2\pi)^{-3/2}\delta^3(\sum_i \boldsymbol{k}_i)\frac{1}{\prod_i 2k_i^3}\frac{H_*^4}{\dot{\phi}_*^4}\frac{H_*^4}{M_{\text{pl}}^4}\mathscr{A}_*, \tag{B.44}$$

式中，

$$\mathscr{A}_* = \frac{2\ddot{\phi}_*}{H_*\dot{\phi}_*}\sum_i k_i^3 + \frac{\dot{\phi}_*^2}{H_*^2}\left[\frac{1}{2}\sum_i k_i^3 + \frac{1}{2}\sum_{i\neq j}k_ik_j^2 + \frac{4\sum_{i>j}k_i^2k_j^2}{k_t}\right]. \tag{B.45}$$

在挤压 (squeezed) 极限 $k_3 \ll k_{1,2}$ 下，上述结果可近似成[238]

$$\begin{aligned}\langle\zeta(\boldsymbol{k}_1)\zeta(\boldsymbol{k}_2)\zeta(\boldsymbol{k}_3)\rangle &\approx (2\pi)^{-3/2}\delta^3(\sum_i \boldsymbol{k}_i)\frac{H_*^4}{\dot{\phi}_*^2 M_{\rm pl}^2}\frac{H_{*'}^4}{\dot{\phi}_{*'}^2 M_{\rm pl}^2}\frac{2}{2k_1^3 2k_3^3}\\ &\quad\times\left(\frac{\ddot{\phi}_*}{H_*\dot{\phi}_*}+\frac{\dot{\phi}_*^2}{H_*^2}\right)\\ &\approx -(2\pi)^{3/2}\delta^3(\sum_i \boldsymbol{k}_i)[n_s(k_1)-1]P(k_1)P(k_3),\end{aligned}\tag{B.46}$$

式中，功率谱 $P(k)$ 定义为 $\langle\zeta(\boldsymbol{k}_1)\zeta(\boldsymbol{k}_2)\rangle=(2\pi)^{3/2}\delta^3(\boldsymbol{k}_1+\boldsymbol{k}_2)P(k)$，$*$ 代表 k_1,k_2 离开视界时刻，$*'$ 代表 k_3 离开视界时刻. 这个自洽性关系对于一般的单标量场暴涨三点相关函数都成立[239]. 由于 k_3 很早便离开了视界，它可以作为另外两个模式的常数背景，三点相关函数可以通过先计算背景 $\bar{\zeta}(x)$ 中的两点相关函数 $\langle\zeta(x_1)\zeta(x_2)\rangle_{\bar{\zeta}(x)}$，然后再在所有可能的背景实现中平均这个两点相关函数而得到，

$$\langle\zeta(\boldsymbol{x}_1)\zeta(\boldsymbol{x}_2)\zeta(\boldsymbol{x}_3)\rangle\approx\langle\bar{\zeta}(\boldsymbol{x}_3)\langle\zeta(\boldsymbol{x}_1)\zeta(\boldsymbol{x}_2)\rangle_{\bar{\zeta}}\rangle.\tag{B.47}$$

假设背景是均匀的，$\bar{\zeta}(x)=\bar{\zeta}$，则 $\bar{\zeta}$ 可以通过重新标度坐标 $\tilde{x}^i=\mathrm{e}^{\bar{\zeta}}x^i$ 而吸收到坐标定义中，$\langle\zeta(\boldsymbol{x}_1)\zeta(\boldsymbol{x}_2)\rangle_{\bar{\zeta}}=\langle\zeta(\tilde{\boldsymbol{x}}_1)\zeta(\tilde{\boldsymbol{x}}_2)\rangle$. $\bar{\zeta}$ 在两点的中值 $\boldsymbol{x}_+=(\boldsymbol{x}_1+\boldsymbol{x}_2)/2$ 点取值，

$$\begin{aligned}&\tilde{\boldsymbol{x}}_2-\tilde{\boldsymbol{x}}_1\approx\boldsymbol{x}_2-\boldsymbol{x}_1+\bar{\zeta}(\boldsymbol{x}_+)(\boldsymbol{x}_2-\boldsymbol{x}_1),\\ &\langle\zeta(\boldsymbol{x}_2)\zeta(\boldsymbol{x}_1)\rangle_{\bar{\zeta}(x)}\approx\xi(\boldsymbol{x}_2-\boldsymbol{x}_1)+\bar{\zeta}(\boldsymbol{x}_+)[(\boldsymbol{x}_2-\boldsymbol{x}_1)\cdot\boldsymbol{\nabla}\xi(\boldsymbol{x}_2-\boldsymbol{x}_1)].\end{aligned}\tag{B.48}$$

式中，$\xi(\boldsymbol{x}_2-\boldsymbol{x}_1)=\langle\zeta(\boldsymbol{x}_2)\zeta(\boldsymbol{x}_1)\rangle=(2\pi)^{-3/2}\int\mathrm{d}^3k\exp[\mathrm{i}\boldsymbol{k}\cdot(\boldsymbol{x}_2-\boldsymbol{x}_1)]P(k)$.

$$\begin{aligned}&\langle\bar{\zeta}(\boldsymbol{x}_3)\langle\zeta(\boldsymbol{x}_1)\zeta(\boldsymbol{x}_2)\rangle_{\bar{\zeta}}\rangle\approx\langle\bar{\zeta}(\boldsymbol{x}_3)\bar{\zeta}(\boldsymbol{x}_+)\rangle[(\boldsymbol{x}_2-\boldsymbol{x}_1)\cdot\boldsymbol{\nabla}\xi(\boldsymbol{x}_2-\boldsymbol{x}_1)]\\ &\approx\int\frac{\mathrm{d}^3k_L}{(2\pi)^{3/2}}\int\frac{\mathrm{d}^3k_S}{(2\pi)^{3/2}}\mathrm{e}^{\mathrm{i}\boldsymbol{k}_L\cdot(\boldsymbol{x}_3-\boldsymbol{x}_+)}P(k_L)P(k_S)\left[\boldsymbol{k}_S\cdot\frac{\partial}{\partial\boldsymbol{k}_S}\right]\mathrm{e}^{\mathrm{i}\boldsymbol{k}_S\cdot\boldsymbol{x}_-},\end{aligned}\tag{B.49}$$

式中，$\boldsymbol{x}_-=\boldsymbol{x}_2-\boldsymbol{x}_1$. 在上式中令 $\boldsymbol{k}_L=\boldsymbol{k}_1+\boldsymbol{k}_2$，$\boldsymbol{k}_S=(\boldsymbol{k}_1-\boldsymbol{k}_2)/2$，插入 $1=\int\mathrm{d}^3k_3\delta^3(\boldsymbol{k}_3+\boldsymbol{k}_L)$ 并分部积分后得到

$$
\begin{aligned}
\langle\zeta(\boldsymbol{x}_1)\zeta(\boldsymbol{x}_2)\zeta(\boldsymbol{x}_3)\rangle \approx & -\int \frac{\mathrm{d}^3k_1\mathrm{d}^3k_2\mathrm{d}^3k_3}{(2\pi)^3}\mathrm{e}^{-\mathrm{i}\boldsymbol{k}_1\cdot\boldsymbol{x}_1-\mathrm{i}\boldsymbol{k}_2\cdot\boldsymbol{x}_2-\mathrm{i}\boldsymbol{k}_3\cdot\boldsymbol{x}_3} \\
& \times\delta^3(\boldsymbol{k}_1+\boldsymbol{k}_2+\boldsymbol{k}_3)P(k_3)\boldsymbol{\nabla}_{k_S}[\boldsymbol{k}_S P(k_S)] \\
= & -\int \frac{\mathrm{d}^3k_1\mathrm{d}^3k_2\mathrm{d}^3k_3}{(2\pi)^3}\mathrm{e}^{-\mathrm{i}\boldsymbol{k}_1\cdot\boldsymbol{x}_1-\mathrm{i}\boldsymbol{k}_2\cdot\boldsymbol{x}_2-\mathrm{i}\boldsymbol{k}_3\cdot\boldsymbol{x}_3} \\
& \times\delta^3(\boldsymbol{k}_1+\boldsymbol{k}_2+\boldsymbol{k}_3)P(k_3)P(k_S)\frac{\mathrm{d}\ln k_S^3P(k_S)}{\mathrm{d}\ln k_S} \\
= & -\int \frac{\mathrm{d}^3k_1\mathrm{d}^3k_2\mathrm{d}^3k_3}{(2\pi)^3}\mathrm{e}^{\mathrm{i}\sum\boldsymbol{k}_i\cdot\boldsymbol{x}_i}\delta^3(\sum_i\boldsymbol{k}_i) \\
& \times P(k_3)[n_s(k_S)-1]P(k_S).
\end{aligned} \tag{B.50}
$$

整理后得到当 $k_3 \ll k_{1,2}$ 时[238, 239]，

$$
\langle\zeta(\boldsymbol{k}_1)\zeta(\boldsymbol{k}_2)\zeta(\boldsymbol{k}_3)\rangle \approx -(2\pi)^{3/2}\delta^3(\sum_i\boldsymbol{k}_i)(n_s(k_1)-1)P(k_1)P(k_3). \tag{B.51}
$$

附录C　引　力　波

辐射为主时期，引力波的时间演化由方程 (4.211) 给出；物质为主时期，引力波的时间演化由方程 (4.212) 给出. 无论辐射为主时期还是物质为主时期进入视界 ($\tau < \tau_{\rm eq}$，$k_* = aH \approx 1/\tau$) 的引力波模，在物质为主时期，$\tau \gg \tau_{\rm eq}$($\tau_{\rm eq}$ 是物质辐射相等时刻的共形时间)，它们的时间演化行为都为 $3j_1(k\tau)/k\tau$，所以所有模式的引力波关于时间的函数都可以写成

$$h_k^s = h_k^s(0)T(k/k_{\rm eq})\frac{3j_1(k\tau)}{k\tau}, \tag{C.1}$$

式中，引力波的传递函数 $T(k/k_{\rm eq})$ 只是 $k/k_{\rm eq}$ 的函数. 在振荡相 ($k\tau \gg 1$) 时，物质为主时期的解可近似为 $3j_1(k\tau)/k\tau \longrightarrow 3\cos(k\tau)/(k\tau)^2$. 由于辐射为主时期的解 $j_0(k\tau)$ 与物质为主时期的解 $3j_1(k\tau)/(k\tau)$ 都在初始时刻 $\tau = 0$ 取值为 1，在物质-辐射相等时刻 $\tau_{\rm eq}$ 时，辐射为主时期的解 $j_0(k\tau)$ 的幅度衰减为 $(k\tau_{\rm eq})^{-1}$，而物质为主时期的解 $3j_1(k\tau)/(k\tau)$ 的幅度衰减为 $(k\tau_{\rm eq})^{-2}$，为了补偿这个差异，我们期望对于辐射为主时期进入视界的引力波 ($k \gg k_{\rm eq}$) 在物质为主时期取解 $3j_1(k\tau)/(k\tau)$ 时应该多一个因子 $k\tau_{\rm eq} = k/k_{\rm eq}$，即传递函数

$$T(k/k_{\rm eq}) \propto k\tau_{\rm eq} = k/k_{\rm eq},$$

而对于物质为主时期进入视界 ($\tau > \tau_{\rm eq}$，$k_* = aH \approx 2/\tau$) 的引力波 ($k \ll k_{\rm eq}$)，$T(k/k_{\rm eq}) = 1$. 利用解析解作为初始条件，对于只含物质与辐射的宇宙，求解方程 (4.210)，并对结果在 $\tau_0 - 2\pi/k$ 到 τ_0 一个时间周期内求均方根 (主要为了消除振荡相位的影响)，则可得到传递函数的拟合表达式[240]

$$T(y) = \left[1 + \frac{4}{3}y + \frac{5}{2}y^2\right]^{1/2}, \tag{C.2}$$

其中，$y = k/k_{\rm eq}$. 正如我们上面的分析，当 $y \ll 1$ 时, $T(y) = 1$；当 $y \gg 1$ 时，$T(y) \propto y$. 从图 C.1 可以看出，对于只含物质与辐射的宇宙，传递函数 (C.2) 与数值解的结果吻合的很好.

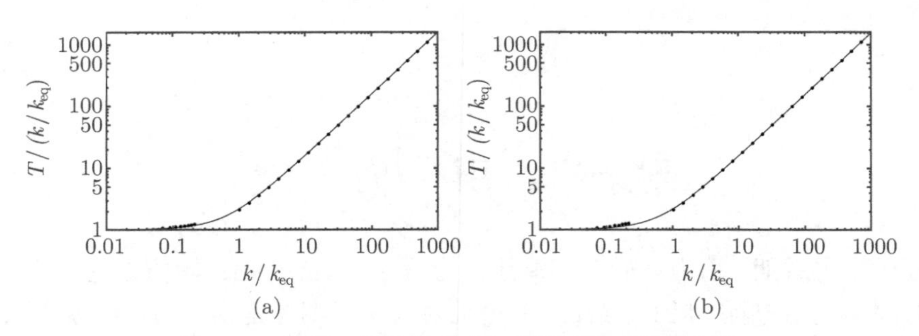

图 C.1　传递函数拟合公式与数值求解结果的比较

图中实点代表数值求解的结果，实线代表拟合函数 (C.2). 数值求解只考虑物质与辐射组成的宇宙，且 $k_{\rm eq} = 0.0622h^2$. (a) 取哈勃常数 $H_0 = 100h = 40$ km/s/Mpc[240]；(b) 取哈勃常数 $H_0 = 67.27$ km/s/Mpc[61]

引力波能量密度为

$$\begin{aligned}\rho_{\rm GW} &= \frac{1}{32\pi G}\langle \nabla_t h^{(1)}_{ij} \nabla_t h^{(1)ij}\rangle \\ &= \frac{1}{32\pi G}\langle (\dot{h}_{ij})^2\rangle = \frac{M_{\rm pl}^2}{4a^2}\langle (h'_{ij})^2\rangle \\ &= \frac{M_{\rm pl}^2}{2}\int \frac{{\rm d}^3 k}{(2\pi)^3}\frac{k^2}{a^2}\sum_{s=+,\times}|h^s_k|^2 \\ &= \frac{M_{\rm pl}^2}{4\pi^2}\int {\rm d}k \frac{k^4}{a^2}\sum_{s=+,\times}|h^s_k|^2,\end{aligned} \tag{C.3}$$

式中，第一行中协变导数 ∇_t 是针对背景 RW 度规 g^B_{ij} 定义的，且一阶微扰 $h^{(1)}_{ij} = g_{ij} - g^B_{ij}$，由张量扰动的定义 (5.86) 可知 $h^{(1)}_{ij} = a^2 h_{ij}$，$h^{(1)ij} = a^{-2}h_{ij}$，代入到第一行中便得到第二行中的结果. 所以

$$\frac{{\rm d}\rho_{\rm GW}}{{\rm d}\ln k} = \frac{M_{\rm pl}^2}{4\pi^2 a^2}k^5\sum_{s=+,\times}|h^s_k|^2 = \frac{M_{\rm pl}^2}{4}\left(\frac{k}{a}\right)^2 \mathscr{P}_T, \tag{C.4}$$

引力波的能量密度为[240, 241]

$$\begin{aligned}\Omega_{\rm GW} &= \frac{1}{\rho_c}\frac{{\rm d}\rho_{\rm GW}}{{\rm d}\ln k} = \frac{1}{3M_{\rm pl}^2 H^2}\frac{M_{\rm pl}^2}{4}\left(\frac{k}{a}\right)^2 \mathscr{P}_T \\ &= \frac{1}{12}\left(\frac{k}{aH}\right)^2 \mathscr{P}_T,\end{aligned} \tag{C.5}$$

式中，引力波功率谱

$$\mathscr{P}_T = A_T(k_*)\left(\frac{k}{k_*}\right)^{n_T} |T(k/k_{\text{eq}})|^2 \left\langle \left(\frac{3j_1(k\tau)}{k\tau}\right)^2 \right\rangle$$
$$= \frac{9}{2}A_T(k_*)\left(\frac{k}{k_*}\right)^{n_T} |T(k/k_{\text{eq}})|^2 \frac{1}{k^4\tau^4}, \tag{C.6}$$

在推导最后一个方程的过程中，我们用到了方程 (C.1) 及关系式 $\langle\cos^2 x\rangle = 1/2$，并且取了极限 $k\tau \gg 1$. 今天观测到的原初引力波密度为

$$\Omega_{\text{GW}} = \frac{3}{8}A_T(k_*)\left(\frac{k}{k_*}\right)^{n_T} |T(k/k_{\text{eq}})|^2 \frac{1}{(a_0H_0\tau_0)^2(k\tau_0)^2}. \tag{C.7}$$

宇宙共形时现在的值 τ_0 为

$$\tau_0 = \frac{1}{H_0}\int_0^\infty \frac{\mathrm{d}z}{\sqrt{\Omega_{\Lambda0} + \Omega_{k0}(1+z)^2 + \Omega_{m0}(1+z)^3 + \Omega_{r0}(1+z)^4}}. \tag{C.8}$$

如果取 $\Omega_{k0} = 0$，$\Omega_{m0} = 0.3156$，$H_0 = 67.27\text{km/s/Mpc}$[61] 及宇宙微波背景辐射温度 $T_{\gamma0} = 2.725\text{K}$，则现在可观测的宇宙尺寸 $\tau_0 = 3.178H_0^{-1} = 14161.5\text{Mpc}$，对应现在观测到的频率为 $f = H_0 = 2.2\times10^{-18}\text{Hz}$；物质辐射相等时刻的宇宙尺寸 $\tau_{\text{eq}} = 0.025H_0^{-1} = 112.1\text{Mpc}$，对应现在观测到的频率为 $f = H(\tau_{\text{eq}})/(1+z_{\text{eq}}) = 1.0\times10^{-16}\text{Hz}$.

对于低频引力波，$y \ll 1$，$T(y)\approx 1$，所以 $\Omega_{\text{GW}} \propto k^{n_T-2} \propto f^{n_T-2}$. 对于高频引力波，$y \gg 1$，$T(y)\propto y$，所以 $\Omega_{\text{GW}} \propto k^{n_T} \propto f^{n_T}$. 原初引力波的频谱见图 C.2. 对于频率 $f > 10^{-16}\text{Hz}$ 的引力波，如果取 $\Omega_{k0} = 0$，$\Omega_{m0} = 0.3156$，$H_0 = 67.27\text{km/s/Mpc}$[61]，则得到 $\Omega_{\text{GW}} = 5.5\times10^{-6}A_T(k_*)(k/k_*)^{n_T}$. 取普朗克卫星的观测结果 $r < 0.1$，$A_s = 2.2\times10^{-9}$[242]，得到原初引力波密度

$$\Omega_{\text{GW}} < 1.3\times10^{-15}. \tag{C.9}$$

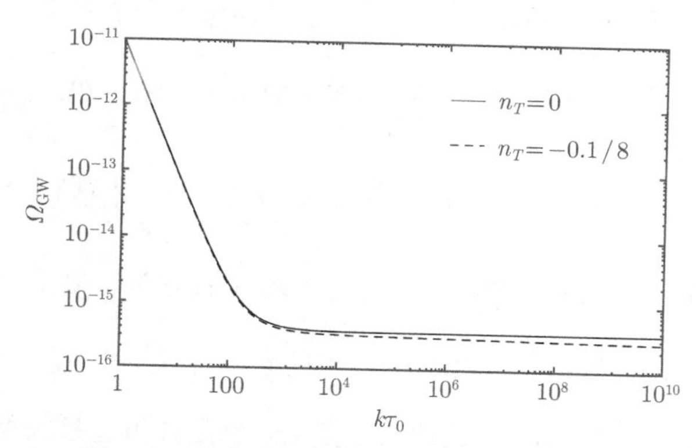

图 C.2 引力波能量密度与频率之间的关系

图中实线对应原初引力波谱指数 $n_T = 0$，虚线对应原初引力波谱指数 $n_T = -0.1/8$

附录D　球谐函数

平直空间中的亥姆霍兹方程

$$\nabla^2 Q + k^2 Q = 0, \tag{D.1}$$

有平面波解 $Q(\boldsymbol{x}) = \exp(\mathrm{i}\boldsymbol{k}\cdot\boldsymbol{x})$. 在球坐标系我们利用分离变量 $Q(r,\theta,\phi) = f_1(r)f_2(\theta)$ $f_3(\phi)$ 方法可得到如下方程

$$\frac{\mathrm{d}^2 f_1}{\mathrm{d}r^2} + \frac{2}{r}\frac{\mathrm{d}f_1}{\mathrm{d}r} + \left[k^2 - \frac{l(l+1)}{r^2}\right] f_1 = 0, \tag{D.2}$$

$$\sin^2\theta \frac{\mathrm{d}^2 f_2}{\mathrm{d}\theta^2} + \sin\theta\cos\theta\frac{\mathrm{d}f_2}{\mathrm{d}\theta} + [l(l+1)\sin^2\theta - m^2] f_2 = 0, \tag{D.3}$$

$$\frac{\mathrm{d}f_3}{\mathrm{d}\phi^2} + m^2 f_3 = 0. \tag{D.4}$$

方程 (D.2) 的解为球贝塞尔函数 $f_1(r) = j_l(kr)$，方程 (D.3) 的解为连带勒让德函数 $f_2(\theta) = P_l^m(\cos\theta)$，方程 (D.4) 的解 $f_3(\phi) = \exp(\mathrm{i}m\phi)$. 在球坐标系中亥姆霍兹方程的通解为

$$Q(r,\theta,\phi) = \sum_{lm} C_{lm} j_l(kr) P_l^m(\theta)\mathrm{e}^{\mathrm{i}m\phi} = \sum_{lm} C'_{lm} j_l(kr) Y_{lm}(\theta,\phi). \tag{D.5}$$

从上面的推导过程可知，平面波在球坐标中可以用上述函数展开. 如果把坐标轴 z 取在 $\boldsymbol{k}$ 上，则 $\exp(\mathrm{i}\boldsymbol{k}\cdot\boldsymbol{x})$ 不依赖于方位角 ϕ，可以得到如下关系[9, 12, 15, 16]

$$\begin{aligned} \mathrm{e}^{\mathrm{i}\boldsymbol{k}\cdot\boldsymbol{x}} = \mathrm{e}^{\mathrm{i}kr\cos\theta} &= \sum_{l=0}^{\infty} \mathrm{i}^l (2l+1) j_l(kr) P_l(\cos\theta), \\ &= 4\pi \sum_{lm} \mathrm{i}^l j_l(kx) Y_{lm}(\hat{\boldsymbol{x}}) Y^*_{lm}(\hat{\boldsymbol{k}}), \end{aligned} \tag{D.6}$$

式中，勒让德多项式 $P_l(x) = P_l^0(x)$. 勒让德多项式的前面几项为

$$P_0(x) = 1, \quad P_1(x) = x, \quad P_2(x) = (3x^2 - 1)/2.$$

$P_l(1) = 1$, $P_l(-x) = (-1)^l P_l(x)$，且勒让德多项式满足如下递推关系

$$\mu P_l(\mu) = \frac{1}{2l+1}[(l+1)P_{l+1}(\mu) + lP_{l-1}(\mu)]. \tag{D.7}$$

其满足的正交关系为

$$\int_{-1}^{1}\mathrm{d}xP_l(x)P_{l'}(x)=\frac{2}{2l+1}\delta_{ll'}. \tag{D.8}$$

把这些正交关系代入方程 (D.6) 可以得到如下表达式

$$\int_{-1}^{1}\mathrm{d}\mu P_l(\mu)\mathrm{e}^{-\mathrm{i}x\mu}=2(-\mathrm{i})^l j_l(x), \tag{D.9}$$

连带勒让德多项式可以用下面形式表达

$$\begin{aligned}P_l^m(x)&=\frac{(-1)^m}{2^l l!}(1-x^2)^{m/2}\left(\frac{\mathrm{d}}{\mathrm{d}x}\right)^{l+m}(x^2-1)^l\\&=(-1)^m(1-x^2)^{m/2}\left(\frac{\mathrm{d}}{\mathrm{d}x}\right)^{m}P_l(x).\end{aligned} \tag{D.10}$$

它具有以下性质

$$P_l^{-m}(x)=(-1)^m\frac{(l-m)!}{(l+m)!}P_l^m(x), \tag{D.11}$$

$$\int_{-1}^{1}P_k^m(x)P_l^m(x)\mathrm{d}x=\frac{2(l+m)!}{(2l+1)(l-m)!}\delta_{kl}. \tag{D.12}$$

对于 $l=m=2$,

$$P_2^2(\mu)=3(1-\mu^2)=2[1-P_2(\mu)].$$

连带勒让德多项式满足的递推关系为

$$\begin{aligned}\mu P_l^m(\mu)&=\frac{1}{2l+1}[(l+m)P_{l-1}^m+(l-m+1)P_{l+1}^m],\\P_{l+1}^m(\mu)&=P_{l-1}^m+(2l+1)\sqrt{1-\mu^2}\,P_l^{m-1},\\P_l^{m+1}(\mu)&=\frac{2m\mu}{\sqrt{1-\mu^2}}P_l^m(\mu)-[l(l+1)-m(m+1)]P_l^{m-1},\\(\mu^2-1)\frac{\mathrm{d}P_l^m(\mu)}{\mathrm{d}\mu}&=\mu lP_l^m+(l+m)P_{l-1}^m.\end{aligned} \tag{D.13}$$

另外, 对于勒让德多项式 $P_l(x)=P_l^0(x)$，我们也可以得到以下关系[12, 15, 16]

$$\begin{aligned}P_l(\cos\gamma)=&\frac{4\pi}{2l+1}\sum_{m=-l}^{m=l}Y_{lm}^*(\theta_1,\phi_1)Y_{lm}(\theta_2,\phi_2)\\=&P_l(\cos\theta_1)P_l(\cos\theta_2)\\&+2\sum_{m=1}^{l}\frac{(l-m)!}{(l+m)!}P_l^m(\cos\theta_1)P_l^m(\cos\theta_2)\cos[m(\phi_1-\phi_2)],\end{aligned} \tag{D.14}$$

式中，$\cos\gamma = \cos\theta_1\cos\theta_2 + \sin\theta_1\sin\theta_2\cos(\phi_1-\phi_2)$. 球谐函数与连带勒让德多项式之间的关系是

$$Y_{lm}(\theta,\phi) = \left[\frac{(2l+1)(l-m)!}{4\pi(l+m)!}\right]^{1/2} P_l^m(\cos\theta)\mathrm{e}^{\mathrm{i}m\phi}. \tag{D.15}$$

对于 $m=0$,

$$Y_{l0} = \sqrt{\frac{2l+1}{4\pi}}\,P_l(\cos\theta).$$

球谐函数满足的正交关系为

$$\int_0^{2\pi}\int_0^{\pi} Y_{lm}^*(\theta,\phi)Y_{l'm'}(\theta,\phi)\sin\theta\mathrm{d}\theta\mathrm{d}\phi = \delta_{ll'}\delta_{mm'}, \tag{D.16}$$

式中，

$$Y_{lm}^*(\theta,\phi) = (-1)^m Y_{l-m}(\theta,\phi). \tag{D.17}$$

球谐函数与勒让德多项式之间的卷积结果为

$$\int \mathrm{d}\hat{n} P_j(\hat{k}\cdot\hat{n})Y_{lm}(\hat{n}) = \frac{4\pi}{2l+1}Y_{lm}(\hat{k})\delta_{lj}. \tag{D.18}$$

球贝塞尔函数满足如下递推关系

$$(2l+1)\frac{j_l(x)}{x} = j_{l-1}(x) + j_{l+1}(x), \tag{D.19}$$

$$(2l+1)\frac{\mathrm{d}j_l(x)}{\mathrm{d}x} = lj_{l-1}(x) - (l+1)j_{l+1}(x). \tag{D.20}$$

最低阶的两个函数为

$$j_0(x) = \frac{\sin x}{x},\quad j_1(x) = \frac{\sin x}{x^2} - \frac{\cos x}{x}. \tag{D.21}$$

它与第一类贝塞尔函数 $J_\nu(x)$ 的关系为

$$j_l(x) = \sqrt{\frac{\pi}{2x}}J_{l+1/2}(x). \tag{D.22}$$

利用球贝塞尔函数的递推关系可得到

$$\begin{aligned}(1+\partial_x^2)^2[x^2 j_l(x)] &= \sqrt{\frac{(l+2)!}{(l-2)!}}\frac{j_l(x)}{x^2},\\ \int_{-1}^{1}\mathrm{d}\mu(1-\mu^2)P_l^2(\mu)\mathrm{e}^{-\mathrm{i}x\mu} &= -2(1+\partial_x^2)^2[x^2(-\mathrm{i})^l j_l(x)].\end{aligned} \tag{D.23}$$

D.1 傅里叶变换

在笛卡儿坐标系下, 傅里叶变换为

$$g(\boldsymbol{x}) = \frac{1}{(2\pi)^{3/2}} \int \mathrm{d}^3 k g(\boldsymbol{k}) \exp(\mathrm{i}\boldsymbol{k} \cdot \boldsymbol{x}), \tag{D.24}$$

$$g(\boldsymbol{k}) = \frac{1}{(2\pi)^{3/2}} \int \mathrm{d}^3 x g(\boldsymbol{x}) \exp(-\mathrm{i}\boldsymbol{k} \cdot \boldsymbol{x}), \tag{D.25}$$

在球坐标系下, 傅里叶变换成为[9]

$$g(\boldsymbol{x}) = \int_0^\infty \mathrm{d}k \sum_{lm} g_{lm}(k) Z_{klm}(r,\theta,\phi), \tag{D.26}$$

式中，正交归一函数基

$$Z_{klm}(r,\theta,\phi) = \sqrt{\frac{2}{\pi}}\, k j_l(kr) Y_{lm}(\theta,\phi), \tag{D.27}$$

$$\int Z^*_{klm} Z_{k'l'm'} \mathrm{d}^3 x = \delta(k-k')\delta_{ll'}\delta_{mm'}. \tag{D.28}$$

式 (D.28) 中我们利用了球谐函数的正交关系以及贝塞尔函数的正交关系式

$$\int_0^\infty \left[\sqrt{\frac{2}{\pi}} k j_l(kr)\right] \left[\sqrt{\frac{2}{\pi}} k' j_l(k'r)\right] r^2 \mathrm{d}r = \delta(k-k'). \tag{D.29}$$

把方程 (D.6) 代入方程 (D.24), 并利用方程 (D.26), 得到

$$g_{lm}(k) = k\mathrm{i}^l \int g(\boldsymbol{k}) Y_{lm}(\hat{\mathbf{k}}) \mathrm{d}\Omega_k. \tag{D.30}$$

D.2 带自旋权重的球谐函数

对于球面上由角度 (θ,ϕ) 表征的任意方向, 一般可以定义三个正交矢量, 一个径向及两个切向方向. 用 $\boldsymbol{n}$ 代表径向方向, $\hat{e}_1$ 与 $\hat{e}_2$ 代表切向方向，可以取成 $\hat{e}_1 = \hat{e}_\theta$，$\hat{e}_2 = \hat{e}_\phi$，球面上度规为 $\mathrm{d}s^2 = \mathrm{d}\theta^2 + \sin^2\theta \mathrm{d}\phi$. 当然切向方向的定义还有沿径向 $\boldsymbol{n}$ 转动的不确定性. 如果矢量 $(\hat{e}_1, \hat{e}_2)$ 沿右手方向转动 ψ 角度后, 定义在球面上的一个函数 ${}_sf(\theta,\phi)$ 变换为 ${}_sf'(\theta,\phi) = \mathrm{e}^{-\mathrm{i}s\psi}\,{}_sf(\theta,\phi)$, 则我们说该函数具有自旋 s. 例如, 对于球面上的任一矢量 $\boldsymbol{a}$, 分量 $\boldsymbol{a}\cdot\hat{e}_\theta + \mathrm{i}\boldsymbol{a}\cdot\hat{e}_\phi = a_\theta + \mathrm{i}a_\phi$, $\boldsymbol{n}\cdot\boldsymbol{a}$, 和 $\boldsymbol{a}\cdot\hat{e}_\theta - \mathrm{i}\boldsymbol{a}\cdot\hat{e}_\phi = a_\theta - \mathrm{i}a_\phi$ 的自旋分别为 1, 0, 和 −1. 注意，通常曲线坐标系中的分量 a_θ 与 a_ϕ 并不是协变或逆变矢量的分量，它们之间的关系为 $a_1 = a^1 = a_\theta$，$a_2 = \sin^2\theta a^2 = \sin\theta a_\phi$. 根据赫

姆霍兹定理，二维空间中任意矢量可以分解成一个标量 V_E 的梯度和一个标量 V_B 的旋度，即 $V_a = \nabla_a V_E + \epsilon_a{}^b \nabla_b V_B$，其协变分量为

$$
\begin{aligned}
V_1 &= \eth_\theta V_E + \csc\theta\, \eth_\phi V_B = V_\theta, \\
V_2 &= \eth_\phi V_E - \sin\theta\, \eth_\theta V_B = \sin\theta V_\phi,
\end{aligned}
\tag{D.31}
$$

式中，全反对称张量 $\epsilon_{11} = \epsilon_{22} = 0$，$\epsilon_{12} = -\epsilon_{21} = \sin\theta$. 利用梯度分量 V_E 及旋度分量 V_B，得到[15]

$$
\begin{aligned}
V_+ &= V_\theta + \mathrm{i}V_\phi = -\eth_+(V_E - \mathrm{i}V_B), \\
V_- &= V_\theta - \mathrm{i}V_\phi = -\eth_-(V_E + \mathrm{i}V_B),
\end{aligned}
\tag{D.32}
$$

式中，作用在标量函数上的自旋升降算符 $\eth_\pm = -(\partial_\theta \pm \mathrm{i}\csc\theta\,\partial_\phi)$. 更一般地，对于任意自旋函数 ${}_sf(\theta,\phi)$，可引入如下自旋升降算符 $\eth_+(\eth_-)$[243−245]

$$
\eth_+\ {}_sf(\theta,\phi) = -\sin^s(\theta)\left[\frac{\partial}{\partial\theta} + \mathrm{i}\csc(\theta)\frac{\partial}{\partial\phi}\right]\sin^{-s}(\theta)\ {}_sf(\theta,\phi), \tag{D.33}
$$

$$
\eth_-\ {}_sf(\theta,\phi) = -\sin^{-s}(\theta)\left[\frac{\partial}{\partial\theta} - \mathrm{i}\csc(\theta)\frac{\partial}{\partial\phi}\right]\sin^{s}(\theta)\ {}_sf(\theta,\phi). \tag{D.34}
$$

自旋升降算符 $\eth_+(\eth_-)$ 的作用是升降自旋权重. 可以证明，在转动变换下，$(\eth_+\ {}_sf)' = \mathrm{e}^{-\mathrm{i}(s+1)\psi}\eth_+\ {}_sf$，$(\eth_-\ {}_sf)' = \mathrm{e}^{-\mathrm{i}(s-1)\psi}\eth_-\ {}_sf$. 对于满足关系 $\partial_\phi\ {}_{\pm2}f = \mathrm{i}m\ {}_{\pm2}f$ 的自旋函数 ${}_{\pm2}f(\theta,\phi)$，用自旋升降算符作用两次后得到[155]

$$
\begin{aligned}
\eth_-^2\ {}_2f(\mu,\phi) &= \left(-\partial_\mu + \frac{m}{1-\mu^2}\right)^2 [(1-\mu^2)\ {}_2f(\mu,\phi)], \\
\eth_+^2\ {}_{-2}f(\mu,\phi) &= \left(-\partial_\mu - \frac{m}{1-\mu^2}\right)^2 [(1-\mu^2)\ {}_{-2}f(\mu,\phi)].
\end{aligned}
\tag{D.35}
$$

利用升降算符能够改变自旋权重的这个特性，我们可以通过球谐函数 $Y_{lm}(\theta,\phi)$ 构造出带自旋权重 s 的球谐函数 ${}_sY_{lm}(\theta,\phi)$[243−245]，

$$
\begin{aligned}
{}_sY_{lm} &= \left[\frac{(l-s)!}{(l+s)!}\right]^{1/2} \eth_+^s\, Y_{lm}, \quad (0 \leqslant s \leqslant l), \\
{}_sY_{lm} &= (-1)^s \left[\frac{(l+s)!}{(l-s)!}\right]^{1/2} \eth_-^s\, Y_{lm}, \quad (-l \leqslant s \leqslant 0).
\end{aligned}
\tag{D.36}
$$

这些函数满足与通常的球谐函数相同的正交完备关系:

$$\int_0^{2\pi} \mathrm{d}\phi \int_{-1}^{1} \mathrm{d}\cos\theta \ {}_sY^*_{l'm'}(\theta,\phi)\ {}_sY_{lm}(\theta,\phi) = \delta_{l'l}\delta_{m'm}, \tag{D.37}$$

$$\sum_{lm} {}_sY^*_{lm}(\theta,\phi)\ {}_sY_{lm}(\theta',\phi') = \delta(\phi-\phi')\delta(\cos\theta-\cos\theta'). \tag{D.38}$$

对于球面上带自旋权重 $s \neq 0$ 的函数, 如 CMB 辐射的极化，我们可以用带自旋权重 s 的球谐函数 ${}_sY_{lm}(\theta,\phi)$ 来展开. 带自旋权重 s 的球谐函数 ${}_sY_{lm}(\theta,\phi)$ 的具体形式为

$$\begin{aligned} {}_sY_{lm}(\theta,\phi) = \mathrm{e}^{\mathrm{i}m\phi}\left[\frac{(l+m)!(l-m)!(2l+1)}{(l+s)!(l-s)!4\pi}\right]^{1/2}\sin^{2l}(\theta/2) \\ \times\sum_r C^r_{l-s}C^{r+s-m}_{l+s}(-1)^{l-r-s+m}\cot^{2r+s-m}(\theta/2), \end{aligned} \tag{D.39}$$

式中，$C^k_n = n!/(n-k)!/k!$，$|s| \leqslant l$，且 ${}_0Y_{lm} = Y_{lm}$，${}_sY^*_{lm} = (-1)^s\ {}_{-s}Y_{l-m}$，

$${}_{\pm2}Y_{l0}(\boldsymbol{n}) = \sqrt{\frac{2l+1}{4\pi}\frac{(l-2)!}{(l+2)!}}\,P^2_l(\cos\theta), \tag{D.40}$$

升降算符对 ${}_sY_{lm}$ 的作用结果为

$$\eth_+\ {}_sY_{lm} = \sqrt{(l-s)(l+s+1)}\ {}_{s+1}Y_{lm}, \tag{D.41}$$

$$\eth_-\ {}_sY_{lm} = -\sqrt{(l+s)(l-s+1)}\,{}_{s-1}Y_{lm}, \tag{D.42}$$

$$\eth_-\eth_+\ {}_sY_{lm} = -(l-s)(l+s+1)\ {}_sY_{lm}, \tag{D.43}$$

$$\eth^2_\mp\ {}_{\pm2}Y_{lm} = \sqrt{\frac{(l+2)!}{(l-2)!}}\,Y_{lm}. \tag{D.44}$$

与方程 (D.14) 类似，利用球谐函数在坐标转动下的变换性质可以得到[15, 16]

$$\sum_m {}_rY^*_{lm}(\theta_1,\phi_1)\,{}_sY_{lm}(\theta_2,\phi_2) = \sqrt{\frac{2l+1}{4\pi}}\,{}_rY_{l,-s}(\theta,\phi)\mathrm{e}^{\mathrm{i}(r\psi_1-s\psi_2)}, \tag{D.45}$$

式中，ψ_1 与 ψ_2 分别为球面上点 1 与点 2 转动的角度. 另外, 我们通常需要用到如下等式[9, 16]

$$\begin{aligned} \sqrt{\frac{4\pi}{3}}\,Y_{10}\,{}_sY_{lm} = \frac{{}_s\kappa^m_{l+1}}{\sqrt{(2l+1)(2l+3)}}\,{}_sY_{l+1,m} - \frac{ms}{l(l+1)}\,{}_sY_{lm} \\ + \frac{{}_s\kappa^m_l}{\sqrt{(2l+1)(2l-1)}}\,{}_sY_{l-1,m}, \end{aligned} \tag{D.46}$$

$$
\begin{aligned}
&4\pi\sqrt{\frac{2L+1}{2l+1}}Y_{L0}(\boldsymbol{n})\,{}_sY_{lm}(\boldsymbol{n})\\
&=(2L+1)\sum_{j=|L-l|}^{j=L+l}\langle L,l;0,m|j,m\rangle\langle L,l;0,-s|j,-s\rangle\sqrt{\frac{4\pi}{2j+1}}\,{}_sY_{jm}(\boldsymbol{n}),
\end{aligned}
\tag{D.47}
$$

D.3　E 模及 B 模的分解

在两维空间中，和一个矢量可以分解成一个标量的梯度和一个标量的旋度类似，一个无迹对称张量 P_{ab} 可以分解成梯度 $E_{;ab}-(1/2)g_{ab}E_{;c}^{\ c}$ 及旋度 $(B_{;ac}\epsilon^c_{\ b}+B_{;bc}\epsilon^c_{\ b})/2$ 两部分，这里 E 分量对应于梯度分量，也称为电分量，通常称为 E 模. B 分量对应于旋度分量，也称为磁分量，通常称为 B 模. 由上述分解可知 P_{ab} 的散度及旋度分别为

$$
P_{ab;}^{\ \ ab}=\frac{1}{2}\nabla^2\nabla^2E,\quad P_{ab;}^{\ \ ac}\epsilon_c^{\ b}=\frac{1}{2}\nabla^2\nabla^2B,
\tag{D.48}
$$

式中，$\nabla^2E=g^{ab}E_{;ab}=E_{;a}^{\ a}$. 对于极化张量

$$
P_{ab}(\hat{n})=\begin{pmatrix}Q(\hat{n}) & U(\hat{n})\sin\theta\\ U(\hat{n})\sin\theta & -Q(\hat{n})\sin^2\theta\end{pmatrix},
\tag{D.49}
$$

其散度及旋度为

$$
\begin{aligned}
P^{ab}_{\ \ ;ab}&=(\partial_\theta^2-\csc^2\theta\,\partial_\phi^2+3\cot\theta\,\partial_\theta-2)Q+2\csc\theta(\cot\theta\,\partial_\phi+\partial_\theta\partial_\phi)U\\
&=\frac{1}{2}[\eth_-^2(Q+\mathrm{i}U)+\eth_+^2(Q-\mathrm{i}U)],
\end{aligned}
\tag{D.50}
$$

$$
P^{ab}_{\ \ ;ac}\epsilon^c_{\ b}=-\frac{\mathrm{i}}{2}[\eth_-^2(Q+\mathrm{i}U)-\eth_+^2(Q-\mathrm{i}U)].
\tag{D.51}
$$

极化张量 E 模分量为

$$
\begin{aligned}
Q_E&=\frac{1}{2}\left(\partial_\theta^2-\cot\theta\,\partial_\theta-\csc^2\theta\,\partial_\phi^2\right)E,\\
U_E&=\csc\theta\left(\partial_\theta\partial_\phi-\cot\theta\,\partial_\phi\right)E.
\end{aligned}
\tag{D.52}
$$

B 模分量为

$$
\begin{aligned}
Q_B&=-\csc\theta\left(\partial_\theta\partial_\phi-\cot\theta\,\partial_\phi\right)B,\\
U_B&=\frac{1}{2}\left(\partial_\theta^2-\cot\theta\,\partial_\theta-\csc^2\theta\,\partial_\phi^2\right)B.
\end{aligned}
\tag{D.53}
$$

在小尺度上，球面可以近似看成平面. 对于平直的二维空间，则 E 模及 B 模分量分别为

$$
\begin{aligned}
Q_E &= \frac{1}{2}(\partial_x^2 - \partial_y^2)E, \quad U_E = \partial_x \partial_y E, \\
Q_B &= -\partial_x \partial_y B, \quad U_B = \frac{1}{2}(\partial_x^2 - \partial_y^2)B.
\end{aligned}
\tag{D.54}
$$

取函数 E 及 B 为 $r = \sqrt{x^2 + y^2}$ 的函数，则得到如图 D.1 所示的 E 模及如图 D.2 所示的 B 模. 从图中可知，B 模可以通过 E 模转动 45° 角而得到，E 模及 B 模都具有转动不变性，但 E 模具有偶宇称，而 B 模具有奇宇称. E 模的极化强度总是沿平行或垂直于极化方向变化，而 B 模的极化强度总是沿与极化方向成 45° 角的方向变化.

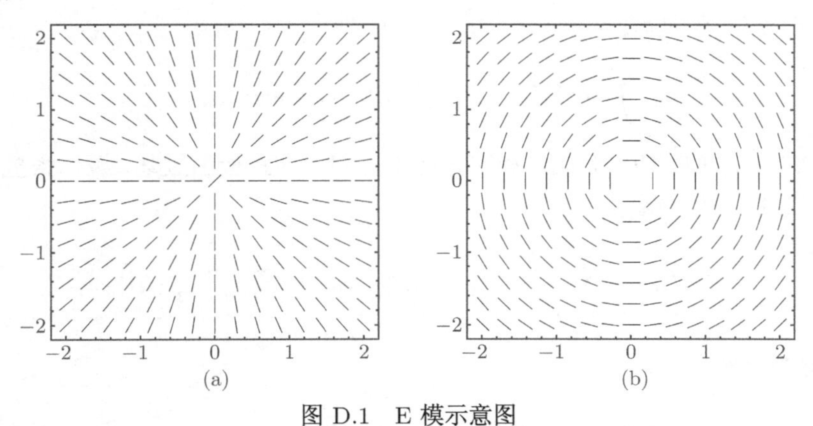

图 D.1　E 模示意图

图中极化大小都被取为单位长度. 图 (a) 及图 (b) 对应的 Q 与 U 互为反号

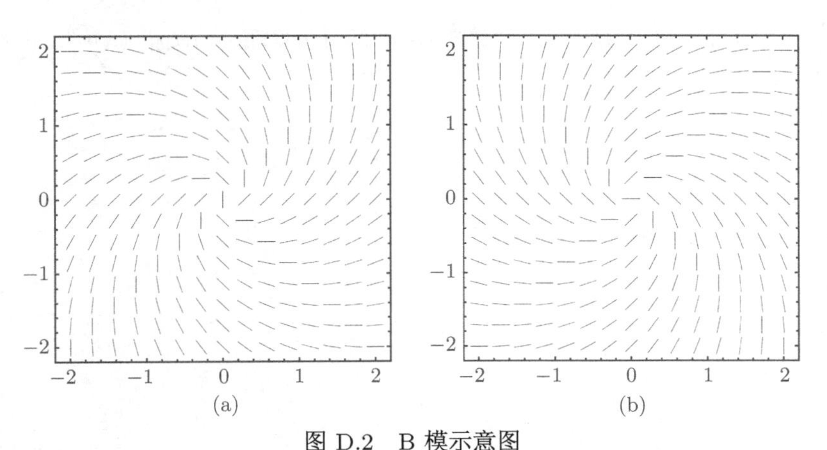

图 D.2　B 模示意图

图中极化大小都被取为单位长度. 图 (a) 及图 (b) 对应的 Q 与 U 互为反号

把标量函数 E 与 B 取为球谐函数 $Y_{lm}(\hat{n})$，则可以构造出如下正交归一的张量函数[157]

$$
\begin{aligned}
Y^E_{(lm)ab} &= N_l\left(Y_{(lm);ab} - \frac{1}{2}g_{ab}Y_{(lm);c}{}^{c}\right) = \frac{N_l}{2}\begin{pmatrix} W_{lm} & X_{lm}\sin\theta \\ X_{lm}\sin\theta & -W_{lm}\sin^2\theta \end{pmatrix}, \\
Y^B_{(lm)ab} &= \frac{N_l}{2}\left(Y_{(lm);ac}\epsilon^{c}{}_{b} + Y_{(lm);bc}\epsilon^{c}{}_{a}\right) = \frac{N_l}{2}\begin{pmatrix} -X_{lm} & W_{lm}\sin\theta \\ W_{lm}\sin\theta & X_{lm}\sin^2\theta \end{pmatrix},
\end{aligned}
\tag{D.55}
$$

式中，

$$
W_{lm}(\hat{n}) \pm \mathrm{i}X_{lm}(\hat{n}) = N_l^{-1}\,{}_{\pm2}Y_{lm}(\hat{n}), \tag{D.56}
$$

归一化因子 N_l 取为 $N_l = \sqrt{(l-2)!/(l+2)!}$，使得

$$
\int \mathrm{d}\Omega\, Y^{X*}_{(lm)ab}(\hat{n}) Y^{X'}_{(l'm')}{}^{ab}(\hat{n}) = \delta_{ll'}\delta_{mm'}, \tag{D.57}
$$

这里 XX' 代表 EE, EB 及 BB. 利用这些正交归一的张量函数基，极化张量可以展开成 E 模及 B 模分量

$$
P_{ab}(\hat{n}) = \sum_{l=-2}^{\infty}\sum_{m=-l}^{m=l}\left[a^E_{lm}Y^E_{(lm)ab}(\hat{n}) + a^B_{lm}Y^B_{(lm)ab}(\hat{n})\right], \tag{D.58}
$$

式中，展开系数

$$
\begin{aligned}
a^E_{lm} &= 2E_{lm} = \int \mathrm{d}\Omega P_{ab}(\hat{n}) Y^{E\ \ ab*}_{lm}(\hat{n}) = N_l\int \mathrm{d}\Omega Y^*_{lm}(\hat{n}) P_{ab;}{}^{ab}(\hat{n}), \\
a^B_{lm} &= 2B_{lm} = \int \mathrm{d}\Omega P_{ab}(\hat{n}) Y^{B\ \ ab*}_{lm}(\hat{n}) = N_l\int \mathrm{d}\Omega Y^*_{lm}(\hat{n}) P_{ab;}{}^{ac}(\hat{n})\epsilon_{c}{}^{b}.
\end{aligned}
\tag{D.59}
$$

参 考 文 献

[1] 陆埮. 宇宙-物理学的最大研究对象. 长沙: 湖南教育出版社, 1996.

[2] 俞允强. 热大爆炸宇宙学. 北京: 北京大学出版社, 2001.

[3] 俞允强. 物理宇宙学讲义. 北京: 北京大学出版社, 2002.

[4] 何香涛. 观测宇宙学. 北京: 科学出版社, 2002.

[5] Peebles P J E. The Large-Scale Structure of the Universe. New Jersey: Princeton University Press, 1980.

[6] Peebles P J E. Principles of Physical Cosmology. New Jersey: Princeton University Press, 1993.

[7] Kolb E W, Turner M S. The Early Universe. California: Addison-Wesley Publishing Company, 1990.

[8] Peacock J A. Cosmological Physics. Cambridge: Cambridge University Press, 1999.

[9] Liddle A R, Lyth D H. Cosmological Inflation and Large-Scale Structure. Cambridge: Cambridge University Press, April, 2000.

[10] Coles P, Lucchin F. Cosmology: The origin and Evolution of Cosmic Structure. West Sussex: John Wiley and Sons, LTD, 2002.

[11] Padmanabhan T. Theoretical Astrophysics Voume III: Galaxies and Cosmology. Cambridge: Cambridge University Press, 2002.

[12] Dodelson S. Modern Cosmology. California: Academic Press, 2003.

[13] Mukhanov V. Physical Foundations of Cosmology. Cambridge: Cambridge University Press, 2005.

[14] Weinberg S. Cosmology. New York: Oxford University Press, 2008.

[15] Durrer R. The Cosmic Microwave Background. Cambridge: Cambridge University Press, 2008.

[16] Lyth D H, Liddle A R. The Primordial Density Perturbation: Cosmology, Inflation and the Origin of Structure. Cambridge: Cambridge University Press, 2009.

[17] Lemaitre G. Mon. Not. Roy. Astron. Soc., 1931, 91: 483–490.

[18] Friedmann A. Zeitschrift fur Physik, 1922, 10: 377–386.

[19] Gamow G. Phys. Rev., 1946, 70: 572, 573.

[20] Alpher R, Bethe H, Gamow G. Phys. Rev., 1948, 73: 803, 804.

[21] Gamow G. Nature, 1948, 162: 680–682.

[22] Alpher R A, Herman R. Nature, 1948, 162: 774, 775.

[23] Einstein A. Sitzungsber. Preuss. Akad. Wiss. Berlin (Math. Phys.), 1917: 142–152.

[24] Sitter W. Proc. Kon. Ned. Akad. Wet., 1917, 19: 1217–1225.

[25] Sitter W. Proc. Kon. Ned. Akad. Wet., 1917, 20: 229–243.

[26] Sitter W. Mon. Not. Roy. Astron. Soc., 1917, 78: 3–28.

[27] Lemaître G. Annales de la Societe Scietifique de Bruxelles, 1927, 47: 49–59.
[28] Eddington A S. Mon. Not. Roy. Astron. Soc., 1930, 90: 668–678.
[29] Misner C W, Sharp D H. Phys. Rev., 1964, 136: B571–B576.
[30] Mattig W. Astronomische Nachrichten, 1958, 284: 109.
[31] Gong Y G. Class. Quant. Grav., 2005, 22: 2121–2133.
[32] Hubble E. Proc. N. A. S., 1929, 15: 168–173.
[33] Freedman W, et al. Astrophys. J., 2001, 553: 47–72.
[34] Penzias A A, Wilson R W. Astrophys. J., 1965, 142: 419–421.
[35] Dicke R, Peebles P, Roll P, et al. Astrophys. J., 1965, 142: 414–419.
[36] Montanet L, et al. Phys. Rev. D, 1994, 50: 1173–1823.
[37] Fixsen D, Cheng E, Gales J, et al. Astrophys. J., 1996, 473: 576.
[38] Fixsen D J. Astrophys. J., 2009, 707: 916–920.
[39] Hinshaw G, et al. Astrophys. J. Suppl., 2003, 148: 135.
[40] Spergel D, et al. Astrophys. J. Suppl., 2007, 170: 377.
[41] Komatsu E, et al. Astrophys. J. Suppl., 2009, 180: 330–376.
[42] Komatsu E, et al. Astrophys. J. Suppl., 2011, 192: 18.
[43] Hinshaw G, et al. Astrophys. J. Suppl., 2013, 208: 19.
[44] Ade P, et al. Astron. Astrophys., 2014, 571: A1.
[45] Adam R, et al. Planck 2015 results. I. Overview of products and scientific results. arXiv: 1502.01582, 2015.
[46] Srianand R, Petitjean P, Ledoux C. Nature, 2000, 408: 931.
[47] Muller S, Beelen A, Black J H, et al. Astron. Astrophys., 2013, 551: A109.
[48] Eisenhauer F, Schoedel R, Genzel R, et al. Astrophys. J., 2003, 597: L121–L124.
[49] Herrnstein J, Moran J, Greenhill L, et al. Nature, 1999, 400: 539–541.
[50] Brunthaler A, Reid M J, Falcke H, et al. Science, 2005, 307: 1440–1443.
[51] Meynet G, Mermilliod J C, Maeder A. Astron. Astrophys. Suppl. Ser., 1993, 98: 477–504.
[52] Leavitt H S, Pickering E C. Harvard College Observatory Circular, 1912, 173: 1–3.
[53] Marengo M, Evans N, Barmby P, et al. Astrophys. J., 2010, 709: 120–134.
[54] Tully R, Fisher J. Astron. Astrophys., 1977, 54: 661–673.
[55] Chandrasekhar S. Astrophys. J., 1931, 74: 81, 82.
[56] Riess A G, Macri L, Casertano S, et al. Astrophys. J., 2009, 699: 539–563.
[57] Sandage A, Tammann G, Saha A, et al. Astrophys. J., 2006, 653: 843–860.
[58] Freedman W L, Madore B F. Ann. Rev. Astron. Astrophys., 2010, 48: 673–710.
[59] Riess A G, Macri L, Casertano S, et al. Astrophys. J., 2011, 730: 119.
[60] Winget D E, Hansen C J, Liebert J, et al. Astrophys. J., 1987, 315: L77–L81.
[61] Ade P A R, et al. Planck 2015 results. XIII. Cosmological parameters. 2015.
[62] Carroll S M, Press W H, Turner E L. Ann. Rev. Astron. Astrophys., 1992, 30: 499–542.

[63] Freedman W L. Phys. Rept., 2000, 333: 13–31.
[64] Wasserburg G J, Tera F, Papanastassiou D A, et al. Earth and Planetary Science Letters, 1977, 35: 294–316.
[65] Burbidge M E, Burbidge G, Fowler W A, et al. Rev. Mod. Phys., 1957, 29: 547–650.
[66] Fowler W A, Hoyle F. Annals of Physics, 1960, 10: 280–302.
[67] Cowan J J, Thielemann F K, Truran J W. Phys. Rept., 1991, 208: 267–394.
[68] Sneden C, Cowan J J, Lawler J E, et al. Astrophys. J., 2003, 591: 936–953.
[69] Frebel A, Christlieb N, Norris J E, et al. Astrophys. J., 2007, 660: L117–L120.
[70] Chaboyer B. Phys. Rept., 1998, 307: 23–30.
[71] Cool A M, Piotto G, King I R. Astrophys. J., 1996, 468: 655.
[72] Bartelmann M. Rev. Mod. Phys., 2010, 82: 331–382.
[73] Hansen B M S, Richer H B, Fahlman G G, et al. Astrophys. J. Suppl., 2004, 155: 551.
[74] Carlberg R G, Yee H, Ellingson E. Astrophys. J., 1997, 478: 462.
[75] Andernach H, Plionis M, López-Cruz O, et al. The Cluster M/L Ratio and the Value of Ω_m. In: Fairall A P, Woudt P A, (eds.). Proceedings of Nearby Large-Scale Structures and the Zone of Avoidance, volume 329 of Astronomical Society of the Pacific Conference Series, 2005: 289–293.
[76] Lauer T R. Astrophys. J., 1985, 292: 104–121.
[77] Folkes S, Ronen S, Price I, et al. Mon. Not. Roy. Astron. Soc., 1999, 308: 459–472.
[78] Blanton M R, et al. Astron. J., 2001, 121: 2358–2380.
[79] Begeman K. Astron. Astrophys., 1989, 223: 47–60.
[80] Gunn J E, Peterson B A. Astrophys. J., 1965, 142: 1633.
[81] Becker R H, et al. Astron. J., 2001, 122: 2850.
[82] Alcock C, Paczynski B. Nature, 1979, 281: 358, 359.
[83] Riess A G, Strolger L G, Casertano S, et al. Astrophys. J., 2007, 659: 98–121.
[84] Hicken M, Wood-Vasey W M, Blondin S, et al. Astrophys. J., 2009, 700: 1097–1140.
[85] Mangano G, Miele G, Pastor S, et al. Phys. Lett. B, 2002, 534: 8–16.
[86] Mangano G, Miele G, Pastor S, et al. Nucl. Phys. B, 2005, 729: 221–234.
[87] Jedamzik K, Pospelov M. New J. Phys., 2009, 11: 105028.
[88] Cyburt R H, Fields B D, Olive K A. JCAP, 2008, 0811: 012.
[89] Peimbert M, Luridiana V, Peimbert A. Astrophys. J., 2007, 666: 636–646.
[90] Izotov Y I, Thuan T, Stasinska G. Astrophys. J., 2007, 662: 15–38.
[91] O'Meara J M, Burles S, Prochaska J X, et al. Astrophys. J., 2006, 649: L61–L66.
[92] Pettini M, Zych B J, Murphy M T, et al. Mon. Not. Roy. Astron. Soc., 2008, 391: 1499–1510.
[93] Steigman G. Ann. Rev. Nucl. Part. Sci., 2007, 57: 463–491.
[94] Geiss J, Gloeckler G. Space Sci. Rev., 2007, 130: 5–26.
[95] Hosford A, Ryan S G, García Pérez A E, et al. Astron. Astrophys., 2009, 493: 601–612.

[96] Jeans J H. Philosophical Trans. Roy. Soc. London Ser. A, 1902, 199: 1–53.
[97] Zel'Dovich I B, Barenblatt G I. Sov. Phys. Doklady, 1958, 3: 44.
[98] Birkhoff G D. Relativity and Modern Physics. Cambridge: Harvard University Press, 1923.
[99] Heath D J. Mon. Not. Roy. Astron. Soc., 1977, 179: 351–358.
[100] Lightman A P, Schechter P L. Astrophys. J. Ser., 1990, 74: 831.
[101] Lahav O, Lilje P B, Primack J R, et al. Mon. Not. Roy. Astron. Soc., 1991, 251: 128–136.
[102] Wang L M, Steinhardt P J. Astrophys. J., 1998, 508: 483–490.
[103] Gong Y, Ishak M, Wang A. Phys. Rev. D., 2009, 80: 023002.
[104] Press W H, Schechter P. Astrophys. J., 1974, 187: 425–438.
[105] Bardeen J M. Phys. Rev. D, 1980, 22: 1882–1905.
[106] Ma C P, Bertschinger E. Astrophys. J., 1995, 455: 7–25.
[107] Meszaros P. Astron. Astrophys., 1974, 37: 225–228.
[108] Kodama H, Sasaki M. Prog. Theor. Phys. Suppl., 1984, 78: 1–166.
[109] Press W H, Vishniac E T. Astrophys. J., 1980, 239: 1–11.
[110] Starobinsky A A. JETP Lett., 1979, 30: 682–685.
[111] Guth A H. Phys. Rev. D, 1981, 23: 347–356.
[112] Copeland E J, Kolb E W, Liddle A R, et al. Phys. Rev. D, 1993, 48: 2529–2547.
[113] Liddle A R, Parsons P, Barrow J D. Phys. Rev. D, 1994, 50: 7222–7232.
[114] Salopek D, Bond J. Phys. Rev. D, 1990, 42: 3936–3962.
[115] Lyth D H. Phys. Rev. Lett., 1997, 78: 1861–1863.
[116] Mukhanov V F, Feldman H, Brandenberger R H. Phys. Rept., 1992, 215: 203–333.
[117] Bunch T, Davies P. Proc. Roy. Soc. Lond., 1978, A360: 117–134.
[118] Lidsey J E, Liddle A R, Kolb E W, et al. Rev. Mod. Phys., 1997, 69: 373–410.
[119] Stewart E D, Lyth D H. Phys. Lett. B, 1993, 302: 171–175.
[120] Kosowsky A, Turner M S. Phys. Rev. D, 1995, 52: 1739–1743.
[121] Arnowitt R L, Deser S, Misner C W. Phys. Rev., 1959, 116: 1322–1330.
[122] Arnowitt R L, Deser S, Misner C W. Gen. Rel. Grav., 2008, 40: 1997–2027.
[123] Abbott L, Wise M B. Nucl. Phys. B, 1984, 244: 541–548.
[124] Lucchin F, Matarrese S. Phys. Rev. D, 1985, 32: 1316.
[125] Linde A D. Phys. Lett. B, 1983, 129: 177–181.
[126] Coleman S R, Weinberg E J. Phys. Rev. D, 1973, 7: 1888–1910.
[127] Boubekeur L, Lyth D. JCAP, 2005, 0507: 010.
[128] Freese K, Frieman J A, Olinto A V. Phys. Rev. Lett., 1990, 65: 3233–3236.
[129] Gao Q, Gong Y. Phys. Lett. B, 2014, 734: 41–43.
[130] Chiba T. Prog. Theor. Exp. Phys., 2015, 2015(7): 073E02.
[131] Mukhanov V. Eur. Phys. J. C, 2013, 73: 2486.

[132] Creminelli P, Dubovsky S, López Nacir D, et al. Phys. Rev. D, 2015, 92(12): 123528.
[133] Lin J, Gao Q, Gong Y. Mon. Not. Roy. Astron. Soc., 2016, 459: 4029-4037.
[134] Kallosh R, Linde A. JCAP, 2013, 1307: 002.
[135] Starobinsky A A. Phys. Lett. B., 1980, 91: 99–102.
[136] Sachs R, Wolfe A. Astrophys. J., 1967, 147: 73–90.
[137] Bunn E F, Liddle A R, White. Phys. Rev. D, 1996, 54: 5917–5921.
[138] Gangui A, Lucchin F, Matarrese S, et al. Astrophys. J., 1994, 430: 447–457.
[139] Verde L, Oh S P, Jimenez R. Mon. Not. Roy. Astron. Soc., 2002, 336: 541.
[140] Komatsu E, Spergel D N. Phys. Rev. D, 2001, 63: 063002.
[141] Babich D, Creminelli P, Zaldarriaga M. JCAP, 2004, 0408: 009.
[142] Creminelli P, Nicolis A, Senatore L, et al. JCAP, 2006, 0605: 004.
[143] Senatore L, Smith K M, Zaldarriaga M. JCAP, 2010, 1: 28.
[144] Seljak U, Zaldarriaga M. Astrophys. J., 1996, 469: 437–444.
[145] Zaldarriaga M, Seljak U, Bertschinger E. Astrophys. J., 1998, 494: 491–502.
[146] Zaldarriaga M, Seljak U. Astrophys. J. Suppl., 2000, 129: 431–434.
[147] Lewis A, Bridle S. Phys. Rev. D., 2002, 66: 103511.
[148] Hu W, Sugiyama N. Astrophys. J., 1995, 444: 489–506.
[149] Hu W, Sugiyama N. Phys. Rev. D, 1995, 51: 2599–2630.
[150] Hu W, Sugiyama N, Silk J. Nature, 1997, 386: 37–43.
[151] Silk J. Astrophys. J., 1968, 151: 459–471.
[152] Hu W, White M J. Astrophys. J., 1997, 479: 568.
[153] Coulson D, Crittenden R, Turok N. Phys. Rev. Lett., 1994, 73: 2390–2393.
[154] Kosowsky A. Annals Phys., 1996, 246: 49–85.
[155] Lin Y T, Wandelt B D. Astropart. Phys., 2006, 25: 151–166.
[156] Kosowsky A. New Astron. Rev., 1999, 43: 157.
[157] Kamionkowski M, Kosowsky A, Stebbins A. Phys. Rev. D, 1997, 55: 7368–7388.
[158] Zaldarriaga M, Seljak U. Phys. Rev. D, 1997, 55: 1830–1840.
[159] Hu W, White M J. Phys. Rev. D, 1997, 56: 596–615.
[160] Crittenden R, Coulson D, Turok N. Phys. Rev. D, 1995, 52: 5402–5406.
[161] Bond J, Efstathiou G. Mon. Not. Roy. Astron. Soc., 1987, 226: 655–687.
[162] Zaldarriaga M, Harari D D. Phys. Rev. D, 1995, 52: 3276–3287.
[163] Hu W, Seljak U, White M J, et al. Phys. Rev. D, 1998, 57: 3290–3301.
[164] Peebles P, Ratra B. Rev. Mod. Phys., 2003, 75: 559–606.
[165] Padmanabhan T. Phys. Rept., 2003, 380: 235–320.
[166] Copeland E J, Sami M, Tsujikawa S. Int. J. Mod. Phys. D., 2006, 15: 1753–1936.
[167] Li M, Li X D, Wang S, et al. Commun. Theor. Phys., 2011, 56: 525–604.

[168] Perlmutter S, et al. Astrophys. J., 1999, 517: 565–586.
[169] Riess A G, et al. Astron. J., 1998, 116: 1009–1038.
[170] Hillebrandt W, Niemeyer J C. Ann. Rev. Astron. Astrophys., 2000, 38: 191–230.
[171] Filippenko A V. Ann. Rev. Astron. Astrophys., 1997, 35: 309–355.
[172] Arnett W D. Astrophys. J., 1982, 253: 785–797.
[173] Kim A. Stretched and non-stretched B-band supernova light curves. LBNL Report LBNL-56164, 2008.
[174] Pskovskii I P. Sov. Astron., 1977, 21: 675–682.
[175] Phillips M. Astrophys. J., 1993, 413: L105–L108.
[176] Hamuy M, Phillips M, Schommer R A, et al. Astron. J., 1996, 112: 2391.
[177] Tripp R. Astron. Astrophys., 1998, 331: 815–820.
[178] Phillips M, Lira P, Suntzeff N, et al. Astron. J., 1999, 118: 1766.
[179] Riess A G, Press W H, Kirshner R P. Astrophys. J., 1996, 473: 88.
[180] Jha S, Riess A G, Kirshner R P. Astrophys. J., 2007, 659: 122–148.
[181] Prieto J L, Rest A, Suntzeff N B. Astrophys. J., 2006, 647: 501–512.
[182] Guy J, Astier P, Nobili S, et al. Astron. Astrophys., 2005, 443: 781–791.
[183] Guy J, Astier P, Baumont S, et al. Astron. Astrophys., 2007, 466: 11–21.
[184] Felten J E, Isaacman R. Rev. Mod. Phys., 1986, 58: 689–698.
[185] Riess A G, et al. Astrophys. J., 2004, 607: 665–687.
[186] Astier P, et al. Astron. Astrophys., 2006, 447: 31–48.
[187] Conley A, Guy J, Sullivan M, et al. Astrophys. J. Suppl., 2011, 192: 1.
[188] Wood-Vasey W M, et al. Astrophys. J., 2007, 666: 694–715.
[189] Kowalski M, et al. Astrophys. J., 2008, 686: 749–778.
[190] Amanullah R, Lidman C, Rubin D, et al. Astrophys. J., 2010, 716: 712–738.
[191] Suzuki N, Rubin D, Lidman C, et al. Astrophys. J., 2012, 746: 85.
[192] Alam U, Sahni V, Saini T D, et al. Mon. Not. Roy. Astron. Soc., 2004, 354: 275.
[193] Efstathiou G. Mon. Not. Roy. Astron. Soc., 1999, 310: 842–850.
[194] Chevallier M, Polarski D. Int. J. Mod. Phys. D., 2001, 10: 213–224.
[195] Linder E V. Phys. Rev. Lett., 2003, 90: 091301.
[196] Jassal H, Bagla J, Padmanabhan T. Mon. Not. Roy. Astron. Soc., 2005, 356: L11–L16.
[197] Wetterich C. Phys. Lett. B., 2004, 594: 17–22.
[198] Sahni V, Shafieloo A, Starobinsky A A. Phys. Rev. D., 2008, 78: 103502.
[199] Zunckel C, Clarkson C. Phys. Rev. Lett., 2008, 101: 181301.
[200] Peebles P, Yu J. Astrophys. J., 1970, 162: 815–836.
[201] Tegmark M. Phys. Rev. Lett., 1997, 79: 3806–3809.
[202] Eisenstein D J, et al. Astrophys. J., 2005, 633: 560–574.

[203] Percival W J, et al. Mon. Not. Roy. Astron. Soc., 2010, 401: 2148–2168.
[204] Eisenstein D J, Hu W. Astrophys. J., 1998, 496: 605.
[205] Beutler F, Blake C, Colless M, et al. Mon. Not. Roy. Astron. Soc., 2011, 416: 3017–3032.
[206] Blake C, Kazin E, Beutler F, et al. Mon. Not. Roy. Astron. Soc., 2011, 418: 1707–1724.
[207] Gaztanaga E, Miquel R, Sanchez E. Phys. Rev. Lett., 2009, 103: 091302.
[208] Hu W, Sugiyama N. Astrophys. J., 1996, 471: 542–570.
[209] Simon J, Verde L, Jimenez R. Phys. Rev. D., 2005, 71: 123001.
[210] Stern D, Jimenez R, Verde L, et al. JCAP, 2010, 1002: 008.
[211] Gaztanaga E, Cabre A, Hui L. Mon. Not. Roy. Astron. Soc., 2009, 399: 1663–1680.
[212] Moresco M, Cimatti A, Jimenez R, et al. JCAP, 2012, 1208: 006.
[213] Gong Y, Zhu X M, Zhu Z H. Mon. Not. Roy. Astron. Soc., 2011, 415: 1943.
[214] Ratra B, Peebles P. Phys. Rev. D, 1988, 37: 3406.
[215] Wetterich C. Nucl. Phys. B, 1988, 302: 668.
[216] Caldwell R, Dave R, Steinhardt P J. Phys. Rev. Lett., 1998, 80: 1582–1585.
[217] Frieman J A, Hill C T, Stebbins A, et al. Phys. Rev. Lett., 1995, 75: 2077–2080.
[218] Brax P, Martin J. Phys. Lett. B, 1999, 468: 40–45.
[219] Gruppuso A, Finelli F. Phys. Rev. D, 2006, 73: 023512.
[220] Sahni V, Starobinsky A A. Int. J. Mod. Phys. D, 2000, 9: 373–444.
[221] Steinhardt P J, Wang L M, Zlatev I. Phys. Rev. D, 1999, 59: 123504.
[222] Rubano C, Scudellaro P, Piedipalumbo E, et al. Phys. Rev. D, 2004, 69: 103510.
[223] Chiba T. Phys. Rev. D, 2006, 73: 063501.
[224] Scherrer R J. Phys. Rev. D, 2006, 73: 043502.
[225] Caldwell R, Linder E V. Phys. Rev. Lett., 2005, 95: 141301.
[226] Scherrer R J, Sen A. Phys. Rev. D., 2008, 77: 083515.
[227] Scherrer R J, Sen A. Phys. Rev. D., 2008, 78: 067303.
[228] Gao Q, Gong Y. Int. J. Mod. Phys. D, 2013, 22: 1350035.
[229] Copeland E J, Liddle A R, Wands D. Phys. Rev. D, 1998, 57: 4686–4690.
[230] Gong Y, Wang A, Zhang Y Z. Phys. Lett. B, 2006, 636: 286–292.
[231] Cohen A G, Kaplan D B, Nelson A E. Phys. Rev. Lett., 1999, 82: 4971–4974.
[232] Li M. Phys. Lett. B, 2004, 603: 1.
[233] Huang Q G, Gong Y G. JCAP, 2004, 0408: 006.
[234] Kamenshchik A Y, Moschella U, Pasquier V. Phys. Lett. B, 2001, 511: 265–268.
[235] Bento M, Bertolami O, Sen A. Phys. Rev. D, 2002, 66: 043507.
[236] Bento M d C, Bertolami O, Sen A. Phys. Lett. B, 2003, 575: 172–180.
[237] Gong Y. JCAP, 2005, 0503: 007.

[238] Maldacena J M. JHEP, 2003, 05: 013.

[239] Creminelli P, Zaldarriaga M. JCAP, 2004, 0410: 006.

[240] Turner M S, White M, Lidsey J E. Phys. Rev. D, 1993, 48: 4613–4622.

[241] White M. Phys. Rev. D, 1992, 46: 4198–4205.

[242] Ade P, et al. Planck 2015 results. XX. Constraints on inflation. arXiv: 1502.02114, 2015.

[243] Newman E, Penrose R. J. Math. Phys., 1966, 7: 863–870.

[244] Goldberg J, MacFarlane A, Newman E, et al. J. Math. Phys., 1967, 8: 2155.

[245] Weir G. J. Math. Phys., 1979, 20: 1648–1649.